Der

häusliche und technische Werth der Verkohlungsöfen

ausführlich dargestellt.

Nebst der Beschreibung zweckmäßiger Einrichtungen.

Von

Friedrich Kretschmar, Med. D.

Mit XIII. Kupfertafeln und mehreren Figuren.

Leipzig,

bey Georg Joachim Göschen, 1805.

Vorrede.

In dem angenehmen Zustande der Ueberraschung, welchen der erste glückliche Erfolg eines schwierigen und mühevollen Unternehmens herbeiführt, im glühenden Eifer für den Werth und die Wichtigkeit einer gemachten Entdeckung, oder eines aufgefundenen Vortheils, kann selbst der redlichste Freund und Prüfer des Wahren, von ihren glänzenden Vorzügen geblendet, ihre Mängel und Unvollkommenheiten zu gering achten, oder sogar gänzlich übersehen, und sich zu übertriebenen Lobeserhebungen verleiten lassen. Die Wahrheit stellt sich ihm jetzt nicht in ihrer prunklosen, nackten Gestalt dar, sondern der verschönernde Pinsel seiner regen Phantasie umschmückt sie mit einem blendenden Glanze.

Diese Art von Selbsttäuschung verleitet leicht zur Täuschung Anderer. Dieser Fatalität sind Experimentatoren häufig ausgesetzt; und sie kehren gewöhnlich erst nach einem längeren oder kürzeren Zeitraum, wann ihr Enthusiasmus durch fortgesetztes Experimentiren gemäßigter wird, zu derjenigen reiflicheren, unbefangenern Prüfung zurück, welche erforderlich ist, um die Vorzüge und Mängel, die Vollkommenheiten und Unvollkommenheiten einer Sache richtig gegen einander abzuwägen.

Nicht allein die Besorgniß, aus zu regem Eifer für die Nützlichkeit der in dieser Schrift untersuchten neuen Heiz- und Beleuchtungsart, die Grenzen, welche eine unbefangene Prüfung vorzeichnen, hier oder da zu überschreiten, sondern auch mein Plan, diesen Gegenstand nach seiner ausgedehnteren Anwendbarkeit zu verfolgen, hielt mich zurück, die oben betitelte Schrift so früh erscheinen zu lassen, als Viele es erwarteten und wünschten: ob ich gleich auf der andern Seite besorgen mußte, daß durch diese Verspätigung ihrer Erscheinung einiges, ursprünglich durch mich Gegebenes, den Anschein erhalten möchte, als sei es von Anderen entlehnt, welche dasselbe nach mir ebenfalls auffinden, und mir in der früheren Bekanntmachung zuvor kommen konnten.

Durch die frühere Erscheinung einiger Broschüren über Thermolampenöfen hat sich der Reitz der Neuheit vermindert; die Erwartungen sind weniger gespannt, manche Erwartungen durch halb gelungene, oder nur zur Belustigung angestellte Versuche geschwächt, zum Theil auch durch einige trügerische Broschüren getäuscht.

Ich hatte mich anheischig gemacht, diese Schrift auf Subscription oder auch Pränumeration herauszugeben. Allein das deutsche Publikum hat meine Erwartung wenig befriedigt. Ich gebe zwar nach, daß das Gute und Nützliche einer Schrift leicht alsdann verkannt wird, wenn dieselbe auf dem Wege der Subscription oder praenumerando angepriesen wird; weil dergleichen Schriften oft mehr für den Nutzen des Verfassers oder Verlegers, als des Publikums berechnet sind. Allein wie manche nützliche und edle Unternehmung ist nicht schon durch dieses, nicht selten schiefe Vorurtheil gehemmt worden? Auch scheint die Erfahrung die Bemerkung nur leider! zu oft zu bestätigen: daß die Deutschen lieber die Unternehmungen der Engländer und Franzosen, die beiden letzteren hingegen nicht allein die ihrer eignen Landsleute häufiger und kräftiger unterstützen, als die ersteren, sondern auch die Unternehmungen der Deutschen nicht selten mehr unterstützen und belohnen, als die Deutschen die ihrer eigenen Landsleute.

Diese der deutschen Industrie so wenig günstige Stimmung würde im Stande seyn, dem Muthe eines jeden deutschen Patrioten eine tödtliche Lähmung zu versetzen, wenn nicht selten noch der eine und der andere, zum Ruhme des deutschen Charakters, ungeachtet äußerer Hindernisse, seinem Muthe aus innerer Energie neue Schwungkraft zu geben vermöchte.

Auf ausländische Subscribenten konnte ich mir aus Mangel an Verbindungen außerhalb Deutschland eben so wenig Rechnung machen.

Das Publikum hat mich also der Mühe überhoben, dieser Schrift, welche jetzt im Buchhandel erscheint, ein Verzeichniß von Subscribenten voranzuschicken. Der eine oder der andere würde vielleicht in meiner Lage mehrere zu Subscribentensammlern bevollmächtigt haben. Diesen Weg habe ich freilich verabsäumt. Ich halte ihn aber immer nicht für so sicher, als in höchst eigener Person, mit dem Subscriptionszettel hausiren zu gehen. Aber dem Himmel sei Dank, daß diese tiefe Herablassung der Schriftsteller zum Publikum, wiewohl man es als einen Beweis ihrer großen Humanität ansehen könnte, wenig Nachahmung findet! Die wenigen Personen, welche auf diese Schrift mit 2 Rthlr. pränumerirt haben, erhalten selbige für diesen Preis aus meinen Händen.

Diese Schrift hat einer Reihe eigener Versuche und Beobachtungen ihr Entstehen zu verdanken, welche großentheils als Beiträge zur chemischen Pyrotechnie angesehen werden können. Hier und da ist zwar der Stempel nicht zu verkennen, welchen die Beschränktheit meiner Verhältnisse, Verbindungen, Einsichten und Erfahrungen dieser Schrift aufdruckten. Ich blieb also in meinen Schranken. Vielleicht (und ich wünsche es aufrichtig,) wird eine vorzüglichere Schrift in wenigen Jahren die gegenwärtige verdrängen, und sich über diese, auf eine ihrer größeren Verdienste würdige Art erheben. Bis dahin bitte ich dieser Schrift, der Gebrechen ungeachtet, mit welchen sie zum Theil als Neuling ans Licht tritt, denjenigen Beifall nicht zu versagen, mit welchem sich ihr Urheber belohnt zu sehen schmeichelt.

Die Zeit wird meine hier niedergelegten Urtheile und Erfahrungen theils bestätigen und berichtigen, theils vielleicht auch widerlegen. Aber ich wünsche, daß dieses nicht durch bloße Worte geschehe, die nicht von der Erfahrung ausgehen, sondern daß man Erfahrung der Erfahrung, Versuche den Versuchen entgegenstelle; indem bloße Worte ohne Erfahrung hier gegen diese nicht mehr Gewicht haben können, als ein leerer Schall.

An einigen, ja fast an allen Orten dieser Schrift hätte ich gewünscht, eine größere Ausführlichkeit beobachten zu können, die man in so vielen Schriften unsers Zeitalters durch Weitläuftigkeit verdrängt, oder ihr zur Seite gestellt sieht; weil letztere die goldene Kunst zu handhaben weiß: die Fruchtkerne bis zu den unbedeutendsten in eine dicke Schale von Worten einzufüttern, die man nicht ohne Gefahr, jene zu verlieren, durchbrechen darf.

Richtige und genaue Beschreibungen machen zwar Zeichnungen und Kupfer denjenigen Lesern entbehrlich, welche mit einem guten Vorstellungsvermögen begabt sind; allein ich hielt es sowohl wegen der Unmündigen meiner Leser für nöthig, die Bildersprache zu Hülfe zu ziehen, als weil sich viele Sachen durch diese entweder kürzer oder deutlicher als durch Worte darstellen und schneller auffassen lassen, und dieselbe den Autor oft einer ausführlichen Umschreibung der Sache durch Worte überhebt, welche den Leser leicht verwirren kann. Ich habe daher dasjenige aus den Erklärungen weggelassen, welches schon aus der Zeichnung deutlich und richtig zu erkennen ist.

Sandersleben,
in den Sommermonaten
d. J. 1804.

Der Verfasser.

Allgemeine Inhaltsanzeige.

Dritter Abschnitt.

Allgemeine Vorerinnerungen.

Inhalt.

§. 1.

Das Daseyn aller Materie ist in der wechselseitigen Wirkung von den beiden Grundkräften, der zurückstoßenden (ausdehnenden) und anziehenden Kraft, bedingt.

§. 2.

Von dem Verhältnisse beider Grundkräfte, dem Grade nach, hängt die Eigenschaft der Materie ab.

Jenes ist veränderlich, folglich auch diese. Jede Abänderung der Eigenschaft einer Materie, das Entstehen einer oder mehrerer verschiedener Materien aus der andern, läßt sich demnach aus dem veränderten Gradverhältnisse ihrer Grundkräfte ableiten und begreifen.

§. 3.

Eine und dieselbe Materie kann in einen andern Zustand übergehen, ohne ihre Eigenschaften zu verändern, oder mit andern Worten, ihr äußeres Verhältniß kann eine Veränderung erleiden und ihr inneres sich gleich bleiben; z. B. in Rücksicht ihres Zusammenhangs oder ihrer Dichtigkeit in einen größeren oder geringeren Raum ausgedehnt werden.

§. 4.

Die sich berührenden Theilchen eines Körpers ziehen sich nemlich mehr oder weniger an, d. i. hängen stärker oder schwächer zusammen. Vermöge dieser Anziehung (Attraktion) widersteht ein Körper mehr oder weniger der Ausdehnung und Trennung seiner sich berührenden Theilchen.

§. 5.

Die der Ziehkraft entgegenwirkende Kraft, vermöge welcher der Zusammenhang eines Körpers geschwächt und dieser in einen größeren Raum ausgedehnt wird, heißt ausdehnende oder Expansivkraft. *)

*) Ziehkraft und Expansivkraft sind nur als empirisch abgeleitete Kräfte zu betrachten, welche mit jenen (a priori

§. 6.

Alle Zustände der Materie beruhen auf dem verschiedenen Verhältnisse beider Kräfte. Beide in Conflikt gedacht nennt man auch Elastizität.

§. 7.

Wird das relative Gleichgewicht der anziehenden und ausdehnenden Kraft eines Körpers durch die Berührung mit einem andern verändert; so nehmen wir an ihm, bei der sich gleich bleibenden Eigenschaft seiner Materie*), einen anderen Zustand wahr.

Flüßigkeiten, z. B. Luft, Wasser, Wärmematerie, schwächen vermöge ihrer größeren ausdehnenden Kraft den Zusammenhang der festen. So versetzt die Einwirkung der Wärmematerie einen

deducirten Grundkräften, s. §. 1., nicht verwechselt werden dürfen. Der Zusammenhang eines Körpers (Adhäsion) ist mit andern Worten die Anziehung seiner sich berührenden Theilchen oder eine nur in den Berührungspunkten wirksame Anziehung. Die Zieh- oder Adhäsionskraft und die Expansivkraft wirken mithin nur als Flächenkraft.

*) Die Veränderung der Eigenschaft oder Mischung seiner Materie setzt eine durchdringende Kraft voraus, deren Wirkung wir chemische Anziehung (chemische Attraktion) nennen. Durch diese geschehen alle Trennungen und Verbindungen der Bestandtheile eines Körpers. Durch diese geht eine Materie in die andere über. Wir unterscheiden daher die chemische Attraktion von der mechanischen (Adhäsion), den chemischen Zusammenhang von dem mechanischen.

Körper aus dem starren Zustande in den flüssigen, die tropfbare Materie, Wasser, Oel, in den dunstförmigen, und die Entziehung der freien Wärme führt sie in ihren vorigen Zustand zurück. Darauf beruht der Uebergang des Wassers aus dem tropfbaren Zustande in den starren (Eis), einer wässerigen Auflösung von Salzen in Krystallen, der gebundenen Luft in den Gaszustand. *)

§. 8.

Je stärker die Theilchen eines Körpers in der Berührung an einander hängen, desto schwerer lassen sie sich trennen, desto stärker lassen sie sich ausdehnen. Daher haben Flüssigkeiten, Wasser, Oel, Luftarten, eine größere Dehnbarkeit, Expansibilität, als feste, luftförmige Flüssigkeiten, eine größere, als tropfbare.

§. 9.

Wenn ein Körper in einen größeren Raum ausgedehnt oder der mechanische Zusammenhang desselben geschwächt wird; so bemerken wir, daß

*) Die Luft in ihrem entbundenen Zustande bezeichnet man daher auch mit dem Namen: Gas. Fixe Luft bezeichnet jede Luftart im gebundenen Zustande; wiewohl man vormals, wegen der mangelhaften Kenntniß der Luftarten, ausschließlich diejenige Luftart darunter verstand, welche man jetzt passender in ihrem gebundenen Zustande Kohlensäure, in ihrem entbundenen kohlensaures Gas nennt

in diesem Zustande zugleich auch eine Verminderung des chemischen Zusammenhangs seiner Bestandtheile Statt findet, an der größeren Leichtigkeit, mit welcher sie sich bei der Einwirkung anderer Körper aus ihrer Mischung trennen und von diesen anziehen lassen. Die Ausdehnung der Körper ist daher das wirksamste Mittel, chemische Trennungen und neue Verbindungen vorzubereiten. Dazu dienet vorzüglich die Ausdehnung derselben durch Auflösung in tropfbaren Flüssigkeiten, und durch Erwärmung oder Erhitzung, welche letztere man als eine Auflösung in der wärmenden Flüssigkeit betrachten kann.

§. 10.

Der Zusammenhang eines Körpers nimmt ab, sein Umfang zu, so wie dessen Erwärmung oder Erhitzung zunimmt. Am auffallendsten bemerken wir dieses an Körpern, die sich durch große Dehnbarkeit auszeichnen, wie an der Luft. Die Luft in einer zusammengefallenen Blase dehnt sich, auf den warmen Ofen gelegt, bis zum Platzen aus, in der Kälte fällt sie wieder zusammen. Daher legen wir der wärmenden Flüssigkeit mit Recht die größte ausdehnende Kraft bey.

Lavoisier stellt die einfachen Luftarten in ihrem gebundenen Zustande als Grundstoffe (Basen) auf, als: Wasserstoff, Sauerstoff, Stickstoff. (hydrogène, oxygène, azote).

§. 11.

Diese würde aber bey weitem stärker sich äußern, wenn ihre Wirkung nicht durch den Druck der atmosphärischen Luft auf alle Körper begrenzt würde, welcher um so größer ist, je weniger sie durch Wärme verdünnt ist. In einer verdünnten (oder in einen größeren Raum ausgedehnten) Luft, in einem eingeschlossenenen Kochraume, gerathen aus dieser Ursache Flüssigkeiten schneller ins Sieden als in freier Luft, in einem bedeckten Gefäße schneller als in einem offnen, während der warmen Jahrszeit schneller als während der Kälte des Winters; — wiewohl die langsamere oder schnellere Fortleitung der Wärme durch die äußere Luft hier zugleich in Anschlag zu bringen ist.

Schließt man also den zu erhitzenden Körper in einem luftdichten Gefäße solchermaßen ein, daß die äußere Luft nicht mehr hinzu kommen kann; so entsteht, indem die eingesperrte Luft durch die Hitze fast gänzlich ausgetrieben wird, ein fast luftleerer Raum, in welchem sich der eingeschlossene Körper schneller erhitzen, und bei weitem stärker ausdehnen läßt als in einem Gefäße, welches der Luft nicht gänzlich verschlossen ist. Das Holz verkohlt in einem solchen Raume schneller, das Wasser kommt darin schneller ins Kochen und in heftigere Bewegung, verwandelt sich schneller in Dämpfe. Die Dämpfe des Wassers sowohl als des Holzes und anderer Brennmaterialien werden durch das

Einsperren zusammen gepreßt und erhalten dadurch einen hohen Grad von Expansivkraft, vermöge welcher sie starke Bewegungswirkungen hervorbringen. Darauf gründet sich die Dampfmaschine. Fleisch und andere Speisen werden von diesen Wasserdämpfen in kurzer Zeit erweicht, selbst die Knochen zur Gallerte aufgelöset. Darauf gründet sich der Papinianische Topf.*) Daher ist es vortheilhafter, sich der Wasserdämpfe statt des kochenden Wassers selbst zu bedienen, um Fleisch, Gemüse und dergleichen zu erweichen (gahr zu kochen). Von den Siedeanstalten bey Wasserdämpfen werde ich unten reden.

Die freie Wärme giebt den Körper dadurch, daß sie selbige in einen größeren Raum ausdehnt, eine größere Leichtigkeit. Daher steigt eine erwärmte Zimmerluft, erwärmtes Wasser in dem kältern aufwärts. Daher ist das Wasser auf dem Boden einer Siedepfanne, ob es gleich dem Feuer am nächsten steht, nicht das wärmere, sondern das kältere. Daher findet bei dem Erwärmen von Luft und Flüssigkeiten eine continuirliche Bewegung Statt.

§. 12.

Die Wärmematerie befindet sich entweder im Zustande der (relativen) Ruhe und der chemischen Anziehung, oder in Bewegung und der chemischen Trennung.

*) Ein eisernes walzenförmiges Gefäß mit einem luftdicht schließenden Deckel.

Im letzteren Zustande bewirkt sie in uns diejenige Empfindung, welche wir Wärme nennen. In diesem Zustande heißt sie freie Wärme, in jenem gebundene Wärme.

Im gebundenen Zustande gehört die Wärmematerie zu den Mischungstheilen der Körper, und sichert die Dauer ihrer Mischung. Denn wenn sie aus selbiger frei gemacht wird; so trennen sich die übrigen Bestandtheile oder gehen wieder neue Verbindungen ein. Daher wird bei jeder Zerlegung oder Mischungsveränderung, bei dem Verbrennen, Verkohlen, der sauren, faulen und geistigen Gährung, der Verdauung der Speisen, Wärmematerie frei, und wirkt sodann, wenn sie nicht sogleich wieder gebunden wird, auf unsere Empfindung und auf den Thermometer.

Wenn aber ein Körper Wärme entläßt, ohne in seiner Mischung verändert zu werden; so war sie mit ihm nicht durch chemische, sondern mechanische Anziehung verbunden. Die Körper verwechseln hier nur ihren Zustand mit einem anderen; wie z. B. das Wasser bei seinem Uebergange in Eis, Dünste in Wasser.

§. 13.

Ein jeder Körper besitzt eine gewisse Menge von gebundener und freier Wärme.

Die Menge der letzteren kann aber nur vergleichungsweise nach dem Mehr oder Weniger geschätzt werden, welches wir an anderen Körpern wahrnehmen. Diese verhältnißmäßige Menge nennen wir alsdann die Temperatur eines Körpers.

§. 14.

Die freie Wärme bewegt sich nehmlich von demjenigen Körper aus, welcher die größere Menge enthält, zu demjenigen hin, welcher eine geringere enthält; oder mit anderen Worten: die höhere Temperatur des einen Körpers theilt sich der niedrigeren eines anderen mit.

Da nun der Umfang eines Körpers mit seiner Temperatur ab- und zunimmt; so läßt sich diese durch einen anderen messen. Darauf gründet sich der Gebrauch der Wärmemesser (Thermometer, Pyrometer).

§. 15.

Wir beobachten, daß der eine Körper sich schneller, der andere langsamer erwärmen läßt, daß dieser dem andern die Wärme schneller entzieht als jener; und ein Körper, welcher sich schneller erhitzen, sich auch schneller abkühlen läßt. Der Grund dieser Erscheinung ist wohl darin zu suchen, daß der eine Körper nach der Art der Zusammenhäufung seiner Masse die Wärme schneller, der andere langsamer durch sich hindurch strömen läßt, und die Wärme durch selbige in ihrer Bewegung mehr oder weniger aufgehalten wird. Denn er wird wegen dieses schnelleren Durchgangs einem anderen Körper die höhere Temperatur eben so schnell entziehen, als sie einem dritten von niedrigerer Temperatur mittheilen. Man unterscheidet daher die Körper in gute und schlechte Wärmeleiter.

§. 16.

Wasser ist ein besserer Wärmeleiter als Luft. Daher wird ein erhitzter Körper, z. B. ein glühendes Eisen, im Wasser schneller abgekühlt als in der Luft. Daher friert man mehr in feuchter und kalter als in trockner und kalter Luft. Daher wirkt ein vom Schweiße durchnäßtes Hemd kältend auf unsere Haut. Daher erkältet ein feuchtes Zimmer schneller und stärker (in gleichem Zeitmoment) als ein trocknes und kostet folglich mehr Feuerung.

§. 17.

Eine durch Bewegung stets erneuerte Luft kühlt schneller ab als eine ruhigere bei gleicher Temperatur. Daher lassen sich die Zimmer bey Windstille leichter heitzen als bei stürmischer Witterung; Zimmer, die vor dem Winde geschützt sind, leichter als solche, die ihm ausgesetzt sind; nach der mitternächtlichen Seite gelegene schwerer als die nach der Mittagsseite, bei welchen jedoch die Wirkung der Sonnenstrahlen mit in Anschlag zu bringen ist.

§. 18.

Holz ist ein schlechterer Wärmeleiter als Steine und Eisen.

Daher wird ein breterner Fußboden, eine mit Bretern belegte Decke oder Wand weniger erkaltet als von Gyps, Kalk oder Steinen. Daher erkaltet ein mit einer Thüre von Eisenblech verschlossener Raum schneller als wenn die Thür von Holz ist. Daher thut man wohl, wenn man der Blechthüre, z. B. von einem Kochraum, ein hölzernes Futter giebt, so wie der Thüre zum Ausfegen eines unten zugelegten Kamins, um die Erkältung desselben zu verhüten, wodurch der Rauch in strenger Kälte sich zur Rußfeuchtigkeit verdichtet, die an seinen Wänden herabläuft und selbige verdirbt.

§. 19.

Steine von gebranntem Thon oder Lehm sind ein schlechterer Wärmeleiter als Metall.

Daher kocht es in metallenen Gefäßen schneller als in irdenen. Daher werden Oefen von Steinen oder Kacheln langsamer erhitzt als von Eisen. Daher erkalten jene langsamer und geben länger Hitze als diese.

§. 20.

Glas ist ein schlechterer Wärmeleiter als Metall, ein besserer als Thon.

Wasser gefriert oder auch kocht eher in gläsernen als irdenen Flaschen. Letztere lassen sich langsamer abkühlen als erstere. Jene springen leichter als diese, glasurte Kacheln leichter als unglasurte; halb verglasete Steine zerspringen im Feuer leichter als schwach gebrannte.

§. 21.

Kupferne Gefäße werden schneller erhitzt als eiserne und erkalten daher auch schneller.

§. 22.

Die Erde ist ein schlechterer Wärmeleiter als die Luft. Nur muß sie trocken seyn. Denn ein feuchter Erdboden leitet stärker als die Luft. Dieses ist zu berücksichtigen bei der Anlegung von Feuerungen unter der Erdfläche.

Daher heizen sich Zimmer im souterrein besser als über demselben, niedrig gelegene Zimmer besser als hoch gelegene.

§. 23.

Die schlechtesten Wärmeleiter sind Kohlen und Asche.

Daher hält sich ein Körper in heißer Asche lange warm. Von den im Verkohlungsgefäße eingeschlossenen Kohlen erhält sich der Ofen beträchtlich länger warm als ohne diese. Diese Kohlen theilen aber in gleicher Zeit den sie umgebenden Körpern weniger Hitze mit, als wenn das Feuer letztere unmittelbar erhitzte. Ein auf dem Kohlenbehälter sich befindender Körper kann daher nicht den Grad von Hitze annehmen, als wenn er mit dem Feuer in Berührung stände. Um die Hitze im Innern eines Ofens zusammenzuhalten, ist nichts zweckmäßiger, als ihn von Asche und Lehm, oder von daraus geformten Steinen erbauen zu lassen.

§. 24.

Bei jeder Mischungsveränderung, bei jeder Entmischung der Körper wird, wie bereits §. 12. ist erwähnt worden, Wärme entbunden. Diese erlaubt aber in denjenigen Fällen, in welchen diese Entbindung nur allmählig von Statten gehet, z. B. bei der sauern und faulen Gährung, wenig nützlichen Gebrauch. Jedoch wird die sich aus dem Pferdemiste entbindende Wärme zuweilen noch genutzt, wie zum Verkalken des Bleies. Auf der Entbindung der Wärme aus faulenden Substanzen beruhet vorzüglich die Kraft der thierischen Excremente, die Vegetation zu befördern.

Je rascher die Zerstörung eines Körpers vor sich gehet, desto mehr Wärme wird sich aus selbigem in jedem Zeitmoment entbinden. Unter allen Prozessen der Zerstörung der Körper kennen wir keinen, bei welchem sich die Wärme schneller oder in größerer Menge entbände als bei der Verbrennung entzündlicher Körper, und wir kennen kein wirksameres Mittel, freie Wärme zu erzeugen, und kein passenderes, sie verschiedenen andern Körpern mitzutheilen, als das Verbrennen. Da aber dieses außer der Asche mit totalem Verluste des kostspieligen Brennmaterials verbunden ist; so möchte man beinahe in die Versuchung gerathen, nach einem andern weniger kostspieligen Mittel zu spähen, welches dessen Stelle, wo nicht in allen, doch in einigen Fällen ersetzte. —

Der totale Verlust des Brennmaterials wird verhütet, wenn man das Verbrennen mit dem Verkohlen verbindet; indem man auf diesem doppelten Wege der Zerstörung Produkte erhält, welche den Werth des Brennmaterials zum Theil oder gänzlich ersetzen.

§. 25.

Die wärmende Flüssigkeit schwächt (vergl. §. 8.) nicht allein den mechanischen, sondern auch chemischen Zusammenhang eines Körpers. Sie ist aber auch fähig, den chemischen Zusammenhang seiner Bestandtheile gänzlich zu trennen und ihre chemische Attraktion aufzuheben.

Nach der verschiedenen, einfacheren oder zusammengesetzteren Mischung des Körpers wird die wärmende Flüssigkeit von einigen getrennten Bestandtheilen mechanisch oder chemisch angezogen: tropfbare Flüssigkeiten, Wasser, Oel, werden dunstförmig, gebundene Luftarten (Luft-Basen nach Lavoisier) gasförmig; und die übrigen Bestandtheile treten nach dem Gesetze der chemischen Anziehung (Attraktion) in andern Verhältnissen zusammen und bilden unter sich neue Körper. Aus der neuen Zerlegung der aufgesammelten Produkte und neuen Verbindung ihrer getrennten Bestandtheile kann man mit Sicherheit die Grundstoffe angeben, aus welchen der zerlegte Körper ursprünglich gemischt war.

Die Zerlegung (Analyse) der Körper durch Erhitzung giebt uns daher ein weit umfassendes Mittel an die Hand, ihre Grundmischung näher kennen zu lernen. Man nennt sie eine Zerlegung auf trocknem Wege, weil sie bloß durch die Hitze ohne Beihülfe einer tropfbaren Flüssigkeit geschieht.

Eine große Menge von gemischten Körpern, alle Körper des Thier- und Gewächsreiches liefern auf diesem Wege fast einerlei Produkte, einerlei Grundstoffe, deren Zahl mit jenen in einem sehr niedrigen Verhältnisse stehet. Wir lernen hieraus, daß aus dem verschiedenen (übrigens noch unbestimmbaren) Mengenverhältnisse weniger Grundstoffe die größte Mannigfaltigkeit von Körpern entsteht.

Diese neuen Produkte, welche durch die Zerlegung der festen und trocknen Körper mittelst der trocknen Hitze zum Vorschein kommen, stellen sich uns im flüssigen oder aufgelöseten Zustande dar, einige Salztheile und die Kohle ausgenommen, welche zuletzt unaufgelöst zurück bleiben, weil der Wasserstoff zur Auflösung der letzteren nicht mehr hinreicht, und die ersteren kein wäßriges Auflösungsmittel mehr antreffen.

Die Zerlegung der Brennmaterialien auf trocknem Wege nennt man Verkohlung.

Erster Abschnitt.

Ueber den Verkohlungsprozeß.

Inhalt.

§. 26.

Wenn man das Holz und andere Brennmaterialien in einem luftdichten Gefäße einschließt, so daß die äußere Luft keinen Zutritt hat; so wird selbiges bei der stärksten Erhitzung durch ein das Gefäß

Gefäß umgebendes Feuer zwar sich entzünden, aber nicht verbrennen. Diese Beobachtung lehrt uns also, daß die äußere Luft zur Verbrennung der Brennmaterialien eine nothwendige Bedingung enthält.

§. 27.

Da ein Theil des Brennmaterials bei dieser Erhitzung im verschlossenen Raume im Kohlenzustande zurück bleibt, so belegt man diesen Proceß mit dem Namen: Verkohlung.

§. 28.

Die Verkohlung der Brennmaterialien ist eine förmliche Zerstörung ihrer wesentlichen und nächsten Bestandtheile, ihres Harzes, Schleims, Oels, Klebers, Eiweißstoffs, ihres wesentlichen Wassers, in ihrer Grundmischung, eine Zerlegung derselben in ihre Grundstoffe, und eine Veränderung des Verhältnisses derselben zu einander, wodurch sie zu neuen Produkten zusammentreten.

§. 29.

Da alle Körper nach dem Grade ihrer Zerlegung eine verhältnißmäßige Menge von gebundener Wärme fahren lassen, so folgt aus diesem allgemeinen Naturgesetz: daß auch aus dem eingeschlossenen Brennmaterial während seiner Verkohlung Wärme entwickelt wird. Diese ließe sich aber hier wegen der Mitwirkung der äußeren Erhitzung nicht anders messen, als wenn man den Hitzgrad untersucht, welchen der Ofen mit und ohne Verkohlung hervorbringt. Es läßt sich aber erwarten, daß diese entwickelte Wärme sogleich wieder gebunden wird, ob sich gleich eben so wenig bestimmen läßt: in welcher Menge sie wieder gebunden wird und wie viel sie zur Bildung der Luftarten und Dämpfe beiträgt, als: ob sie dazu hinreicht, oder noch eine Menge Wärme vom äußeren Feuer erborgt.

§. 30.

Erscheinungen, welche der eigentlichen Verkohlung vorangehen.

Die erste Erscheinung, welche durch die Erhitzung des Verkohlungsgefäßes hervorgebracht wird, ist: die Ausdehnung der in demselben eingeschlossenen Körper, nemlich des Brennmaterials und der atmosphärischen Luft.

Die Brennmaterialien erleiden nach ihrer Beschaffenheit eine stärkere oder schwächere, schnellere oder langsamere Ausdehnung durch die Hitze.*) Dieser gemäß darf man das Verkohlungsgefäß niemals ganz, sondern nur zur Hälfte bis auf $\frac{3}{4}$ Theile anfüllen.

Die atmosphärische Luft des Gefäßes wird mit demjenigen Antheile, welcher sich im Brenn-

*) Daher rührt die (größere oder geringere) Porosität ihres kohligen Rückstandes.

material selbst im gebundenen Zustande befindet, wegen ihrer größeren Expansibilität zuerst in einem bei weitem größern Umfange ausgedehnt; so daß eine verhältnißmäßig geringe Menge derselben hinreicht, den Raum des Behältnisses auszufüllen, und die größere Menge da, wo sie einen Ausgang findet, zur äußeren Luft hinübertritt, indem sie vermöge ihrer größeren Expansivkraft den Druck der äußeren Luft aufhebt. Dadurch entsteht ein luftverdünnter oder (verhältnißmäßig) luftleerer Raum; und man sagt gemeinhin: die Luft wird durch die Hitze ausgetrieben. Ihr Ausströmen bemerkt man daran, daß ein an die Mündung der Röhre gehaltenes Licht bewegt wird; bei raschem Feuer an einem blasenden Geräusche und dem Ausblasen eines Lichtes.

§. 31.

Die dem Holze (mechanisch) anhängende Feuchtigkeit hat weniger Dehnbarkeit als die Luft. Sie wird daher langsamer ausgetrieben, fängt aber mit der Luft zugleich an, auszutreten, und verdampft desto rascher, je schneller sich die Hitze dem Siedepunkte nähert.

Aus der Erfahrung, daß unter gewissen Umständen aus den Wasserdämpfen brennbares Gas erhalten werden kann, hat man die Folgerung gemacht: daß diese wässerigen Dämpfe hier ebenfalls eine Zersetzung erleiden und auf solche Weise die Menge des brennbaren Gas aus dem Holze vermehren helfen; und daß demnach nasses oder vor dem Gebrauche naß gemachtes Holz dem trocknen vorzuziehen sey.

Wenn man aber die Umstände, welche bei der Verkohlung Statt finden, in Betrachtung zieht; so wird man bald bemerken, daß hier alle Bedingungen zur Zersetzung der Wasserdämpfe fehlen.

1.) Das Hinstreichen der Dämpfe über glühendes Eisen. Denn sie werden schon bei mäßiger Hitze ausgetrieben; und, obgleich das Gefäß von Eisen seyn muß, so kann dieses doch nicht eher zu glühen anfangen, als bis alle wässerigen Theile ausgetrieben sind. Zur Verkohlung des Holzes wird keine Glühung des Gefäßes erfordert; ob sie gleich dadurch beschleunigt und die Kohle vollkommner dadurch ausgemerzt wird.

2.) Die Oberfläche des Eisens ist vor der Einwirkung der Wasserdämpfe durch einen dünnen Ueberzug von Kohlenstaub geschützt, welcher sich am Eisen anhängt.

Gesetzt auch den Fall, daß die Dämpfe durch No. 1. u. 2. nicht behindert wären, durch das Eisen eine Zersetzung zu erleiden; so würde man 3.) nach jedesmaliger Feuerung das Gefäß vom Roste reinigen müssen, und dieses eine baldige Zerstörung von innen erleiden. Man findet aber bei einem anhaltenden Gebrauch an der innern Oberfläche weder Rauhigkeiten noch vom Roste angegriffene Stellen.

§. 32.

Die Feuchtigkeit des Holzes ist demnach bei der Verkohlung nicht allein ohne Nutzen, sondern vielmehr nachtheilig. Denn erstens ist ein feuchtes Holz schwerer zu erhitzen, und so wie schwerer zu entzünden, so auch schwerer zu verkohlen als ein trocknes, weil ein Theil der Hitze vom Wasser verschluckt wird, um in den Dampfzustand überzugehen.

Zweytens wird das brennbare Gas mit feuchten Dämpfen überladen, wird dadurch schwerer entzündlich und brennt nicht sicher fort, in dem Falle, daß man es nicht durch Abkühlung davon befreiet.

Drittens wird die nachfolgende Holzsäure von dieser Wässerigkeit verdünnt und an ihrer Stärke verlieren. Bei der technischen Benutzung derselben käme also vieles darauf an, trocknes Holz anzuwenden, oder das zuerst übergehende säuerliche Wasser besonders aufzufangen. Will der Chemiker die Menge und Stärke derselben von verschiedenen Holzarten richtig bestimmen; so muß er sie in gleichem Zustande von Trockniß anwenden. Diese Bestimmung hat ihre Schwierigkeiten. Sie erfordert ein eigenes in den Sägespänen einer jeden zu untersuchenden Holzart anzubringendes Hygrometer. Dann läßt sich die Holzsäure von dem Oele nicht gänzlich trennen. Indeß dieser Verlust wäre unbedeutend. Bedeutender ist die Schwierigkeit, die sauren Dämpfe gänzlich niederzuschlagen, so daß keine mit den Luftarten ausströmen und verloren gehen. Dazu gehört: eine möglichst starke Abkühlung, mäßige

Regierung des Feuers und eine besondere Kühlanstalt. Es versteht sich übrigens von selbst, daß nirgends wo anders eine Entweichung von Dämpfen Statt finden darf.

Wenn das Holz lange Zeit der Luft und Sonnenwärme ausgesetzt und vor dem Regen verwahrt war; so ist selbiges nur lufttrocknes (scheinbar trocknes) Holz zu nennen; indem eine stärkere Hitze noch eine Menge Feuchtigkeit auspreßt. Es giebt daher kein völlig trocknes Holz.

§. 33.

Da jene Feuchtigkeit und jener Antheil von atmosphärischer Luft, welche aus dem Holze zuerst oder bei schwacher Hitze entweichen, dem Holze nur mechanisch anhängen; so können sie nicht zu den wesentlichen Bestandtheilen desselben gezählt werden.

§. 34.

Zu den wesentlichen Mischungstheilen der Brennmaterialien gehört das Harz.

Das Pflanzenharz schmelzt schon bei mäßiger Hitze*) und kann daher durch Ausschmelzen gewonnen werden, wenn man dasselbe durch ein unterwärts gehendes Rohr abfließen läßt.

Das Anfangs übergehende Harz ist das dünnflüssigere und von weißer Farbe. Ihm folgt bei

*) Die Sonnenwärme ist schon hinreichend, selbiges zu nöthigen, aus den Ritzen der Bäume hervorzuquellen.

stärkerer Hitze das dickflüssigere, branstige, welches immer dickflüssiger, dunkler von Farbe und zuletzt pechartig übergeht. Hier erscheint schon ein Theil des Harzes in seiner Mischung verändert und man gewinnt nur einen Theil des Harzes als weißes, einen andern als schwarzes Theer.

Aus dem Dünnflüssigsten des weißen Theers erhält man durch die Destillation desselben ein ätherisches Oel unter dem Namen des Kiehnöls. Das dickere weiße Theer dickt man ein zum weißen, das schwarze zum schwarzen Pech.

Außerdem erhält man hierbei ein brenzlich saures Wasser (Holzessig, Theergalle).

Die Nadelhölzer sind vorzüglich harzreich. Daher sind sie zur Gewinnung jener Substanzen am vortheilhaftesten.

§. 35.

Erscheinungen, welche bei der eigentlichen Verkohlung eintreten.

Bei stärkerer Hitze erleidet das Harz, besonders wenn es nicht Gelegenheit hat, unterwärts durch ein Rohr abzufließen, eine vollständigere Umänderung seiner Mischung (Verkohlung) als im vorhergenannten Falle (§. 34.). *)

*) Da nun das Erdharz der Steinkohlen, des Torfs, der Braunkohle eine stärkere Hitze zum Schmelzen erfordert als das Pflanzenharz; so erleidet dasselbe auch, wie das letztere bei stärkerer Hitze, dieselbe Veränderung.

Das Harz sowohl als die übrigen Mischungstheile des Brennmaterials (s. §. 28.) werden nemlich insgesammt mit Hinterlassung eines kohligen Rückstandes in den dampf- und gasartigen Zustand versetzt oder in Dämpfe und Gasarten aufgelöset.

Beide gehen zu gleicher Zeit über.

§. 36.

Diese Dämpfe bilden sich als hohle Körperchen oder Bläschen, die, wenn man sie abkühlt, zusammenfallen, sich alsdann von den Luftarten trennen und in Tropfen als theerartiges Oel und brenzliche Holzsäure zusammenrinnen.

Man hat über die Anwendbarkeit dieser Produkte zu häuslichen und technischen Zwecken bis jetzt so wenig Versuche aufzuweisen, daß ich mich genöthigt sehe, meine darüber angestellten Versuche vorangehen zu lassen, bevor ich von Verkohlungsöfen selbst Beschreibungen mittheile, welche sie in beträchtlicher Menge und ohne besonderen Kostenaufwand liefern. Bisher wurden sie nur im Kleinen und mit Kosten gewonnen. Die Verkohlungsöfen werden häufiger eingeführt werden, sobald man den Produkten einen Absatz zu verschaffen oder von ihnen nützliche Anwendungen zu machen weiß.

Erstes Kapitel.

Vom theerartigen Oele.

Inhalt.

§. 37.

Dieses theerartige Oel ist ein mit Harz und Kohlenstoff beladenes ätherisches Oel, ein empyreumatischer Balsam. Es unterscheidet sich vom Theere bloß durch ein größeres Verhältniß des

Kohlenstoffs und der ätherisch-öligen Theile gegen die harzigen, einen brenzlicheren durchdringenderen Geruch und größere Flüchtigkeit. Es ist daher dünnflüssiger und liefert mehr Kiehnöl als Pech. Daher ist der Anstrich des Holzwerks mit diesem Oele nicht beständig, indem es allmälig in der Sonnenwärme fast gänzlich verdunstet.

Die festeren Holzarten erfordern zur Verkohlung eine stärkere Hitze als die weicheren. Ihr Oel ist daher reicher an Kohlenstoff.

Von den harzreichen Nadelhölzern ist das Oel dünnflüssiger als von den übrigen Holzarten, von der Rinde dünnflüssiger als vom Splinte.

§. 38.

Wiewohl das ätherische Oel, welches einen Bestandtheil des theerartigen Holzöls ausmacht, in dem Harze des Holzes schon fertig gebildet vorhanden ist und nur in dem Harzstoff verhüllt liegt, so daß es nur durch die Hitze aufgeschlossen werden darf, um sich in Dämpfen ohne Zerstörung seiner Mischung zu verflüchtigen; so scheint selbiges sein Entstehen doch mehr einer Umänderung des Harzstoffs zu verdanken, von welchem ein Theil ihm beigemischt bleibt. Denn das branstige Oel, welches die übrigen Mischungstheile des Brennmaterials, der Schleim, Kleber, so wie alle thierische Substanzen bei der trocknen Destillation liefern, unterscheidet sich vom theerartigen Holzöl durch den Mangel an Harzstoff, indem selbiges bei der

Destillation bloß eine kohlige Rinde, das letztere aber Harz- und Kohlenstoff zurückläßt. Auf eine ähnliche Art entsteht der Ruß, welcher sich bei gewöhnlichen Feuerungen aus dem Rauche absetzt; indem von den branstigen Oeltheilen desselben die flüssigen Partikeln verdunsten und bloß Harz- und Kohlenstoff zurück bleiben, die den Ruß bilden.

§. 39.

Dieses Oel schlägt sich gemeinschaftlich mit der Holzsäure nieder, sinkt aber vermöge seiner dickflüssigeren Consistenz in dieser sowohl als in Wasser zu Boden. *) Daher läßt es sich von der Holzsäure leicht dadurch absondern, daß man letztere oben, jenes unten aus dem Fasse abläßt. Jedoch bleibt ihm immer etwas Holzsäure beigemischt, die sich erst nach und nach auf dem Lager davon scheidet, theils auch verdunstet.

§. 40.

Ueber die Benutzung dieses Oels als Brennöl.

Das Holzöl würde eine wichtige Ersparniß gewähren, wenn selbiges die Stelle gewöhnlicher Lichtmaterialien vertreten könnte. Hier kommen folgende Umstände in Betracht:

*) Von den weicheren Holzarten, und auch von dem Birkenholze, von der Baumrinde und andern schwimmt zwar das Oel Anfangs über der Holzsäure, wird aber bald dickflüssiger und sinkt allmälig zu Boden.

1) Der üble Geruch des Oels.

Dieser ist noch unerträglicher und durchdringender als von altem ranzigen Fischthran und Lein- oder Rüböl.

Bei Straßenbeleuchtungen würde dieser zwar dessen Anwendung nicht hinderlich seyn, wohl aber bei Zimmerbeleuchtungen. Indeß ließe sich dieser Geruch vielleicht verhüten.

2) Der Dampf, welchen dieses Oel beim Verbrennen zurück läßt. Dieser Dampf ist noch etwas stärker und übler von Geruch als der Dampf des Rüb- und Leinöls. Dieser Beschwerde hilft ein Dampftrichter mit einem Rohre (von Pappe oder Blech) oder ein feuchter Schwamm ab, die man über dem Lichte aufhängt, obgleich der Gebrauch des letztern mit der kleineren Ungemächlichkeit verbunden ist, daß man ihn oft reinigen muß.

3) Das Oel verstopft das brennende Docht, indem sich um selbiges bald eine kohlige Rinde anlegt, die das Licht erlöschen macht, wenn man selbiges nicht zeitig genug abschnuppt. Ich füllte 2 mit gleich starkem Dochte versehene Lampen, von gleicher Construktion, die eine mit Rüböl, die andere mit Holzöl an. Jene mußte, um eine gleiche Helligkeit zu geben, jede halbe, diese jede Viertelstunde geschnuppt werden.

4) Vom Holzöl waren binnen einer Stunde 100 Gran, vom Rüböl 120 Gran verbrannt. Das Rüböl war ein halbes Jahr alt, das Holzöl

frisch. Von diesem waren also $\frac{1}{6}$ weniger verbrannt als von jenem. 5 Pf. Holzöl würden also im Brennen so viel Werth haben als 6 Pf. Rüböl.

§. 41.

Das Holzöl vermischt sich nicht mit den fetten Oelen, weil es in diesen wegen seiner dickflüssigern Consistenz zu Boden sinkt. Indeß läßt es sich doch mit denselben durch folgende Manipulation vermischen:

Man fülle eine gläserne Quartbouteille mit Rüböl fast bis zur Hälfte an und gieße eben so viel mit etwas Brandwein durchgeschütteltes Holzöl hinzu; stelle sie nun in einen Topf oder Kessel mit Wasser und erhitze mittelst dieses Wasserbades das Oel bis zum Sieden.

Beiderlei Oele verlieren dadurch einen Theil ihrer Wässerigkeit, Säure und ihres üblen Geruchs, dampfen weniger bei dem Brennen, und man braucht das Docht nicht so oft zu schnuppen.

Wenn daher auch das Holzöl allein in Lampen nicht brauchbar wäre; so ließe sich selbiges doch auf solche Art mit fettem Oele vermischt gebrauchen.

§. 42.

Ich schüttete zu dem Holzöle gleiche Theile Wasser, und ließ es zusammen im Wasserbade einigemale aufwallen. Das Wasser schied ich wieder davon ab durch naßgemachtes Löschpapier, und ließ auf einem Ofen die dem Oele noch anhängende Feuchtigkeit vollends verdunsten.

Es hatte etwas von seinem Geruch verloren, war aber im Uebrigen um nichts verbessert.

§. 43.

Ich erhitzte Holzöl in einer blechernen Büchse a. über einer Oellampe b. (s. Fig.)

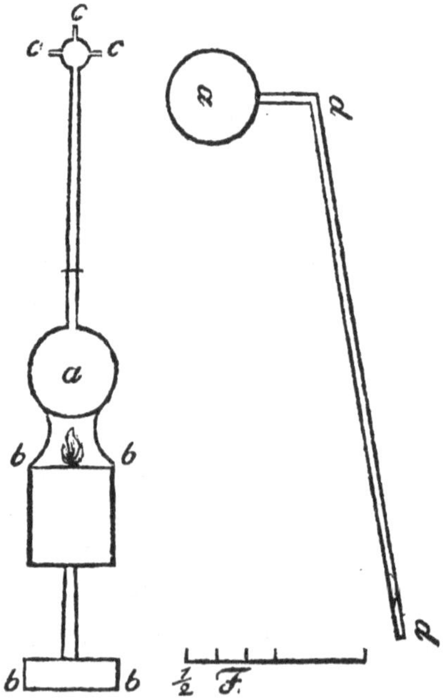

Das Oel fing erst an zu wallen, stieg in Blasen auf und stieg, ohne Dampf zu geben, zu den Mündungen der Röhre c. c. c. heraus, ob die Büchse gleich nur halb voll gefüllt war. Nun fingen an Dämpfe auszuströmen, welche, als ich sie anzündete, mit einer an der Basis bläulichen, an der Spitze gelben, lodernden Flamme einige Minuten fortbrannten, ohne Rauch zu hinterlassen. Diese Flamme war wenigstens noch einmal so groß als diejenige, durch welche sie hervor gebracht war.

Ich erhitzte ein anderesmal die Büchse durch einige glühende Kohlen, und setzte ein längeres und horizontal steigendes Rohr auf. (s. Fig. d. d.)

Wegen der stärkeren Hitze gaben die Dämpfe ein lebhafteres, ganz hellgelbes Licht. Nun fingen die Dämpfe an zu blasen und das Oel bewegte sich mit einem dem Kochen ähnlichen Geräusch in der Röhre fort; daher das Licht erlosch.

Die Verkohlungslichter haben vor gewöhnlichen den Vorzug, a.) daß man das Docht erspart, dessen Schnuppe gewöhnliche Lichter verdunkelt, und sie daher nicht zu schnuppen genöthigt ist. b.) Daß sie keinen Rauch und Geruch hinterlassen, und die Zimmerluft nicht durch Rauchpartikeln verunreinigen.

Gewöhnliche Lichtmaterialien, fette Oele, Talg, Fett, geben, wenn man sie der Verkohlung unterwirft, vermöge ihrer vollkommnern Zerlegung und der vollständigeren Entwickelung ihrer brennbaren Partikeln mehr Lichtstoff als bei dem gewöhnlichen Verbrennen. In dieser Hinsicht gewährt die Verkohlung auch bei diesem eine Ersparniß; aber das Holzöl ersetzt ihre Stelle.

Bei der Verkohlung dieser flüssigen oder in der Hitze zerfließenden Substanzen hat man nun dahin zu sehen, daß sie nicht übersteigen und die Röhren verstopfen können.

Zu dem Ende kann man das Oel mit trocknem Lehm vermengen und kleine Kugeln daraus bilden. Allein dieses ist hier nicht wohl anwendbar. Ein bequemeres Mittel ist: der Verkohlungslampe eine solche Construktion zu geben, durch welche das Uebersteigen unmöglich gemacht wird.

Sollen diese Lichter eine brauchbare Beleuchtung geben; so müssen sie ferner folgenden Erfordernissen Genüge leisten:

1.) sie müssen ununterbrochen, ruhig, und ohne Funkensprühen fortbrennen;

2.) so lange brennen als man es wünscht;

3.) wenigstens dieselbe Helligkeit geben als andere Lichter.

Eine diesen Erfordernissen entsprechende Beleuchtung hängt gänzlich von der richtigen Construktion der Verkohlungslampe ab. Diese gründet sich aber auf Regeln, welche ich aus eigenen Erfahrungen entlehnt habe; Erfahrungen, welche ich weiter unten an einem passenderen Orte darlegen werde.

Man kann sich zur Erhitzung der Verkohlungsbüchse entweder der Flamme eines gewöhnlichen Lichtes oder eines kleinen Kohlenfeuers bedienen. Letzteres ist das vortheilhaftere, ersteres das bequemere Mittel.

Erklä-

Erklärung zu Tab. I.

A. Aschenkästchen mit einem Schieber zum Luftzug.

B. C. Der Kohlenbehälter, welcher sich in ein napfförmiges Gefäß verliert, an welchem 2 Handhaben angebracht sind, (s. D. D.) Dieses zusammen ist von gebranntem Thon. Das letztere Gefäß hat an seinem obern Theile Luftlöcher.

Zwischen diesem und dem Oelgefäß E. ist 1 Zoll überall Spielraum, indem letzteres mit seinem obern Rande auf ersterem aufruhet.

Damit das Oel nicht leicht in die Röhre F. aufsteigt, ist selbige unten zugelegt, und hat zwei Löcher an den Seiten, zum Fortgang der Dämpfe.

Die Dämpfe steigen durch das Rohr F. mitten durch die verschlossene Halbkugel G. in H. hinauf, aus welchem sie genöthigt sind, in 4, jede $\frac{1}{4}$ Zoll weite Röhren, (s. I. I.) herabzusteigen. In G. sammeln sie sich, kuhlen sich mittelst des Wassers in dem kleinen Gefäße g. g. ab und strömen durch 16 Leuchtröhren von einer $\frac{1}{8}$ Zoll weiten Mündung aus, die in 2 Reihen nach einem Krähenfuß angebracht sind. Die der obern Gruppe sind 1 Fuß, die der untern 9 Zoll lang.

Sie sind alle mit passenden Deckeln versehen, um sie einzeln öffnen und anzünden zu können, (s. K.)

L. Ein Röhrenstück mit einem Messing-Hahne, um die niedergeschlagene oder in der Röhre mit fortgetriebene Flüssigkeit in das Oelgefäß zurückfließen zu lassen.

Die Leuchtröhren selbst sind von Messing, das Oelgefäß von schwarzem, das Uebrige von weißem Blech.

Der Widerhaken M. dient, um mittelst eines Seiles den Lüstre mit dem Plafond zu verbinden.

N. N. sind messingene Ketten.

Gebrauch.

Man hakt die Ketten aus und zieht das Kohlen- und Oelgefäß bei O., wo es angeschoben ist, herunter. Man hebt es nun aus D. C. heraus, legt einen durchlöcherten Teller (Rost) auf den innern Absatz des Gefäßes B., auf diesen wirft man einige brennende Späne, dann Kohlen darauf, und füllt mit diesen nun das Gefäß vollends bis oben an. Ist das Oelgefäß halb gefüllt, so setzt man es in D. C. hinein und schiebt es wieder bei O. an. Hat man die Ketten eingehakt, so umwindet man die übergeschobene Stelle mit nasser Blase.

Die kohlige Rinde, die im Oelgefäß zurück bleibt, muß man jedesmal vor dem Füllen herausfallen lassen, indem man dasselbe umkehrt.

Dieser Lüstre kann zur Beleuchtung großer Säle und anderer Räume, zur Beleuchtung im Sommer sowohl als im Winter dienen, und ersetzt die Stelle eines Leuchtofens.

Das Holzöl liefert während der Verkohlung, wenn man die Dämpfe abkühlt, beträchtlich mehr Säure als die fetten Oele und weniger branstigätherisches Oel. Diese Säure übertrifft an Schärfe die Holzsäure. Wird das zurückgebliebene bransikge Oel mit anderem von neuem verkohlt; so geht selbiges gänzlich in Säure und Gasarten über.

§. 44.

Benutzung des theerartigen Holzöls zum Anstrich der Holzarten.

Dieses Oel schützt das Holzwerk sowohl vor der zerstörenden Wirkung der Nässe als vor dem Wurmfraß, weil es den Insekten zuwider ist.

Es trocknet an der Luft eben so bald aus als der beste Leinölfirniß, und der Geruch verliert sich mit dem Austrocknen. Die Farbe des Anstrichs ist schwarz, welche sich leicht durch gehörige Vermischung in Aschgrau oder Braun verwandeln läßt.

Dieses Oel hat vor dem Leinölfirniß folgende Vorzüge:

1) Der Anstrich hat davon noch mehr Glanz als vom letzteren.

2) Ein einziger Anstrich ist hinlänglich, das Holz zu decken; bei dem Leinölfirniß ist mehr als einer erforderlich.

3) Es kann ohne alle Vorkehrungen sogleich zum Firniß verwandt werden. Das Leinöl muß erst gekocht werden, wobei man nicht selten Gefahr läuft, den Firniß zu verbrennen.

4) Man erspart (zum schwarzen Anstrich) den Zusatz des Kiehnrußes; eine bei großer Consumtion bedeutende Ersparniß.

Ich habe aber die Erfahrung gemacht, daß der Anstrich im Freien, welcher im Frühjahre gemacht worden war, in der Sonnenwärme nach einiger Zeit von neuem Geruch zu geben anfing, und nach Verlauf von 5 Monaten mit gänzlichem Verluste des vorigen Glanzes fast gänzlich verflüchtigt war. Derjenige Anstrich, auf welchen die Sonne am wenigsten gewirkt hatte, hielt sich länger. Das Holz kam wieder zum Vorschein und behielt davon nur eine aschgraue Farbe.

Hieraus folgt, daß dieses Oel zu wenig Körper als Bindungsmittel haben müsse. Ich würde daher anrathen, demselben etwas Leinölfirniß und eine angemessene Menge Kiehnruß zuzumischen. Ich habe dieses von Tischlern versuchen lassen und sie haben den Anstrich sehr brauchbar gefunden.

Im Wasser, in der feuchten Erde, hält sich der Anstrich von diesem Oele ohne Zusatz desto besser. Er ist daher anwendbar auf Holz, welches in die Erde versenkt wird, und auf das Holzwerk von Schiffen, um es vor der Zerstörung durch die Nässe zu verwahren.

§. 45.

Dieses Oel ist daher mit oder ohne Zusatz auch brauchbar, um Eisen- oder Kupferblech vor dem Rosten zu verwahren.

§. 46.

Zum Ueberfirnissen oder vielmehr Lackiren des Leders ist es nicht minder brauchbar; wiewohl ich die Bemerkung hinzufügen muß, daß der Anstrich in der Wärme der Sonne von neuem etwas Geruch giebt. Ich habe mich durch eigene und Anderer Erfahrungen überzeugt, daß das Leder dadurch wasserdicht wird und mehr Haltbarkeit bekommt, daß es von der Nässe nicht erweicht und abgespült wird, und der Wichse aus Kiehnöl und Wachs oder andern Wichsen für Schuh- und Stiefelwerk im Winter vorgezogen zu werden verdient. Es muß aber, um den Geruch gänzlich zu verlieren, 12 Stunden lang der Luft ausgesetzt bleiben. Indeß giebt es in der Stubenwärme doch etwas wenigen Geruch, wiewohl dieses bei anderen Wichsen von Kiehnöl noch mehr der Fall ist. Für lederne Schläuche, zur Erhaltung des Riemenzeugs ist es ebenfalls zu empfehlen.

§. 47.

Anwendung des Holzöls zum Walken des Leders, des Juchtenleders.

Dieses Oel ist ungemein besser, alle Arten des Leders damit zu walken, als Thran und jedes andere Fett. Das Leder wird dadurch außerordentlich dicht und geschmeidig. Sein Geruch verscheucht die das Leder zernagenden Ratten und Mäuse, und das Leder widersteht nun jedem Einfluß der Nässe.

Das bei dem gänzlich verhinderten Zutritte der Luft (in einem luftdicht schließenden Gefäße) erhaltene Oel ist braun, wird aber schwarz, so wie es die Luft berührt. Dieses Oel kann daher nur zum schwarzen Leder angewandt werden. Ist aber die Luft während der Verkohlung nicht gänzlich ausgeschlossen; so bleibt das erhaltene Oel in der Luft unverändert braun.

Auf solche Art wird dasjenige Oel gewonnen, welches man zum braunen Leder anwenden will.

Das bei starker Hitze gewonnene hat eine dikkere Consistenz und dunklere Farbe als das bei mäßiger Hitze ausgeschwelgte.

Das eigentliche Theer wird mehr durch Ausschmelzen des Harzes bei mäßiger Hitze gewonnen, das theerartige Oel durch Abkühlung der öligen Dämpfe. Ersteres ist reicher an Harzstoff, ärmer an Kohlenstoff, und hat daher vor dem letzteren den Vorzug. Es hat mehr einen kräftig balsamischen, letzteres mehr einen widrig branstigen Geruch. Die Baumrinde ist beträchtlich harzreicher als das Splint. Daher giebt jene ein brauchbareres Oel. Die Russischen Gerber sollen sich zum Juchtenleder desjenigen Theers bedienen, welches sie aus der Rinde erwachsener Birken ausschwelgen.

Die Russen enthaaren zuvor die Häute, (meistentheils nehmen sie Rindshäute) mit Seifensiederlauge, stoßen sie ab, legen sie dann in ein saures Wasser (von Hafermehl und Bier), hernach in die Lohgrube. Zur Lohe bedienen sie sich der Rinde von Sandweiden. *) Dann färben sie das Leder

*) Die Weidenrinde soll weiß oder auch hellgelb gerben.

mit Sandelholz roth oder schwarz und schmieren es mit Birkenöl ein, welches dem Leder den eigenthümlichen Geruch giebt.

Dieses Leder ist wegen seiner Feinheit, Geschmeidigkeit und Stärke, so wie wegen seiner angenehmen dauerhaften Farbe beliebt.

§. 48.

Vielleicht läßt sich noch die eine oder andere Anwendung vom Holzöl machen; wenn man aus selbigem mit Seifensiederlauge eine Harzseife bildet.

§. 49.

Anwendung des Holzöls zum Einschmieren der Räder von Wagen und Maschinen.

Man bedient sich gewöhnlich dazu des schwarzen Theers (s. §. 34.) oder auch eines mit Pech zusammengeschmolzenen alten Fettes, Talgs, des Abgangs vom Seifensieden.

Das Holzöl ist zwar ohne Zusatz brauchbar. Indessen macht der Zusatz von jenen fetten Körpern, daß selbiges sich nicht so schnell verdickt und austrocknet. Um sie damit zu verbinden, läßt man sie in einem Kessel über dem Feuer zergehn und mischt das Holzöl unter Umrühren dazu.

§. 50.

Ueber die Anwendbarkeit des Holzöls zur Kattun- und Buchdruckerschwärze, zur Oelmalerei.

Die gewöhnliche Buchdruckerschwärze wird aus Leinölfirniß und Kiehnruß bereitet. Durch das Einkochen des Leinöls zum Firniß giebt man ihr die gehörige Consistenz, (wozu der Kiehnruß ebenfalls beiträgt) indem das Oel dadurch seine Säure und Wässerigkeit verliert. Die austrocknende Eigenschaft des Leinöls u. a. Oele rührt aber von ihrem Harzgehalte her.

Bei der Anwendung des Holzöls zur Druckerschwärze stößt man auf folgende Umstände:

1) Es hängt sich zu fest an die Lettern und Formen an. Diesem Uebel ließe sich durch Zusatz von Leinöl abhelfen.

2) Es hat nicht hinlängliche Schwärze und Consistenz. Es müßte daher, so wie das Leinöl, eingedickt und noch mit etwas Kiehnruß versetzt werden.

3) Es giebt nach dem Austrocknen von neuem etwas Geruch. Ich zweifle, daß sich diese Schwierigkeit heben ließe.

Zu braunen und schwarzen Oelfarben läßt es sich, wenn auch mit Einschränkung, anwenden.

§. 51.

Alle brandigen Pflanzenöle sind sich in ihren chemischen Eigenschaften fast gleich. (Vergl. §. 38.) Daher ersetzt das Holzöl die Stelle des Guajakholzöls, des Ziegelöls (oleum philosophorum genannt), des Wachsöls u. a. m.

§. 52.

Veredlung des Holzöls durch Destillation.

Es wird dadurch von seiner ihm anhängenden Säure und Kohle befreiet; ist alsdann, es sey von einer Holzart, von welcher es wolle, dem Kiehnöl an Flüchtigkeit und Geruch gleich, und kann statt dieses gebraucht werden.

Um dieses Oel farbenlos zu erhalten, muß man 1) die Vorsicht brauchen, daß bei dem Eingießen in das Destillirgefäß, wozu ein Kolben mit dem Helme am besten ist, nichts an den Seitenwänden desselben hängen bleibt. Am besten thut man, wenn man das Oel auf den Boden des Gefäßes durch einen langröhrigen Trichter eingießt. Man muß 2) das Oel bei ganz gelindem Feuer im Sandbade überdestilliren; und 3) das zu Anfang übergehende farbenlose Oel besonders auffangen, weil das nachfolgende gelblich und immer dunkler gelb übergeht. Dieses läßt sich verhüten, wenn man von Zeit zu Zeit während der Destillation durch ein Rohr des Kolbens frisches Oel nachgießt.

Da selbiges aber zähes Pech zurückläßt, welches sich an das Gefäß festhängt; so muß man, um dieses Anhängen zu verhüten, das Gefäß inwendig mit Thon bestreichen.

Dieses Oel bleibt an der Luft unverändert, wodurch es sich vom thierischen Oele unterscheidet, welches an der Luft wieder schwarz wird.

Das zurückbleibende zähe Pech kann als schwarzes Pech gebraucht werden, wenn man es mit Wasser kocht, wodurch es zerfließt und seine Sprödigkeit erhält.

Zweites Kapitel.

Von der Holzsäure.

Inhalt.

§. 53.

Die Holzsäure hat einen sehr scharfen, beissenden, zusammenziehend sauren raucherigen Geschmack und einen raucherigen durchdringend sauren Geruch.

Sie unterscheidet sich von der Theergalle oder dem Holzessig, welchen man bei der Theerschwelgerei und anderen Verkohlungsöfen erhält, wo der Zutritt der Luft zwar erschwert, aber nicht gänzlich abgeschnitten ist, durch einen geringeren Gehalt an Phlegma; ferner dadurch, daß sie an der Luft schwarz wird, und vermöge dieser Eigenschaft alle organische Stoffe schwarz färbt.

§. 54.

Sie ist eine wahre Essigsäure, und unterscheidet sich von dem durch Gährung hervorgebrachten Essig durch einen größeren Gehalt an Säure, einen eringeren an Wässerigkeit und, wie es scheint, auch durch mehr Gehalt an Sauerstoff. Dieser enthält Extractivstoff und schleimige Theile, jene nicht.

Zur Sättigung von 1 Drachme Kali wurden erfordert: 1 Unze destillirte Holzsäure, $1\frac{1}{2}$ Unzen destillirter Weinessig. Acht Unzen destillirte Holzsäure hatten in der Digestion (in 24stündiger warmer und 6stündiger kalter) 7 Drachmen Glätte, acht Unzen destillirter Weinessig nur 4 Drachmen und 10 Gran Glätte aufgelöset.

§. 55.

Die Holzsäure hat im rohen Zustande eine klare hellbraune Farbe, welche von brenzlichen Oeltheilen herrührt. Sie bleibt in einem hermetisch versiegelten Glase unverändert. An der Luft hingegen wird sie vollkommen schwarz.

Das unvollkommne Kohlenoxyd (Kohlensauer), welches sich in der Holzsäure im aufgelöseten Zustande befindet, hat eine große Ziehkraft zum Sauerstoff der Atmosphäre und erleidet dadurch eine vollkommnere Säuerung; in welchem Zustande sich selbiges nicht mehr aufgelöset erhalten kann. Da der Sauerstoff das Gewicht der metallischen Kalke vermehrt, so erleidet vielleicht auch das Kohlenoxyd dadurch eine verhältnißmäßige Gewichtszunahme, so daß eine gleiche Menge an der Luft geschwärzter Säure vielleicht mehr wiegt, als sie vorher im hermetisch versiegelten Glase wog. So lange die Luft keinen Zutritt hatte, blieb jenes Kohlenoxyd völlig aufgelöset, die Auflösung klar. Bei der Berührung mit der Luft aber verwandelt sich ihr klares Ansehen in ein schwarzes, getrübtes. Dieses Schwarzwerden und diese Trübung fängt von oben an, und die klare Flüssigkeit steht unten, bis sich allmälig das Ganze schwärzt. Während dieses Farbenwechsels der Flüssigkeit steigt ihre Temperatur. Ueberraschend schnell erfolgt derselbe, wenn man die Flüssigkeit erwärmt. Ob kohlensaures Gas sich dabei erzeugt, habe ich nicht untersucht.

Bei dieser Trübung schlägt sich ein Theil des vorher aufgelöseten Kohlenoxyds in Flocken nieder, welche theils auf der Flüssigkeit, theils in derselben herumschwimmen und sich an den Wänden des Gefäßes anlegen. Bei dem Verdünsten oder Destilliren der Holzsäure trennt sich die reine (flüchtigere) Säure von dem Kohlenoxyd und läßt selbiges zurück.

Jener Niederschlag ist um so häufiger, je mehr die Säure mit der Luft in Berührung gesetzt wird. Er erfolgt von neuem, so oft man auch die Flüssigkeit filtrirt.

Der aufgelösete Zustand des Kohlenoxyds ist die Ursache, warum sich die Holzsäure weder durch Schütteln und Digeriren mit Kohlenpulver, noch durch Filtriren mit Kohlenpulver oder Bimsstein reinigen läßt. Auf frisch ausgeglühete Kohlen scheint diese Säure sogar eine auflösende Wirkung zu haben, indem ich bemerkt habe, daß die an der Luft noch nicht getrübte Säure eine schwarze Tinktur bildete, als sie durch jene Kohlen filtrirt wurde.

Ich digerirte die Säure mit Braunstein; sie hatte dadurch einen Theil ihres raucherigen Geruchs und Geschmacks verloren.

§. 56.

Die branstigen Oeltheile lassen sich ohne Destillation eben so wenig von der Säure gänzlich trennen; denn sie gehen mit durch das Filtrum durch. Läßt man die Säure an der Luft einige Zeit ruhig stehen; so ist dieselbe mit einer öligen Haut bedeckt, die mit allerlei Farben des Regenbogens spielt. Nimmt man diese weg, so bildet sich allmälig eine neue und diese erneuert sich mehr als 8 mal. Auf solche Art kann man die Oeltheile großentheils abscheiden; d. i. nach Verhältniß der Oberfläche, die sie der Luft darbieten. In flachen

Gefäßen würde daher diese Abscheidung vollständiger erfolgen können, wenn man dabei nicht einen bedeutenden Verlust an Säure erlitte.

Die Entstehung jener Haut beweiset, daß jenes Oel eine an der Luft austrocknende Eigenschaft besitzt; indem das ätherische Oel daraus zum Theil verdunstet und sich verdickt oder harzähnlich wird.

§. 57.

Die reine Säure dieser Flüssigkeit ist so flüchtig, daß, wenn man selbige 24 Stunden der Luft aussetzt, nur ein fades säuerliches Wasser übrig bleibt, in welchem aber nun das rauchige Wesen viel mehr vorschmeckt.

Dieser Umstand beweiset ohne Zweifel, daß die Säure mehr Flüchtigkeit besitzt als ihr Phlegma und ihr branstiges Wesen. Vermöge dieser größeren Flüchtigkeit läßt sie sich durch Destillation nicht allein reinigen, sondern auch (wiewohl unvollkommen) entwässern oder mehr concentriren, wenn man sich dazu eines gelinden Feuers und des Sand- oder Wasserbades bedient, welches Concentriren bei dem Weinessig nicht möglich ist. Denn bekanntlich ist gerade der destillirte Weinessig ärmer an Säure als der rohe. Die destillirte Holzsäure hingegen hat mehr Stärke als die rohe, wie schon der Geruch und Geschmack zu erkennen giebt, und die Versuche mit Bleikalken (§. 70—72.), mit Kupfer (§. 73.) deutlich darthun. Dieses beweiset ferner der schon erwähnte Umstand, daß sie an der Luft ihre reine Säure großentheils verliert. Denn ohne diesen könnte man auch die geringere Wirksamkeit der rohen Säure daher leiten, daß ihre reine Säure mit brenzlichen Oeltheilen umhüllt ist.

Da also diese Säure an der Luft ihre Stärke verliert, so muß sie vor selbiger verwahrt werden.

§. 58.

Jenes in der Holzsäure aufgelösete Kohlenoxyd ist ein an der Luft sich schwarzfärbender Stoff, vermöge welches die Holzsäure zum Schwarzfärben anwendbar ist; indem sich selbiges durch das Verdunsten seines Auflösungsmittels an die Zeuge anlegt. Dieser Stoff ist ein dauerhaftes Pigment, weil es sich im aufgelöseten Zustande befindet und erst an der Luft seine Schwärze annimmt, oder sich gleichsam schwarz brennt; da hingegen andere schwarze Farben durch die Luft zum Theil zerstört werden (verschießen).

Es ist nicht rathsam, die Säure, ehe man die Zeuge eintaucht, vorher zu erwärmen, weil hier die Farbenveränderung zu schnell erfolgt und ein Theil des aufgelöseten Kohlenoxyds sich zugleich ebenfalls zu früh niederschlägt. Die Säure färbt wirksamer und dauerhafter, wenn die Farbenveränderung und der Farbeniederschlag erst auf den damit getränkten Zeugen erfolgt. Bei dem schnellen Abtrocknen der Zeuge legt sich das Pigment fester an die Zeuge als bei dem allmäligen, und die Farbe fällt dunkler aus.

Die gewöhnlichen schwarzen Farben verschießen. Denn der Eisenkalk, welcher hier den Zeugen die Schwärze giebt, ist nur so lange schwarz, als er sich im Zustande eines unvollkommnen Kalks befindet. Durch die anhaltende Einwirkung der Luft und Sonne wird er aber allmälig vollkommner gesäuert, und verliert immer mehr von seiner dunklen Schwärze; die Zeuge verschießen und werden gelb. Nach meiner Erfahrung verwandelt die Holzsäure die vollkommnen Metallkalke in unvollkommne. Daher stellt dieselbe die verlorne Schwärze wieder her. Verschossene Hüte, verschossenes Leder werden wieder vollkommen schwarz, u. a. m.

§. 59.

Bei meinen Versuchen tauchte ich die Zeuge und Stoffe in die Säure, ohne jene vorher besonders zuzurichten.

Ungefärbte, roth und blau gefärbte seidene Zeuge nahmen davon eine dauerhafte dunkle Schwärze an. Einige anders gefärbte seidene Zeuge aber, so wie die Schaaf- und Baumwolle, die Leinwand, nahmen nur eine schwarzgraue Farbe an. Dieses simple Verfahren, die Zeuge schwarz zu färben, verdient gewiß alle Aufmerksamkeit. Vielleicht wäre es auch bei diesen hinlänglich, wenn man ihnen vorher mit Blauholz einen blauen Grund gäbe. Der raucherige Geruch verlor sich allmälig (in

einigen

einigen Tagen) an der Luft. Die Zeuge behielten ihre Festigkeit; und mürbe gewordene Zeuge schienen fester geworden zu seyn. Die seidenen Zeuge hatten mehr Glanz bekommen, als sie vorher hatten, oder hatten ihren verlornen Glanz wieder, welcher von den der Säure beigemischten harzigen Oeltheilen abzulei*en ist.

§. 60.

Meine Versuche entsprechen demjenigen, wovon sich Bosc durch eigene Erfahrung überzeugte: „daß die Holzsäure zur Färberei mit Vortheil anwendbar sey."

Es kommt bei dem Schwarzfärben auf die Befolgung des von Berthollet in seiner Theorie der Färberei aufgestellten Grundsatzes an, (den auch Bosc bestätigt fand): „daß der Kohlenstoff im Pigmente prädominirend sey, oder gemacht werde;" und daß daher der Eisenkalk, welcher sich über die zu färbenden Sachen niederschlagen soll, in den Zustand eines schwarzen oder unvollkommnen Eisenkalks versetzt werde. Um also z. B. baumwollenen Zeugen eine dunkle und dauerhafte Schwärze zu geben, muß man die Zeuge zuvor in Galläpfel-, Blauholz- oder Sumach-Abkochung, dann sehr oft in Eisenvitriollauge eintauchen.

Die Holzsäure ist reich an Kohlenstoff, der sich schon an der Luft, besonders bei dem Erwärmen entwickelt. Man werfe recht rostiges Eisen hinein, welches sich darin eben so schnell auflöset als in

Essigsäure. Man seihe die kohlschwarze Auflösung ab, welche die Stelle der Eisenvitriolauflösung mit größerem Vortheil vertreten wird.

Man richte nemlich die Zeuge wie gewöhnlich zu, gebe ihnen mit Blauholz einen blauen Grund und ziehe sie durch Galläpfelwasser. Man tauche sie nun in jene mit laulichem Wasser verdünnte Eisenauflösung und erneuere abwechselnd beides Eintauchen, bis die Zeuge eine recht dunkle Schwärze angenommen haben. Die tingirende Eigenschaft jener Eisenauflösung nimmt mit jedem Eintauchen ab. Daher nehme man lieber zu jedem Eintauchen eine Portion frische Auflösung.

Dann zieht man die Zeuge durchs Wasser, auf welches Oel gegossen ist, und schlägt sie darin aus, um das Oel gleichmäßig zu verbreiten. Dieses macht sie weich, geschmeidig und glänzender. Nun läßt man sie im Schatten trocknen. Durch nochmaliges Waschen bleiben die Zeuge unverändert. Sie lassen den Geruch etwas spät fahren, man muß sie daher eine Zeitlang in die Luft hängen.

Die Vortheile, welche aus dieser Anwendung der Holzsäure entspringen, sind: 1) daß man den Eisenvitriol erspart. Die Holzsäure kann man ohne Kosten gewinnen. Birken- und Buchenholz liefern die meiste Säure. 2) Daß die Farbe nicht verschießt. Denn hier ist der Eisenkalk durch das Kohlenoxyd von der Einwirkung des Sauerstoffs von außen gesichert.

§. 61.

Die schwarzfärbende Eigenschaft der Holzsäure und andere Erfahrungen brachten mich auf die Vermuthung, daß sie Gallussäure (adstringirendes Wesen) enthalte. Diese Vermuthung erhielt dadurch mehr Wahrscheinlichkeit, wenn ich in Erwägung nahm, daß diese Säure in allen Holzarten, besonders in ihrer Rinde, in größerer oder geringerer Menge schon fertig gebildet liegt und in der Hitze flüchtig ist. Ich glaubte daher, daß sie bei der Verkohlung unverändert überginge und in der Holzsäure wieder anzutreffen sey. Ich habe mich aber nachgehends bald vom Gegentheil überführt. Denn wenn man Eisenvitriolauflösung zur destillirten Holzsäure tröpfelt; so bemerkt man nicht die geringste Trübung derselben.

§. 62.

Die Holzsäure färbt die Haut wie Tinte.

Wenn man Häute in diese Säure einlegt; so schwellen sie darin stark auf, rollen und ziehen sich zusammen, erlangen darin eine größere Festigkeit und Elastizität.

Das Einkälken und Einbeitzen der Häute geschieht in der Absicht, um die Gallerte durch den Kalk oder die Aetzlauge aufzulösen und davon zu trennen, indem ohne diese Vorbereitung das Leder nicht von Dauer seyn würde. Eine unvermeidliche Folge dieser Behandlung ist die: daß die Häute an ihrer

Festigkeit verlieren, die ihnen durch gerbende Stoffe wieder gegeben werden muß.

Da nun die Holzsäure sich als ein nicht minder wirksames Auflösungsmittel der thierischen Gallerte zeigt; so ersetzt sie die Stelle des Kalks, der Aetzlauge, und verdient diesen vorgezogen zu werden, weil sie den Häuten mehr Festigkeit und Dauer giebt und das Gerben derselben unnöthig macht.

Sie giebt das leichteste Mittel ab, weißgahres Rindsleder, so wie alle rohe und zugerichtete Häute auf ihrer Oberfläche schwarz zu färben. Sie verdient daher in Gerbereien eingeführt zu werden.

§. 63.

Bei dem Räuchern des Fleisches, der Fische ist es der Holzessig, welcher selbige durchdringt und ihnen den pikanten Rauchgeschmack ertheilt. Vielleicht, dachte ich, läßt sich die Holzsäure statt des Rauchs als Räucherbeitze benutzen, wenn man das Fleisch hineinlegt. Bei dem Räuchern wirkt aber der Holzessig in Dunstgestalt, hier die Holzsäure in Verbindung mit branstigen Oeltheilen im tropfbar flüssigen Zustande. Folglich können sich beide nicht gleich verhalten, wie folgende Versuche zeigen:

Frisches uneingesalzenes Fleisch hatte, nachdem es 12 Stunden in Holzsäure gelegen hatte, seine rothe Farbe verloren und sahe inwendig weiß, auf der Oberfläche schwarz aus. Es war so derb geworden wie stark geräucherter Schinken.

Vorher eingesalzenes Fleisch wurde 12 Stunden lang in die Flüssigkeit eingelegt. Nach dem Herausnehmen hatte es ebenfalls seine rothe Farbe nicht mehr und war, wie bei dem ersten Versuche, grobfaseriger geworden. Sein Geschmack war gröber und fader als der des Schinkens, widrig raucherig. Diese Veränderung des Fleisches beruhet vorzüglich darauf, daß die Essigsäure die thierische Gallerte auflöset, mithin dem Fleische einen wesentlichen nährenden Stoff entzieht, welches bei dem Räuchern nicht der Fall ist. Folglich verdient schon in dieser Rücksicht das Räuchern den Vorzug; so wie vor dem Einmarioniren aus eben demselben Grunde. Daher haben einmarionirte Heringe und andere Fische ein gröberes faderes Fleisch als frische, und sind weniger nährend.

§. 64.

Knochen, Hörner, Haare nahmen davon, wenn ich sie einigemal in die Säure eintauchte, eine ziemlich dunkle dauerhafte Schwärze an, woraus die Horndreher, Kirschner und Andere Nutzen ziehen können.

§. 65.

Ich habe mit dieser Säure sowohl einzelne als zusammengefugte Stücke von verschiedenen Holzarten gebeizt, welche dadurch das Ansehen des schwarzen Ebenholzes erhalten. Das Holz wird davon nicht rauh wie von anderen Beitzen, sondern bekommt vielmehr etwas Glanz, der sich ohne Polirstahl durch bloßes trocknes Abreiben erhöhen läßt. Es ist bekannt, daß jeder Essig den Tischlerleim auflöset. Indeß können die zusammengeleimten Fugen nur auf der Oberfläche angegriffen werden, und ich habe nicht bemerkt, daß sie gelitten hätten. Bei zusammengeleimten Rahmen war es jedoch der Fall.

§. 66.

Dem unglasurten Töpferzeuge, dem Meerschaume giebt die Holzsäure eine haltbare Schwärze. *)

Die Thonerde wird von dieser Säure schnell aufgelöset. Der hart getrocknete alte Lehmputz an Ziegelöfen verbindet sich nicht wieder mit frischem. Daher kommen die zugestrichenen Risse bald wieder zum Vorschein. Die Holzsäure löset den harten Lehm schnell auf. Wenn man daher die Risse damit auspinselt, so kann man selbige durch neuen Lehm sicher zum Verschwinden bringen.

§. 67.

Alle durch trockne Destillation erhaltenen brandigen Säuren sind sich im Wesentlichen gleich. Die Holzsäure kann daher die Stelle der brandigen oder flüßigen Weinsteinsäure (Weinsteinspiritus),

*) Die Töpfer brennen ihr braunes und schwarzes Gut bei dem Rauche des grünen Holzes. Der Meerschaum nimmt vom Tabaksrauche, von dem Rauche des Zuckers u. a. eine braune Farbe an.

der brandigen Schleim- und Zuckersäure, des Guajakholzspiritus und anderer vertreten.

§. 68.

Reinigung der Holzsäure.

Ich versuchte sie zuerst ohne Destillation zu reinigen. Ich nahm ganz frisches Kohlenpulver und ganz frische hellbraune Holzsäure, und filtrirte sie durch jenes. Sie war klar, aber dunkelbraun.

Mit Kohlenpulver geschüttelt und digerirt half eben so wenig.

Besser gelingt diese Reinigung ohne Destillation durch Sättigung der Säure mit Alkali zu einem Neutralsalze.

Fourcroy und Vauquelin verbanden die rohe Säure mit Pottasche und seiheten die heiße Auflösung durch gepülverte Kohle. Auf diese Art erhielten sie nach dem Verdunsten eine fast weiße essigsaure Pottasche (Blättersalz).

Oder man nehme statt der Pottasche fein gesiebte Büchenasche,*) übergieße sie mit der Säure, bis kein Aufbrausen mehr erfolgt, filtrire die Lauge, digerire sie mit Kohlenpulver, filtrire sie dann nochmahls durch frisches Kohlenpulver, und verdunste sie im Wasserbade bis zur Trockne.

*) Indeß würde man dabei wenig gewinnen, weil die erdigen Theile der Asche eine Menge Säure unnützer Weise einschlucken. Ueberdieß wird die Lauge mit essigsaurer Kalkerde und Eisentheilen verunreinigt.

Destillation der Holzsäure.

Die holzsauren Dämpfe greifen das rohe Metall unter dem Zutritte der Luft in der Wärme eben so wenig an, als in der Kälte ohne den Zutritt der Luft. Die rohe Holzsäure fand ich frei von Eisentheilen, die destillirte frei von Kupfer; obgleich erstere durch eiserne, letztere durch kupferne Gefäße gewonnen war.

Findet sich aber am Kupfer etwas Rost, und wird das Kupfer nicht überall nach jedesmaliger Destillation gereinigt, so löset sich dieser Rost, den man Grünspan nennt, auf, und die zuerst übergehende Säure wird davon grünlich gefärbt, die man daher wegschütten oder besonders aufsammlen muß.

Wenn man die Holzsäure bei gelindem Feuer aus dem Sand- oder besser aus dem Wasserbade mit Kohlenpulver, oder vielleicht noch besser mit Braunstein destillirt, so erscheint sie hell und farbenlos. Sie hat den rauchigen Geruch und Geschmack verloren und bleibt in der Luft nun unverändert.

Da ihre Säure flüchtiger ist als das Wasser, so ist die gelinde Destillation zugleich ein Mittel, sie zu verstärken; ob dieses gleich nicht hinlänglich ist, um sie gänzlich oder nur größtentheils zu entwässern. Die destillirte Säure hat daher mehr Säuregehalt als die rohe.

Wenn man sie allmälig an der Luft verdunsten läßt, doch so, daß sich die Dünste gegen eine

Glasplatte anlegen; so hinterlassen diese eine feine harzige Materie von einem lackähnlichen Glanze, welche ihr Daseyn dem ätherischen Oele verdankt, welches mit der Säure zugleich sich verflüchtigt und in selbiger auflöslich ist.

§. 69.

Die Holzsäure ist ein wirksames Auflösungsmittel für Blei, Kupfer, Eisen. Noch schneller werden sie im verkalkten Zustande und zwar in beträchtlicher Menge aufgelöset.

Gewöhnlich bedient man sich zur Bereitung des Bleiweißes und Grünspans des gebrauten Essigs und läßt die Metalle von dessen Dünsten allmälig zerfressen, indem man sie in einer temperirten Wärme (im Keller oder Miste) zusammen hinstellt.

Jeder Essig enthält mehr oder weniger schleimige Theile und Extraktivstoff, vermöge welcher er der Verderbniß unterworfen ist. Daher geschieht es nicht selten, daß der Essig während jener Operation eine völlige Entmischung erleidet, kahnig wird und seine Säure und mit dieser alle Wirksamkeit verliert.

Jene Operation dauert gewöhnlich 6 bis 8 Wochen, und man erleidet daher einen beträchtlichen Zeitverlust, wenn dieselbe mißlingt.

Da nun die Holzsäure weder schleimige Theile noch Extraktivstoff enthält, so ist selbige auch nicht jener Verderbniß unterworfen und mit größerer Sicherheit zu gebrauchen.

Ein zweiter noch wichtigerer Vorzug der Holzsäure vor dem Essige besteht in der schnelleren und stärkeren Wirksamkeit derselben.

Ueber die Anwendung der Holzsäure zu Bleiweiß, Bleiessig und Bleizucker.

§. 70.

Erster Versuch.

Ich nahm 8 Loth rohe Holzsäure, setzte sie ins Kochen, trug 2 Loth Bleiglätte unter Umrühren ein, und ließ nun den Bleiessig bis zur Hälfte verdampfen. Ich filtrirte die Auflösung. Der Rückstand wog nach dem vollkommnen Austrocknen 1 Loth weniger ½ Quentchen. Es hatten sich also 1 Loth und ½ Quentchen Glätte völlig aufgelöset. Der Rückstand war keine Glätte mehr, sondern ein feiner von der Säure gelb gefärbter Bleikalk. Die Auflösung sahe fast dunkelbraun aus und hatte noch einen starken Rauchgeruch. Als ich sie aber mit Brunnenwasser vermischte, ließ sie ihren Rauchgeruch während der Vermischung fahren; und dieses Wasser (Bleiwasser, aqua vegeto-mineralis) zeigte sich geruchlos, sahe aber gelblich weiß aus. Der aus der Auflösung durch Kalkwasser niedergeschlagene Bleikalk sahe gelblich aus.

Zweiter Versuch.

8 Loth der destillirten Säure wurden ins Kochen

gesetzt, 2 Loth Glätte hinzugethan und bis zur Hälfte verdampft. Es hatten sich 1 Loth und 1½ Quentchen Glätte aufgelöset. Der Rückstand war das feinste Bleiweiß.

Dritter Versuch.

Zwei Loth Glätte wurden 24 Stunden lang mit 8 Loth destillirter Säure kalt digerirt. Es hatten sich 7 Quentchen Glätte aufgelöset. Der Rückstand war ein feiner weißer Bleikalk.

Vierter Versuch.

Zwei Loth englisches Bleiweiß wurden mit 8 Loth destillirter Säure eben so lange Zeit digerirt. Es hatten sich 1 Loth und ½ Quentchen aufgelöset.

Fünfter Versuch.

Von 2 Loth Schieferweiß hatten sich in eben so viel Säure und eben der Zeit aufgelöset 1 Loth.

Sechster Versuch.

Von 2 Loth Krembser Weiß hatten sich in eben so viel Säure und in derselben Zeit aufgelöset 4½ Quentchen.

Recapitulation.

Unter gleichen Umständen hatten also 8 Loth destillirte Holzsäure aufgelöset:

Nach Vers. 3. Bleiglätte:	=	1	Lth.	3	Quent.
= = 4. Englisches Bleiweiß:		1	=	½	=
= = 5. Schieferweiß:	=	1	=	—	=
= = 6. Krembser Weiß:	=	1	=	½	=

Aus dem zweiten und dritten Versuche folgt: daß die Säure in der Kälte mehr Bleikalk auflöset als in der Wärme, und aus dem ersten und zweiten: daß die destillirte Säure mehr auflöset als die rohe.

Obgleich die Glätte, als ein halb verglaseter und vollkommnerer Bleikalk, schwerer auflöslich ist als ein reines Bleiweiß; so hatte sich doch davon mehr aufgelöset als vom Krembser, vom Schieferweiß und vom englischen Bleiweiß. Das Schieferweiß ist zwar der reinste Bleikalk, aber so unvollkommen verkalkt, daß man noch darin ganz unverkalkte Bleischiefern antrifft. Die schwerere Auflöslichkeit des Krembser und englischen Bleiweißes beweiset, daß dieselben keine reinen Bleikalke sind; indem sich von diesen mehr aufgelöset haben würde, als von der Glätte.

Siebenter Versuch.

Zum Gegenversuche nahm ich statt Holzsäure destillirten Weinessig 8 Loth. Er hatte 1 Loth, 10 Gran Glätte aufgelöset, also fast 3 Quentchen weniger als die destillirte Holzsäure.*) Der Rückstand war nicht, wie bei letzterer, bloßes Bleiweiß, sondern großentheils Glätte im unveränderten Zustande.

*) Die Apotheker können sich daher den Bleiessig mit größerem Vortheile bereiten, wenn sie sich der letzteren bedienen. Um die Auflösung der Glätte im Weinessig zu befördern, muß man das Kochen zu Hülfe nehmen. Bei der Anwendung der Holzsäure erhält man eine gesättigtere Auflösung ohne Kochen.

Achter Versüch.

2 Loth Mennige wurden mit 8 Loth destillirter Holzsäure in kalter Digestion hingestellt. Die Mennige blieb darin unverändert. Nach 6 Tagen wurde sie wieder abgetrocknet und gewogen.

Neunter Versuch.

2 Loth Glätte wurden in eine in der Kälte gesättigte Kochsalzauflösung eingetragen. Es stiegen Luftblasen hervor, die eine vorgehende Auflösung vermuthen ließen.

Wenn man das Bleiweiß in destillirter Holzsäure auflöset, die gesättigte Auflösung abdampft; so erhält man daraus durch Krystallisiren den Bleizucker. S. über die Bereitung des Bleizuckers in Holland Webers phys. chem. Magazin. Th. 1. S. 84. u. f.

Nach der Vorschrift einiger Fabrikanten soll man, um Krembser Weiß zu erhalten, den Bleikalk aus seiner Auflösung in Essigsäure durch Schwefelsäure fällen; wodurch ein schwefelsaurer Bleikalk oder Bleivitriol entsteht, den man ebenfalls erhält, wenn man sich zur Fällung der schwefelsauren Neutralsalze des vitriolisirten Weinsteins oder Glaubersalzes bedient. Die Essigsäure verbindet sich dagegen mit dem Kali oder Natrum.

Zur Fällung des Bleikalks aus dem Bleiessig kann man sich auch des Kalkwassers bedienen.

Der Gyps kann den Bleiessig nicht zersetzen, weil er sowohl in diesem als im Wasser unauflöslich ist, die Wässerigkeit desselben schnell einsaugt und damit verbunden zu Boden sinkt.

Verkalkung des Bleis durch Holzsäure.

§. 71.

Anwendung derselben im Dampfzustande.

Wenn man die rohe Holzsäure bei ganz gelinder Wärme verdampfen läßt; so zeigt sich, daß immer noch etwas Färbendes mit übergeht, und der Bleikalk wird daher nicht vollkommen weiß. Daher würde ich bei der Anwendung der rohen Holzsäure anrathen, sie mit Kohlenpulver zu vermischen, welches das Färbende gänzlich zurückhält.

Der Verkohlungsofen, welcher die Holzsäure liefert, giebt auch dazu die Kohle. Die schon gebrauchten Kohlen kann man wieder von neuem in demselben durchglühen und sie zum neuen Gebrauch geschickt machen. Man braucht sie auch nicht besonders zu glühen, sondern man werfe sie mit dem zu verkohlenden Holze zugleich hinein. Alsdann geht auch nichts von der Säure verloren, welche sie bei dem Gebrauche eingesogen haben.

Das Blei kauft man in sogenannten Mulden. In Bleiweißfabriken gießt man davon dünne und einige Zoll breite Streifen, die von sehr ungleichförmiger Dicke und sehr höckerig ausfallen, wenn man sich zum Gießen nicht eines besonderen Rahmens bedient.

Gewöhnlich werden daher diese Streifen nicht durchgängig von den sauren Dämpfen zerfressen, sondern in der Mitte ihrer Lage findet man noch unverkalktes Blei, und man sieht sich genöthigt, den Bleikalk davon abzuschlagen und durch ein Sieb zu trennen. Wegen des der Gesundheit so gefährlichen Bleistaubes bedient man sich zu dieser Arbeit in England einer eigenen Maschine, welche jetzt auch in den preußischen Fabriken eingeführt wird.

Diese Arbeit, so wie die Maschine, würde aber überflüssig seyn, wenn man sich gleichförmig dünngegossener Bleilamellen bediente. Zu diesem Gießen ist ein Rahmen sehr zweckmäßig, welchen man in Chaptal's, O'Relly's, Vauquelin's rc. neuen Entdeckungen im Gebiete der Chemie, Physik, Technologie, Mathematik rc., a. d. Franz. übers. v. Gotthard, im ersten Heft, S. 50. beschrieben und abgebildet findet.

In Tabaksfabriken streckt man das Blei zu Lamellen aus durch 2 über einander laufende kupferne Walzen. Dieses laminirte Blei erlangt aber dadurch mehr Dichtigkeit und glatte Oberfläche, weshalb sich selbiges schwerer verkalken läßt.

Bei meinen Versuchen bemerkte ich: 1) daß die warmen Dämpfe das Metall nicht angreifen, 2) daß die Fläche des Metalls in dem gehörigen Grad von Feuchtigkeit erhalten werden muß. Er ist zu groß, wenn sich dieselbe in größeren Tropfen anlegt; der beste Grad ist, wenn man nur die Feuchtigkeit als einen feinen Thau wahrnimmt.

Aber diese Feuchtigkeit muß auch Zeit haben zu wirken, d. i. sie muß auf dem Metalle verweilen, wenn ihre Säure von demselben angesogen werden soll. Daher wird die Verkalkung durch Erwärmung des Metalls vereitelt, weil sie die Feuchtigkeit zu schnell verjagt. Eben dieses geschieht, wenn die Metallplatten dem Luftzuge ausgesetzt sind. 3) Daß etwas Zutritt von Luft nothwendig sey. 4) Daß eine Metallplatte von unebener Oberfläche schnell, von glatter Oberfläche sehr langsam und schwach angegriffen wird; daß ferner in den Tiefen die Verkalkung anfängt, weil die Feuchtigkeit hier gehörig verweilt, von den Erhabenheiten und von einer glatten Oberfläche schneller verdunstet. 5) Daß die Säure schon an einem kühlen Orte verdunstet und daher eine lauliche Temperatur derselben hinreichend ist.

Einige Fabrikanten bedienen sich, um den Essig in dieser Temperatur zu erhalten, immer noch des Pferdemistes, nach hergebrachter Sitte. Da aber der Mist nach dem Grade seiner Feuchtigkeit und der Temperatur der Luft schneller oder langsamer sich erhitzt oder fault, und der Essig dadurch leicht umschlägt; so kann die Verkalkung mit größerer Sicherheit auch bei der Anwendung der Holzsäure durch künstliche Ofenwärme bewirkt werden.

In Demachy's Laborant im Großen, zweiter Theil S. 190., findet man schon von Hahnemann einen Ofen zu diesem Zwecke angegeben. Man mag dessen Angabe mit meinen Bemerkun-

gen

gen vergleichen, und diejenige Einrichtung wählen, welche die zweckmäßigste seyn wird.

Wenn man den erzeugten Dünsten den Fortgang erschweret, so schlagen sie sich wieder in die Flüssigkeit zurück, und man muß zum Verdunsten einen größeren Grad von Hitze anwenden, welcher der Verkalkung nachtheilig ist. Daher finde ich es nicht rathsam, in einem oben verschlossenen Gefäße die Dünste so einzusperren, daß sie ihren Abgang durch ein Dampfrohr nehmen müssen. Dieses ist zwar bey einem aufwärts stehenden und weiten Rohre von geringerer Bedeutung als bei einem liegenden und engen; indeß ist ein oben offnes Gefäß, welches den Dünsten einen völlig ungehinderten Abgang erlaubt, ohne Zweifel zweckmäßiger.

Je größer die Oberfläche der Flüssigkeit, desto mehr wird sie in jedem Zeitmomente ausdünsten. Ein flaches Gefäß, welches oben weiter zuläuft, ist dieser Absicht entsprechend. Eine gelinde Erwärmung der Flüssigkeit ist alsdann hinreichend, um die nöthige Menge von Dünsten zu erzeugen.

Die Verkalkung wird ferner dadurch begünstigt, daß man das Metall mit den Dünsten in möglichst viele Berührungspunkte setzt, und der äußeren Luft zu dem zu verkalkenden Metalle einigen Zutritt erlaubt.

Um die Flüssigkeit in gleichmäßiger Temperatur zu erhalten, steht die Pfanne in einem Aschenbade. Man erwärmt sie durch ein schwaches Kohlenfeuer.

§. 72.
Anwendung der Holzsäure im flüssigen Zustande.

Um mich zu vergewissern, ob die Säure, in Dämpfen angewandt, die Metalle schneller verkalke als im flüssigen Zustande, tauchte ich eine Pappenscheibe in destillirte Holzsäure ein und legte sie zwischen 2 Metallplatten. Eine dritte erhielt ich mit den sauren Dünsten in Berührung. Nach 24 Stunden untersuchte ich die Platten, und fand die obere stärker verkalkt als die untere, beide aber (in ihrer Oberfläche) beträchtlich stärker als die dritte angegriffen.

Dieser, so wie ein nachfolgender Versuch mit Kupferplatten, (s. §. 73.) widerlegt die Behauptung: daß die Essigsäure in Dunstgestalt wirksamer sey als im tropfbaren Zustande, mit dem Gegentheile. Man wird aber dagegen erinnern: daß sich davon keine Anwendung machen läßt, weil 1) die Holzsäure sowohl als der Essig vorher destillirt werden muß, um sie von ihren färbenden Theilen zu befreien, 2) die Säure das verkalkte Metall wieder auflöset.

Was die Destillation betrifft, so wird man dafür durch die schnellere Verkalkung entschädigt. Ferner hat man dazu keine künstliche Wärme durch Mist oder gelindes Ofenfeuer nöthig.

Was den zweiten Umstand betrifft, so läßt sich selbiger folgendermaßen beseitigen:

Man schneide sich nach der Größe der Bleistreifen Streifen von Pappe, tauche sie in die destillirte Holzsäure, lege allemal einen Streif zwischen 2 und 2 Metallstreifen oder Platten, und schichte die Plattenpaare, nach Art einer liegenden galvanischen Säulenordnung, neben einander.

Damit sich die Pappenstreifen immer gleich feucht erhalten, gebe man ihnen folgende Form:

Sie haben nehmlich in ihrer Mitte einen herabhängenden Zipfel, der mit der Säure selbst in Berührung steht, und den Platten durch Einsaugung in eben dem Verhältniß Flüssigkeit zuführt, als sie zwischen den Platten abnimmt.

Das Gefäß, in welchem sich die Flüssigkeit befindet, ist so schmal, daß nur die Plattenpaare auf dessen Seitenwänden eine sichere Auflage haben. Ihre Länge richtet sich nach der Menge der Plattenpaare. Die ganze Schicht derselben dient auf solche Weise dem Gefäß zur Decke.

Das Ganze schließe man in einem breternen Kasten ein, welcher mit Bleiblech ausgeschlagen ist. Man presse aber die Schicht nicht dicht zusammen, sondern schiebe sie nur so locker an einander, daß sie sich berühren.

Ein zweiter Weg, die destillirte Holzsäure zur

Bereitung des Bleiweißes anzuwenden, besteht darin: Man besprenge von Zeit zu Zeit eine dünne Lage Bleiglätte mit dieser Säure, bis sie zerfressen ist. Durch diese Behandlung nimmt sie, von der Luft unterstützt, die Weiße und Feinheit des Bleiweißes an.

§. 73.
Anwendung der Holzsäure zur Verkalkung des Kupfers.

Versuch: Ich legte auf eine kupferne Platte eine Scheibe von Pappe, die mit destillirter Holzsäure befeuchtet war, und legte eine andere Kupferplatte darauf. Nach 12 Stunden fand ich die untere Fläche der oberen Platte, welche auf der feuchten Pappe gelegen hatte, stark, die untere Platte weniger angegriffen. Da wo die Pappe gegen die untere Platte dicht aufgedruckt gelegen hatte, zeigte sich bloß Grünspan; da wo beide Platten locker auf einander gelegen hatten, nichts als Kupferkrystallen (krystallisirter Grünspan). Kupferplatten, die 4 Tage hindurch den Dünsten der Säure ausgesetzt gewesen waren, hatten nur eine sehr unbedeutende Verkalkung erlitten.

Ich halte es daher für vortheilhafter, wenn man sich der Säure in flüssiger, als in Dunst-Gestalt bedient. Zu dieser Absicht wäre das oben bei der Verkalkung des Bleies angegebene Verfahren (s. §. 72.) hier ebenfalls anwendbar.

Ich wiederholte diesen Versuch mit roher Holzsäure. Allein die Verkalkung war nicht halb so weit gediehen als bei der Anwendung der destillirten Säure.

§. 74.

Medicinische Anwendung der Holzsäure.

Die rohe Holzsäure ist eine mit brenzlichen Oeltheilen geschwängerte Essigsäure. Ihr äußerst widriger Geruch und Geschmack kann zwar ihrer inneren Anwendung bei Krankheiten der Menschen nicht hinderlich seyn; sie läßt sich aber bei diesen entbehren.

In Rücksicht der destillirten Säure würde ich aber, da sie den Weinessig an Säuregehalt übertrifft, kein Bedenken tragen, sie innerlich anzuwenden. Ich darf es aber nicht unbemerkt lassen, daß sie nicht bloß als Essigsäure wirkt, sondern daß sie einige harzig-ätherische Oeltheile in sich aufgelöset zu enthalten scheint, deren Gegenwart zwar weder durch den Geruch noch Geschmack sich veroffenbart, der harzige Rückstand der verdünsteten Säure aber erweislich macht. Ich halte sie zu Kräuteressigen besonders anwendbar.

Aeußerlich kann man die rohe Säure bei dem Vieh zur Zertheilung von Quetschungen, Blutbeulen, Brandbeulen, bei schwammigen Auswüchsen u. s. w. benutzen.

Schluß.

Es würde dem Hauptzweck dieser Schrift weder angemessen, noch mir möglich gewesen seyn, jede hier genannte einzelne Anwendung der Holzsäure ausführlich zu verfolgen. Ich hoffe aber, daß die darüber mitgetheilten Versuche in der weiteren Verfolgung und Anwendung im Großen mancherlei Vortheile verbreiten werden.

Drittes Kapitel.

Ueber den häuslichen und technischen Werth der verschiedenen Kohlenarten.

Inhalt.

Relative Menge der Kohlen von verschiedenen Brennmaterialien §. 75. — 80. Vollkommen und unvollkommen ausgeglühete Kohle §. 81. Volumen der Kohlen §. 82. Menge ihres Kohlenstoffs §. 83 — 90. Vorzüge der Kohlen vor dem rohen Material §. 91 — 93. Erdkohle §. 94. 95. Thierische Kohle §. 96. Anwendung der Pflanzenkohle zu Fabrikaten §. 97.

§. 75.

Nachdem wir den Werth der Verkohlungsöfen in Hinsicht der dabey zu gewinnenden Flüssigkeiten, des Holzöls und der Holzsäure*), aus einander gesetzt haben, wollen wir nun den Werth derselben

*) Die Beschaffenheit und Anwendung anderer Flüssigkeiten, welche man bei der Verkohlung thierischer und anderer Substanzen erhält, werden bei der einzelnen Betrachtung derselben im folgenden Kapitel vorkommen.

als Kohlenbrennereien ins Licht zu setzen suchen.

Diese Oefen bewirken nemlich eine Trennung der in der Hitze flüchtigen Stoffe von der feuerbeständigeren Kohle; sie setzen uns dadurch in den Stand, die relative Menge richtig zu bestimmen, welche die verschiedenen Brennmaterialien liefern.

§. 76.

Diese Bestimmung ihrer Menge ist aber keinesweges als hinreichend anzusehen, um nach derselben den relativen häuslichen und technischen Werth der Brennmaterialien selbst, aus welchen sie entstanden, zu beurtheilen. Wir müssen auch zugleich die Erscheinungen genau beobachten, welche Statt finden, wenn man ihre Kohle und ihren Flammenstoff (ihr mit bränstigen Oeldünsten geschwängertes brennbares Gas) im getrennten Zustande der Verbrennung unterwirft; wir müssen den Grad von Hitze zu bestimmen suchen, welchen sie beide einzeln erzeugen, und die verschiedenen Kohlen- und Flammenstoffarten von verschiedenen Brennmaterialien nach dem Grade der erzeugten Hitze vergleichen, welchen sie unter ziemlich gleichen Umständen hervorbringen.

§. 77.

Was den relativen Werth der verschiedenen Kohlenarten für häusliche und technische Anwendung betrifft; so ist man über diesen Gegenstand bereits zu so ausgebreiteten Kenntnissen gelangt, daß derselbe eine ausführliche Bearbeitung erfordert. Von mir darf man hier nur allgemeine Angaben erwarten; denn mehr in dieser Art zu leisten, erlaubten mir bis jetzt weder meine Zeit noch andere Umstände.

§. 78.

Man kennt außerdem die Menge von Versuchen, welche die relative Wirkung der verschiedenen rohen Brennmaterialien im offnen Feuer bestimmen. Allein es fehlt gänzlich an Versuchen, welche die Wirkung des von der Kohle geschiedenen Flammenstoffs, oder die Wirkung des reinen, von der Glühhitze der Kohle entfernten Flammenfeuers angeben.

Die häusliche Anwendung dieser neuen Heizungsart ist mir gelungen, ohne durch etwas Anderes als durch theoretische Principien der Möglichkeit darauf geleitet worden zu seyn. Ihre Anwendbarkeit wurde mir wahrscheinlich, als ich Lebon's Ankündigung der Thermolampen-Oefen las. Von der Anwendung dieser Heizungsart werde ich aber erst im folgenden Kapitel reden. Meine Versuche über die Menge und Beschaffenheit jenes Flammenstoffs von verschiedenen brennbaren Körpern werde ich im nächstfolgenden Kapitel mittheilen. Dieses Kapitel wird daher von den Brennmaterialien nach der Menge und Güte ihrer Kohle und ihres Flammenstoffs nur eine kurze und allgemeine Uebersicht enthalten. Ich halte es für nöthig, beiderlei Ansichten hier mit einander zu verbinden, um den Werth der rohen Brennmaterialien richtiger zu schätzen.

§. 79.

Wenn das vor dem Zutritte der Luft verschlossene Brennmaterial zu dampfen aufgehört hat; so bleibt ein Theil desselben im Kohlenzustande zurück.

§. 80.

Die Menge der zurückbleibenden Kohle ist nach dem Brennmaterial verschieden. Es versteht sich übrigens von selbst, daß die Kohle, deren Menge man von einer gewissen Holzart bestimmen will, vollkommen ausgeglühet seyn muß. Im Durchschnitt genommen lieferten 24 Pf. Holz 4 bis 6 Pf. solcher Kohle. Es hatten sich also 18 bis 20 Pf. von dem angewandten Material in der Hitze verflüchtigt.

Nach Hielm (s. neue Abhandl. der schwed. Akademie, B. 11. J. 1781. S. 84. übers. in Crells chem. Annalen, J. 1784. B. 1. S. 432.) wogen gleich große Stücke trocknes Holz

	vor	und		nach dem Verkohlen:
birkene	294 As.	-	-	$63\frac{1}{2}$ As.
eichene	289 -	-	-	80 -
föhrne	215 -	-	-	49 -
(von Ahorn)				
tannene	206 -	-	-	47 -

Ich habe die Kohlen allemal frisch gewogen; denn an der Luft erleiden sie eine beträchtliche

Gewichtszunahme, indem sie Feuchtigkeit und Kohlensäure wieder aus der Atmosphäre einsaugen. Diese Gewichtszunahme betrug oft $\frac{1}{11}$ bis $\frac{1}{12}$.

§. 81.

Bei den gewöhnlichen Kohlenbrennereien ist es weder möglich, noch der Absicht gemäß, das Brennmaterial bis zu diesem Grade auszumerzen. Bei diesen ist es gar nicht möglich, daß die Kohlen eines Mäulers jedesmal und durchgängig gahr ausfielen. Es kann daher hier nichts Gewisses angenommen werden, bis zu welchem Punkte man die flüchtigen (Rauch gebenden) Theile gewöhnlich abtreibt. Indeß kann man hier zum höchsten Punkte der Verkohlung ohngefähr $\frac{2}{3}$ Abgang am Brennmaterial annehmen, welcher als ein reiner Verlust anzusehen, mithin bedeutend genug ist, um die Größe der Holzverschwendung zu würdigen, welche mit dieser Verkohlungsart im Großen verbunden ist.

Nichts kann dieser Holzverschwendung wirksamere Grenzen setzen, als die Einführung der Verkohlungsöfen im Haus- und Fabrikwesen.

§. 82.

Einige Brennmaterialien geben eine voluminöse, andere eine dichtere Kohle. Der Umfang, den die verschiedenen Kohlenarten einnehmen, läßt sich ebenfalls nicht anders richtig bestimmen, als wenn sie gleich vollkommen ausgeglühet sind. Ich muß jedoch bemerken, daß dieses bei sehr festen Holzarten nicht leicht zu bewirken ist, weil bei diesen besonders der Ofen mit einem lebhaften Luftzuge versehen seyn, und man, sobald sich die Dämpfe zu verlieren anfangen, das Feuer bis zum Glühen des Verkohlungsgefäßes verstärken und dieses Glühen noch 1 Stunde fortsetzen muß, wo die Entbindung des brennbaren Gas gänzlich aufhört.

Das Volumen dieser völlig ausgeglüheten Kohle beträgt im Durchschnitt genommen die Hälfte bis $\frac{3}{4}$ der angewandten Holzmasse. Das größte Volumen hat die Kohle vom Tannenholz. Da nun die Kohlen nach Maß bezahlt werden; so ist diese zum Verkaufe die vortheilhafteste. Einige Torfarten schwinden während des Verkohlens so sehr zusammen, daß sie kaum die Kosten bezahlt machen.

§. 83.

Die Menge des Kohlenstoffs, welchen die Kohlenarten enthalten, bestimmt den relativen Werth derselben. Denn der Kohlenstoff ist der rein entzündliche Theil der Kohle. Ihren unverbrennlichen Rückstand nennen wir Asche.

§. 84.

Man darf aber aus jener Menge des Kohlenstoffs keinesfalls diejenige folgern, welche jede Holzart enthält. Diese läßt sich nicht bestimmen; sondern nur diejenige Menge, welche ihre Kohle enthält.

Wenn man nemlich das Holz zur Kohle reducirt, so verbindet sich ein Theil des entwickelten Kohlenstoffs von neuem und trägt zur Bildung des Oels, der Essigsäure bei; ein anderer Theil wird auf die Bildung des kohlensauren Gas verwandt, und noch ein anderer bildet, in Wasserstoff aufgelöset, gekohltes Wasserstoffgas. Hierzu kommt noch derjenige Abgang an Kohlenstoff, welcher den Flüssigkeiten mechanisch beigemengt ist. Wie viel also von dem Kohlenstoffe des Brennmaterials hier gebunden, aufgelöset und verflüchtigt wird, ist eine durch die Chemie unauflösliche Aufgabe. Vielleicht beträgt diese Menge fast eben so viel als diejenige, welche in der Kohle zurückbleibt. Es ist daher sehr wohl gedenkbar, daß die eine Holzart, welche mehr Kohlenstoff in ihrer Kohle zurückläßt, als eine andere, doch ursprünglich ärmer daran seyn kann.

§. 85.

Ich habe beobachtet, daß die Dämpfe während der Verkohlung nach Verschiedenheit der Holzarten mit einer geringeren oder größeren Menge Kohlenstoff beladen sind. Ich habe gefunden, daß die Menge des zurückbleibenden Kohlenstoffs in der Kohle von der verschiedenen Flüchtigkeit des Brennmaterials, von der größeren oder geringeren Flüchtigkeit oder Feuerbeständigkeit ihres Kohlenstoffs abhängt. Der relative Werth der Kohlenarten muß daher nicht allein nach der Menge, sondern auch nach dem Grade der Feuerbeständigkeit ihres Kohlenstoffs geschätzt werden.

§. 86.

Der Wasserstoff äußert auf den Kohlenstoff eine große auflösende Kraft. Je größer daher die Menge des Wasserstoffgas, welche eine Holzart liefert, desto ärmer ist ihre Kohle an Kohlenstoff; so daß also beide, überhaupt genommen, ihr Flammen- und Kohlenstoff, im umgekehrten Mengenverhältnisse stehen. Hieraus folgt, daß zum Verkohlen, wenn man auf die Reichhaltigkeit der Kohle an Kohlenstoff sieht, eine feuerbeständigere Holzart, und wenn man mehr die Menge des Flammenstoffs berücksichtiget, eine flüchtigere Holzart am passendsten ist.

§. 87.

In jener zweifachen Rücksicht haben die Brennmaterialien nach der Erfahrung folgenden relativen Werth:

1) Rangordnung der Holzarten nach ihrem Gehalte an Flammenstoff.

1. Schottische Fichte.
2. Birke.
3. Esche.
4. Norwegische Fichte.
5. Tanne.
6. Weide.

7. Ahorn.
8. Ulme, Buche.
9. Nußbaum.
10. Eiche.
11. Kastanie.

2) Rangordnung der verschiedenen Kohlenarten nach ihrer Feuerbeständigkeit und ihrem Gehalte an Kohlenstoff.

1. Die Kohle von Kastanien.
2. = = Eichen.
3. = = Nußbaum.
4. = = Buchen.
5. = = Ahorn, amerikanischem.
6. = = weißem Ahorn.
7. = = Ulmen (Rüstern).
8. = = Norwegischer Fichte.
9. = = Weide.
10. = = Tanne.
11. = = Eschen.
12. = = Birken.
13. = = Schottischer Fichte.

Die Schlösser, Schmiede, Gelbgießer und Klempner sehen aus dieser Tabelle, welche Kohle für ihre Arbeiten den meisten Werth hat.

In den Schmelzhütten, bei der Reduktion der Metalle, der Fabrikation des Gußeisens, kommt es vorzüglich auf die Menge von Kohlenstoff an, welchen die Kohle dem zu reduzierenden Metalle während der Schmelzung darbietet. Je reiner die

Kohle, und je mehr sie einem starken Luftstrome Widerstand leisten kann, desto mehr Werth hat sie für den Hüttengebrauch.

Die Torf- und Steinkohlenarten enthalten eine Beimischung von Thon, Kalk, Kiesel, Schwefel. Sie liefern daher keine reine Kohle. Die Holzkohle hat daher wegen ihrer Reinheit auf Schmelzhütten einen wichtigen Vorzug vor dieser. Je reichhaltiger, überhaupt genommen, die Torf- oder Steinkohlenart an Bergöl und Harz ist, desto weniger Kohlenstoff läßt sie gewöhnlich in ihrer Kohle zurück, und so umgekehrt. Daher besitzt die Grobkohle, wegen der vorzüglichen Güte ihrer Kohle, für Schmelzhütten die besten Eigenschaften. Die leichte oder Pechkohle ist dagegen zum häuslichen Gebrauche die passendste.

§. 88.

Die möglichst vollkommen ausgeglühete Kohle brennt in Zugöfen ohne Flamme, und bloß mit einem glühenden Scheine, vor dem Gebläse aber noch mit einer kleinen himmelblauen Flamme, welche beweiset, daß die Kohle noch etwas gebundene brennbare Luft enthielt, welche von ihr um so fester angezogen zu werden scheint, je mehr sich ihre Menge verringert. Diese fast völlig ausgemerzte Kohle ist zum Reinigen und Klären von Flüssigkeiten vorzüglich geschickt,*) und daher Labo-

*) Die entfärbende Eigenschaft der Pflanzenkohle beruhet sowohl darin, daß sie vermöge ihrer porösen Beschaffenheit die

ranten, Apothekern, Destillateuren, eben so unentbehrlich, als ein vortheilhaft eingerichteter Verkohlungsofen. Der Kiehnruß hinterläßt, wenn man ihn ausglühet, eine reine lockere Kohle, die man wegen ihrer dunklen Schwärze zur Druckerschwärze anwendet. Dieses Ausglühen kann in dem Verkohlungsofen geschehen.

§. 89.

Die völlig ausgedampfte Kohle, welche alle Rauch und Flamme gebenden Theile verloren hat, besitzt aber zum häuslichen und technischen Gebrauche weniger Güte als die gewöhnliche Kohle. Die Schmiede, Schlösser, Gelbgießer, Klempner, nehmen daher diese lieber.*)

Es ist aber eben so wenig nöthig als nützlich, die flüchtigen Theile von der Kohle gänzlich abzutreiben. Man hat es der Zeitrechnung nach beinahe gänzlich in seiner Gewalt, die flüchtigen Theile vollkommner oder unvollkommner abzutreiben,

färbenden schleimigen und öligen Theile, wie der Bimsstein, einsaugt, als in ihrem Vermögen, aus den Flüssigkeiten die unvollkommne Kohlen- oder branstige Säure zu absorbiren. Daß sie zugleich auch den Flüssigkeiten Sauerstoff entzieht, erleidet keinen Zweifel.

*) Diese Professionisten können sich die Kohlen, die sie zu ihren Arbeiten brauchen, beträchtlich wohlfeiler darstellen, als sie sie kaufen, wenn sie ihren Stubenofen in einen Verkohlungsofen verwandeln. Einen für diese brauchbaren Ofen werde ich unten beschreiben.

ben, je nachdem es dem Zwecke der Kohlen angemessen ist.

§. 90.

Von der verschiedenen Dichtigkeit oder Menge des Kohlenstoffs in den Kohlen hängt die verschiedene Intensität der Hitze ab, welche sie geben.

Die verschiedenen Kohlenarten folgen also in der Hinsicht in eben der Reihe auf einander, als in Hinsicht ihres Gehalts an Kohlenstoff. S. 2te Rangordnung, §. 87.

§. 91.

Durch die Verkohlung werden die Brennmaterialien veredelt, und ihre Kohle hat zu verschiedenen Absichten oft mehr Werth, als ihr Material, aus welchem sie entstand.

§. 92.

Das Holz giebt eine ungleichförmigere, raschere und ausgebreitetere (mehr extensive), dessen Kohle hingegen eine gleichförmige, concentrirtere (mehr intensive) oder anhaltendere Hitze, die sich besser regieren und, weil sie sich weniger zerstreuet, vollständiger und zweckmäßiger benutzen läßt.

Zum Heizen der Zimmer, so wie zu kleinen chemischen Operationen, z. B. zum Schmelzen, Destilliren, hat sie daher Vorzüge vor dem Holze.

Ein wichtiger Vortheil der Kohlenfeuerung besteht darin, daß sie wenig Rauch und Ruß hinterläßt.

§. 93.

Die Steinkohlen-, Braunkohlen- und Torfarten enthalten bald eine bedeutende, bald eine unbedeutende Menge Schwefel. Der Schwefel verwandelt sich während des Verbrennens, in der Verbindung mit andern brennbaren Bestandtheilen, theils in Schwefelsäure, welche eine verhältnißmäßige Menge Kali der Asche sättigt, theils aber in schwefelsaures Gas, welches die Ursache der früheren Zerstörung der eisernen, besonders aber der kupfernen Gefäße abgiebt. Er ist den Schmieden ein eben so verderblicher Feind als den Schmelzhütten bei der Reduktion der Metalle. Durch die Verkohlung wird der Schwefel aus den schwefelhaltigen Brennmaterialien großentheils verflüchtigt; wiewohl nicht unverändert, sondern im Wasserstoffgas aufgelöset, oder als hepatisches Gas. Dadurch werden sie sowohl zum häuslichen, als Hüttengebrauch geschickter gemacht. Aber ihre Dämpfe sind wegen der Beimischung von hepatischem Gase so wenig entzündlich, daß sie untauglich sind, ein ununterbrochenes Flammenfeuer zu erhalten, so wie die Dämpfe des Holzes. Man muß sie daher zum Schornstein hinaus schicken. Denn das hepatische Gas vom Wasser absorbiren zu lassen, ist zu umständlich und nicht hinlänglich. Dagegen muß ich aber die Bedenklichkeit erregen, daß, wenn das Kamin mit keinem guten und sicheren Luftzug versehen ist, zu besorgen ist, daß der Gestank des hepatischen Gases sich im Hause verbreitet oder die Kaminwände durchdringt, wenn sie nicht dick sind; oder daß man wenigstens die Straßen-Luft mit diesem den faulen Eiern ähnlichen Gestanke verunreinigen würde, mithin von dieser Verkohlung nur bei abgelegenen Hütten oder Wohnhäusern Gebrauch gemacht werden könnte.

Einen Verkohlungsofen für dergleichen schwefelreiche Brennmaterialien habe ich auf Tab. X. geliefert.

§. 94.

Die verschiedenen Kohlenarten lassen sich unter 3 Abtheilungen bringen: 1. die vorbenannten kohlenartigen Fossilien (Erdkohlen); 2. die Pflanzenkohle; 3. die thierische Kohle.

§. 95.

Die abgeschwefelte Kohle jener kohlenartigen Fossilien ist beträchtlich reicher an Kohlenstoff, als die Holzkohle. Ihre größere Feuerbeständigkeit, ihr langsameres Verglühen, ihre concentrirtere Hitze geben ihr zum Ausschmelzen der Erze, zur Reduktion der Metalle, den Vorzug vor der letzteren: wenn sie nemlich mit verhältnißmäßig wenigen Erdarten vermengt ist.

§. 96.

Die thierische Kohle ist zu arm an Kohlenstoff, und zu schwer entzündlich, als daß sie als Brennmaterial genutzt werden könnte.

Von Knochen, Hörnern, Klauen, Blut und andern thierischen Substanzen ist aber die Gewinnung ihrer Kohlen als gangbarer Fabrikate an sich, z. B. Beinschwarz, schwarz und weiß gebranntes Hirschhorn, oder ihre Anwendung zur Gewinnung des Phosphors, der Phosphorsäure, des Berlinerblaus, ein besonderer Gegenstand der Industrie. Ich habe daher derselben unten eine besondere Abhandlung gewidmet.

§. 97.

Einige vegetabilische Kohlen dienen zur Tusche, zur Frankfurter Schwärze, zur Reißkohle und andern Fabrikaten mehr.

Viertes Kapitel.

Von der Anwendung der Dämpfe und des brennbaren Gases aus dem Holze und andern Brennmaterialien zum Heizen und Beleuchten.

Inhalt.

Unterschied zwischen Entzündung und Verbrennung §. 98 — 101. Sinnliche Eigenschaften der Holzdämpfe §. 102 — 105. Bestandtheile §. 106. Brennbarkeit derselben §. 107. Darauf gegründete Anwendung zum Heizen §. 108 — 110. Reinigung der rohen Holzdämpfe von den gröbern Oel- und sauren Dämpfen

§. 111. Das übrig bleibende brennbare Gas ist mit Kohlen= und den feineren Oeldämpfen gemischt §. 112. 113. Unterschied dieses gemischten brennbaren Gases von dem einfachen; Thermolampen=Oefen, Verkohlungslampen §. 114 — 117. Thermolichter und phosphorische Lichter §. 118. Verkohlungslichter §. 119. Vom gemischten brennbaren Gase §. 120 125. Vollständige Abkühlung desselben und Abscheidung des einfachen brennbaren Gases daraus durch ein Luftreservoir §. 126 — 129. Beschreibung einer portatilen Gaslampe §. 130. Fernere Anwendung des einfachen brennbaren Gases zum Füllen der Luftballons §. 133. Medizinische Anwendung desselben §. 134. Anwendung des gemischten brennbaren Gases zum Heizen und Beleuchten §. 135 — 169. Reinigung desselben vom kohlensauren Gase §. 170 — 173. Ueber die Menge des Stickgases, kohlensauren Gases und Wasserdunstes, welche Verkohlungslichter hinterlassen §. 174 — 190. Gläserne Gaslampe §. 191. Ueber Lufterneuerung §. 192. Beschreibung einer Salubritätslampe §. 193. Beschluß §. 194. 195.

§. 98.

Wenn man das Holz und andere Brennmaterialien in einen luftdichten Behälter einschließt, und ohne den Zutritt der äußeren Luft erhitzt; so wird sich selbiges entzünden, d. h. es fängt an zu dampfen, verwandelt sich großentheils in Dämpfe, und der feuerbeständigere Theil fängt an zu glühen, sobald die Dämpfe sich verringern.

Wenn man aber das Holz und andere Brennmaterialien unter dem Zutritte der Luft erhitzt; so entzünden sie sich nicht allein, sondern verbrennen auch unter zunehmender Erhitzung mit Flamme und Rauch, und die Kohle verbrennt zuletzt bloß mit einem glühenden Schein.

Den unverbrennlichen erdigen Rückstand derselben nennen wir Asche.

Dort strömen die in der Hitze flüchtigen Theile des Brennmaterials, welche hier (im freien Feuer) Flamme und Rauch bilden (Flammenstoffe), in lichtgrauen dichten Nebeln dahin, wo sie einen Ausgang finden, ohne sich bey der Berührung der Luft zu entzünden und zu verbrennen.

§. 99.

Allein in der Nähe eines brennenden Körpers entzünden sie sich, und verbrennen mit sehr lebhafter heller Flamme,*) ohne sichtbaren Rauch oder Geruch zu hinterlassen. Hat man sie einmal angezündet, so brennen sie nun von selbst fort.

Diese Erfahrung wäre schon hinlänglich, um darauf mancherlei ökonomische Anwendungen und Feuerungsanlagen zu gründen. Sie bedarf aber noch einer näheren Erörterung und wissenschaftlichen Erläuterung.

§. 100.

Bei dem gewöhnlichen Verbrennen sind die flammegebenden Dämpfe mit Kohlenstoff überladen,

*) Diese leichte Entzündlichkeit und Verbrennlichkeit unterscheidet sie schon hinlänglich vom gewöhnlichen Rauche, der von einem brennenden Lichte sich nicht entzündet, sondern es erlöschen macht.

welcher den Hauptbestandtheil des Rauchs ausmacht. Dort bleibt der größere Theil desselben in der Kohle zurück, und der Rauch wird daher vermieden. Hier hingegen verbrennt die Kohle zugleich bis zur Asche und ein Theil ihres Kohlenstoffs geht als Rauch für die Heizung verloren. Hierzu kommt noch der Umstand, daß die Dämpfe im luftleeren Raume eine größere Ziehkraft zum Sauerstoff erlangt haben, welches ihr vollkommnes Verbrennen begünstigt.

§. 101.

Die Produkte des Verbrennens sind sich aber übrigens in beiderlei Fällen ganz gleich, nemlich kohlensaures Gas, Stickgas und Wasserdunst, deren Menge mit der verzehrten Menge des Sauerstoffs der atmosphärischen Luft im Verhältnisse steht. Das Nähere davon siehe unten.

§. 102.

Läßt man jene Dämpfe in ihrem dichten Zustande unangezündet ausströmen, so haben sie einen mehr oder weniger widrig branstigen, stechend sauren Geruch, einen (von den festen Holzarten) bei weitem pikanteren Geruch, als der Rauch, machen Brennen im Schlunde, beklemmen die Brust, erregen heftigen Husten und Beißen in den Augen. Je mehr sie sich aber zerstreuen, desto schwächer und unmerklicher sind diese Wirkungen.

Von weichen Holzarten sind diese Wirkungen geringer. Von ganz trockenem Tannenholze hatten die Dämpfe einen kaum merklichen Geruch. Von der Birkenrinde hatten sie, (ein gewiß merkwürdiger Umstand,) nicht den geringsten Geruch und erregten auch keine Beschwerde, ob ich mich gleich mit anderen Personen, die gerade bei diesem Experimente zugegen waren, in Dämpfe eingehüllt befand und darin verweilte.

Von Nußschalen verbreiteten die Dämpfe einen benzoeähnlichen Wohlgeruch.

§. 103.

Je mehr Hitze das zu verkohlende Material erfordert, desto übler riechen die Dämpfe, und umgekehrt um so weniger oder gar nicht, je weniger Hitze selbiges erfordert. Daher müssen auch ihre Dämpfe (ihr Flammenstoff) eine verschiedene Mischung erhalten.

§. 104.

Ich habe ferner die Beobachtung gemacht, daß der Flammenstoff nach Verschiedenheit der Brennmaterialien einen verschiedenen Grad von Flüchtigkeit besitzt, und nach dem Grade derselben bald mehr bald weniger mit Kohlenstoff beladen ist. Hieraus folgt, daß, so wie unter ihren Kohlen ein beträchtlicher Unterschied statt findet, auch ihr Flammenstoff von verschiedener Art ist.

Wir können in diesem Kapitel aber nur die gemeinsamen Eigenschaften der Flammenstoffarten anführen, so wie über die Kohlenarten im vorhergehenden Kapitel nur das Allgemeine beigebracht ist.

§. 105.

Eben so neu als wichtig war mir ferner die Beobachtung, daß von leicht verkohlbaren Substanzen derjenige Flammenstoff, welcher geruchlos ist, wie von den Rinden, unter allen Flammenstoffen an Kohle der reichhaltigste ist, und nicht, wie von andern Substanzen, in licht - grauen, sondern schwarz - grauen Nebeln ausströmt.

Ich suche daher den nächsten Erklärungsgrund der Geruchlosigkeit jenes Flammenstoffs in der vorzüglichen Menge seiner Kohle, nach Verhältniß seiner übrigen Mischungstheile.

Die Kohle ist bekanntlich eine geschmack- und geruchlose Substanz. Während der Verkohlung wird sie in Dampfgestalt verflüchtiget. Dieser eigentliche Kohlendampf verhüllt, da er seinem Körper nach geruchlos ist, die übrigen dampf- und gasförmigen Mischungstheile des Flammenstoffs, so daß selbiger die Geruchsnerven und Luftwege vor der Einwirkung der letzteren schützt. Ist aber das Verhältniß jenes Kohlendampfs zu den letzteren geringer; so äußern sie sich durch ihren eigenthümlichen Geruch.

Die obigen Thatsachen scheinen mir diese Erklärung hinlänglich zu rechtfertigen und die verlarvende Eigenschaft des Kohlendampfs genügend zu beweisen. Sie können zu mehreren Betrachtungen und Folgerungen Anlaß geben, welche, so interessant sie auch vielleicht seyn möchten, ich dem Leser überlassen muß.

§. 106.

Jene Dämpfe des Holzes, oder (passender) Flammenstoffe, bestehen außer dem genannten Kohlendampfe, theils aus sauren und öligen Dämpfen, theils aus Gasarten, aus kohlensaurem und gekohltem brennbaren Gase.

Nach dem verschiedenen Mengenverhältnisse dieser Mischungstheile ist die Beschaffenheit der Flammenstoffe von verschiedenen Brennmaterialien bald mehr bald weniger verschieden. Von diesem Mengenverhältnisse hängt die Verschiedenheit ihrer Flamme in Rücksicht des Grades ihrer Brennbarkeit, ihrer Lebhaftigkeit, Helligkeit, Farbe, Consistenz und Hitze, so wie ihres ruhigern oder unruhigern Brennens ab.

§. 107.

Taucht man ein brennendes Licht in den dichten Dampfstrom, so wird selbiges aus Mangel an Zutritt der äußeren Luft augenblicklich erlöschen. Eben dieses geschieht, wenn man die Dämpfe in einem Ofen, den sie durch ihre Flamme heizen sollen, (Flammenofen,) sich anhäufen läßt, ehe man sie anzündet. Nähert man sich aber blos den Dämpfen mit dem Lichte; so entzünden sie sich schnell und mit lebhafter Flamme, deren Größe der angehäuften

Masse von Dämpfen proportional ist. Diese schnelle Entzündung der ganzen Masse bewirkt eine schnelle Ausdehnung der Luft im Ofen und kann ihn zersprengen. Oder die Flamme schlägt, da sie der Ofenraum nicht ganz fassen kann, durch das Zündloch dem Anzünder entgegen. Dieß verhält sich eben so, als wenn man den Feuerraum eines Ofens mit Holz fast anfüllt und dasselbe auf einmal in Brand gerathen läßt. Diese fehlerhafte Behandlung läßt sich auch dort eben so leicht vermeiden als hier. Regeln müssen bei jeder Feuerung befolgt werden, und ihre Vernachlässigung darf nicht etwa der Sache selbst zur Last gelegt werden; denn eine fehlerhafte Behandlung kann die Brauchbarkeit der vortheilhaftesten Anlage vereiteln.

Man befolge also die Regel: den Dämpfen zur Anhäufung niemals Gelegenheit zu geben. Man zünde sie also, so wie sie anfangen auszuströmen, an. Oder bequemer: man unterhalte im Flammenofen ein kleines Holz- oder Kohlenfeuer, damit sich die Dämpfe sogleich bei dem Ausströmen entflammen. Ist der Ofen erwärmt, so werden die Dämpfe, wenn auch das Zündfeuer erloschen ist, sich doch nicht anhäufen, sondern durch den Ofen zum Schornstein hinaus ziehen, weil durch die Erwärmung die Luft im Ofen schon in Bewegung gesetzt ist. Wenn aber der Ofen von Ziegeln gesetzt ist, finde ich es nicht für rathsam, Dämpfe unverbrannt durchstreichen zu lassen, weil seine porösen Wände allmälig den Geruch der Dämpfe durchdringen lassen.

Einige Arten von Dämpfen brennen Anfangs schlecht und nicht sicher fort. Diese ersten Dämpfe schicke man in diesem Falle durch den Schornstein fort; und zwar mittelst eines Rohrs, welches auch in andern Fällen so lange dem Durchgange der Dämpfe offen bleiben kann, bis man sie im Ofen anzündet. Denn das Anzünden zur rechten Zeit wird manchmal vergessen.

§. 108.

Daß diese rohen Dämpfe, im Ganzen genommen, hinlängliche Brennbarkeit und Brauchbarkeit zum Heizen besitzen, daß sie demnach in vielen Fällen die Stelle des Holzes ersetzen; davon habe ich mich durch hinlängliche Erfahrungen überzeugt. Auch fand ich sie zum Erleuchten statt anderer Lichter zwar brauchbar, aber mit weniger Sicherheit und mehreren Einschränkungen.

Nach meinen Erfahrungen können sie, besonders zum Heizen, ungetrennt und mit weniger oder ohne alle Vorkehrung angewandt werden.

Auf diese Erfahrungen habe ich mehrere neue Feuerungsanlagen gegründet, welche von mir bisher entweder blos entworfen oder zugleich selbst realisirt worden sind.

Für Anlagen, bei welchen man bloß eine vortheilhafte Heitzung berücksichtiget oder berücksichtigen kann, haben diese Erfahrungen einen großen Werth; indem sie die Kühlanstalt entbehrlich machen und die

Verkohlungsanlagen so vereinfachen, daß sie sich überall anbringen lassen.

Da hier die Dämpfe wenig oder keine Gelegenheit finden sich abzukühlen, sondern fast gänzlich durch die Flamme verzehrt werden; so findet entweder gar keine Ansammlung, gar kein Absatz von Oel und Säure Statt, oder diese Ansammlung ist nur gering.

§. 109.

Jedoch brennen die rohen Dämpfe in der ersten Stunde der Verkohlung schlecht und nicht ganz sicher fort. Daher muß man sie entweder Anfangs ungenutzt zum Kamine fortschicken, oder aber das Verhältniß der gröberen Oel- und wäßrig-sauren Theile zu den übrigen etwas vermindern, indem man ihnen Gelegenheit darbietet, sich zum Theil niederzuschlagen oder abzukühlen. Zu Anfang der Verkohlung nemlich sind die Dämpfe noch mit wäßrig-sauren Dünsten und kohlensaurem Gase überladen, welche ihre Entzündlichkeit erschweren, und das brennbare Gas hat das Uebergewicht vor den andern Mischungstheilen, welches wegen seiner großen Elastizität die Flamme unsicher macht. Bei fortgesetzter Feuerung nehmen dieselben ab. Der Dampfstrom, welcher sich Anfangs blos an der Spitze entzündete, bricht jetzt gänzlich in Flamme aus, die sichtbare Dampfbasis derselben verschwindet, der Dampfstrom wird ruhiger, die Flamme ebenfalls, und brennt ununterbrochen fort.

Man kann diese rohen Dämpfe entweder ohne oder mit Beihülfe eines andern Brennmaterials benutzen. Ich habe beobachtet, daß zu Anfange ihrer Entbindung der Hitzegrad ihrer Flamme nicht hinlänglich ist, um gänzlich zerstört zu werden. Um sie daher von Anfang an zum Heizen zu benutzen, unterstütze ich ihr Verbrennen durch ein kleines Holz- oder Kohlenfeuer, bis sie desselben nicht mehr bedürfen, welches bei den abgekühlten Dämpfen nicht nöthig ist, weil sie gleich Anfangs gut brennen. Das Holz verbrennt bei der Flamme dieser Dämpfe langsamer, so auch die Kohlen. Leitet man diese Dämpfe unter den Rost hin, auf welchem Kohlen brennen; so verbrennen sie von Anfang an rein, die Kohlen verglühen nicht allein sparsamer, sondern sie werden auch zu einer größern Gluth angefacht. Hieraus folgen wichtige Vortheile sowohl für das Haus- als Hüttenwesen.

§. 110.

Obgleich die rein-sauren Dämpfe an sich nicht brennbar sind; so werden sie doch in Verbindung mit dem leicht entzündlichen, mit Oeldämpfen beladenen brennbaren Gase und dem Kohlendampfe durch die Flamme gänzlich zerstört. Denn wäre dieses nicht gänzlich der Fall; so würde ein saurer Geruch ihre Verflüchtigung zu erkennen geben, und das über der Flamme angebrachte Metall in der Folge Spuren der Verkalkung zeigen. Indeß muß ich gestehen, daß mir Letzteres nur wenig zu beweisen scheint. Denn ein erhitztes Metall wird von sauren Dämpfen nicht angegriffen, weil sie von demselben beständig verjagt werden.

Wollte jemand daran zweifeln, daß ein essigsaurer Dunst durch die Flamme zerstört werden könnte; so darf ich ihn nur an die Zerstörbarkeit der Essigsäure im Feuer erinnern, welche eine erwiesene Thatsache ist. Dieser Zerstörung kommt die große Ziehkraft der mit ihnen verbundenen brennbaren Dämpfe zu statten. Bei gewöhnlichen Lichtern geht auch ein Dampf der Flamme voran, der doch ebenfalls sauren Dunst in seiner Mischung enthält, ob man gleich über der Flamme von ihm nichts mehr durch den Geruch wahrnimmt. Indeß hat jene Zerstörbarkeit der sauren Dünste ihr gewisses Ziel, indem sie mit der Menge der übrigen brennbaren Mischungstheile in richtigem Verhältnisse stehen müssen. Ist die Menge der ersteren zu den letzteren überwiegend, so bleibt ein Theil derselben unzerstört zurück.

So wie aber die Flamme des Brandweins blos den Weingeist zerstört und die wässerigen Theile zurückläßt, eben so wird sie auch nur die reine Säure jener Dünste zerstören und ihre wässerigen Theile unangetastet lassen.

Daß die rein sauren Dünste selbst mit Flamme

verbrennen und daher zur Vergrößerung des Flammenfeuers der Dämpfe beitragen, läßt sich aus der Erfahrung folgern: daß der concentrirte Essig (Essigalkohol) mit Flamme verbrennt, und concentrirte Mineralsäuren die Entzündlichkeit der fetten Oele erhöhen.

§. 111.

Die öligen Dämpfe lassen sich in gröbere oder schwerere und feinere oder leichtere Oeldämpfe trennen, deren relative Menge nach der Wahl des Brennmaterials verschieden ist.

Werden die gröberen Oeldämpfe mit den wässerig-sauren zugleich durch Abkühlung nieder geschlagen; so strömen die feineren branstig-ätherischen Oeldämpfe in Verbindung mit den Kohlendämpfen und Gasarten fort.

Diese feineren Oeldämpfe haben, von der Elasticität der Gasarten unterstützt, einen so hohen Grad von Flüchtigkeit und Expansibilität, daß sie, durch 2 Kühlflaschen und ein weites Kühlrohr mit eiskaltem Wasser umgeben, hindurchströmen, ohne sich gänzlich niederzuschlagen und ohne die Röhren bei ihrem Durchströmen merklich zu erwärmen. Bediente ich mich einer Wasservorlage, so drängten sie sich bei verstärktem Feuer durch das Wasser hindurch.

§. 112.

Um die Kohlen- und feineren Oeldämpfe hervor zu bringen, ist es durchaus nothwendig, daß der

der Verkohlungsofen einen lebhaften Luftzug hat. Flammenfeuer ist zur Erzeugung jener Dämpfe wirksamer als Kohlenfeuer. Und um sie in diesem Zustande zu erhalten, darf die Abkühlung nicht zu weit getrieben werden. Die meisten gehen für die Benutzung verloren, wenn man sich einer Wasservorlage bedient.

§. 113.

Dieser Umstand verdient darum eine vorzügliche Rücksicht, weil die Flamme des einfachen gekohlten brennbaren Gases ohne jene Mischungstheile weder hinlängliche Helligkeit noch Hitze giebt, und nur in Verbindung mit diesen die Helligkeit eines gewöhnlichen Lichtes hervorbringt.

§. 114.

Denn das einfache gekohlte brennbare Gas giebt, wenn man dasselbe anzündet, ein himmelblaues Licht, welches gleich einer Weingeistflamme der Helligkeit eines gewöhnlichen Lichtes bei weitem nachstehet; wie folgender Versuch beweiset: Ich ließ vom brennbaren Gase 30 in einem Zimmer vereinigte Lichter von gewöhnlicher Größe brennen, konnte aber dabei weder lesen noch schreiben, und alle größeren Gegenstände erschienen dem Auge von diesen Lichtern bläulich gefärbt.

Es ist zwar nicht zu läugnen, daß dieses Licht einen sehr angenehmen Anblick gewährt und zu einer düstern tragischen Beleuchtung allenfalls geeignet wäre. Man könnte die Helligkeit desselben durch gläserne Cylinder und Hohlspiegel erhöhen. Allein auch dadurch bringt man die Helligkeit eines gewöhnlichen Lichtes noch nicht hervor, und man sieht sich genöthigt, wenigstens zu feinen häuslichen Arbeiten, noch ein anderes Licht daneben zu brennen.

Hierzu kommt noch, daß dieses Gas nicht sicher fortbrennt, sondern das zur Flamme hinströmende vermöge seiner zu großen Elastizität das flammende öfters ausbläset oder überströmt; gleichsam so überströmt, wie das Oel das Licht einer Oellampe, wenn man auf einmal zu viel in das Docht einfließen läßt.

Auch fand ich, daß die Flamme dieses Gases wegen seiner großen Leichtigkeit von einem Windzuge leicht ausgeblasen wird, und das Gas, welches jetzt Gelegenheit findet, unverbrannt zu entweichen, dadurch den unangenehmsten Geruch verbreitet und die Zimmerluft verunreiniget.

§. 115.

Auf der Anwendung des einfachen brennbaren Gases zum Heizen und Beleuchten gründet sich das Wesentliche der Thermolampenöfen, von welchen der französische Ingenieur Philipp Lebon der erste Erfinder ist. Wenigstens giebt derselbe den angewandten Stoff für brennbares Gas aus. S. dessen Programm: Thermolampen oder Oefen, die mit Oekonomie erwärmen und zugleich erleuchten rc. gedruckt im August 1801. Daß selbiges aber noch mehrere Mischungstheile enthalten habe, ergiebt sich sattsam aus den von Augenzeugen darüber öffentlich erschienenen Nachrichten. S. die Nachricht von D. Friedländer in Paris in den französ. Annalen f. die allgem. Naturgeschichte, Physik, Chemie rc. herausgegeben v. D. Pfaff und D. Friedländer, 1. Heft, S. 47. u. f.

§. 116.

Dieses brennbare Gas giebt ferner keine hinlängliche Hitze. Man kann daher mehrere Minuten lang die Hand in dessen Flamme hineinhalten, ohne sich zu verbrennen; und es ist weder zum Heizen der Zimmer noch zum Kochen hinlänglich.

Ein eingeschlossenes Feuer giebt eine größere Hitze als ein freies,*) weil alsdann dieselbe durch Refraktion vermehrt wird. Meine Versuche im verschlossenen Raume sind zwar nicht mit dem Thermometer gemacht; ich habe mich aber hier zum Wärmemesser des kalten Wassers bedient, und bei jedem Versuche die Zeit verglichen, welche zum Sieden desselben erforderlich war. Bei meinen Versuchen wird das entbundene Gas während seines Ausströmens sogleich verbrannt. Die Art der Einrichtung erlaubte es mir nicht, selbiges vorher zu messen oder zu wägen; doch aber wäre dieses Abwägen vor dem Versuche durchaus nöthig

*) Nach Rumfords Angabe soll dieser Hitzgrad dort 10 mal (?) größer seyn als hier.

gewesen, um genau bestimmen zu können, wie viel Gas verbrannt ist; denn der Grad der Hitze steht bei jedem Brennmaterial, also auch bei diesem, mit der Größe seiner Consumtion in Verhältniß, wenn nemlich die Umstände bei jedem sich gleich sind.

Ob ich es gleich für ausführbar halte, das einfache brennbare Gas erst aufzufangen, zu messen und dann durch einen gleichmäßigen Wasserfall in einem ununterbrochenen Strome dahin zu treiben, wo es zum Flammenfeuer dienen soll; so hielt ich diesen Versuch für überflüssig, (besonders da er auf das vermischte brennbare Gas keine Anwendbarkeit erlaubt); weil mich schon der Augenschein lehrte, daß jenes zum Heizen nicht hinreichend ist. Ich habe nemlich zu wiederholtenmalen mich überzeugt, daß eine beträchtlich große Flamme des unvermischten brennbaren Gases, in einem Ofen eingeschlossen, welcher sich mit Holze recht vortheilhaft heizt, bei der äußeren Temperatur unter dem Gefrierpunkte nicht hinreicht, ein Zimmer nur nothdürftig zu erwärmen, wenn ich sie auch 3 Stunden lang fortbrennen ließ; so daß diese Erwärmung dem häuslichen Bedürfnisse nicht angemessen ist. Dieser Versuch ist mir aber in einer andern Rücksicht merkwürdig. Ich werde daher noch einmal auf denselben zurückkommen.

§. 117.

Der Name Thermolampe ist aus dem Griechischen entlehnt, und aus θερμος, warm, und λαμπιον, Werkzeug des Lichts, zusammengesetzt. Man könnte diesen Namen daher mit dem deutschen eines Heiz- und Leuchtofens vertauschen.

Den gemeinschaftlichen Zweck der Beleuchtung und Heizung hat aber die Thermolampe mit den Phlogoskopen der französischen Bürger, Thilorier und Lange gemein; wiewohl sie sich darin wesentlich unterscheiden, daß bei diesen die Flamme des Holzes uumittelbar, bei der Thermolampe hingegen das aus dem Holze abgeschiedene brennbare Gas benutzt wird. Es giebt ferner Gegenden, wo man das Kaminfeuer zugleich als Erleuchtung benutzt. Zur Beleuchtung eines Zimmers könnte man auch einen gewöhnlichen Ofen einrichten und auf diese Art benutzen. Ich besitze einen mit einem guten Luftzuge versehenen Ofen, dessen Einfeuerungsthür offen bleiben kann, ohne jemals Rauch heraus zu lassen, durch welche Oeffnung sich die Helligkeit der Flamme dem ganzen Zimmer mittheilt, ob ich sie gleich nicht dazu benutze. Ueberdieß läßt sich auch die Thermolampe nach Gefallen bloß als Heizofen einrichten und benutzen.

Statt eine Benennung von dem veränderlichen Zweck des Gebrauchs zu entlehnen, würde sich jene Art von Oefen passender durch eine Benennung bezeichnen lassen, welche von der ihr wesentlichen Einrichtung hergenommen ist, nemlich durch: Verkohlungsöfen; und diejenigen unter ihnen, welche zugleich zum Erleuchten eingerichtet sind, durch: Verkohlungslampen.

Denn ob es gleich bei Erfindungen weniger auf den Namen als auf die Sache ankömmt; so trägt doch ein die Sache selbst mit bezeichnender Name zu richtigeren Begriffen bei, und ein unbestimmter Name kann leicht zu unbestimmten Begriffen Anlaß geben.

Einige haben sich die irrige Vorstellung gemacht, daß Lebon die Benennung Thermolampen von der Idee entlehnt habe, daß eine große Anzahl Lampen (worunter sie sich irrigerweise die mit brennbarem Gase genährten Lichter denken), wenn sie in einem Zimmer versammelt sind, selbiges zugleich zu erwärmen vermögend sind und die Stelle eines Ofens ersetzen. Zu dieser Vorstellung mag auch vielleicht Lebon selbst dadurch Anlaß gegeben haben, daß er die Wärme, welche jene Lichter hervorbringen, zur Erwärmung des Zimmers mit in Anschlag bringt, wie aus seiner Ankündigung zu ersehen ist.

§. 118.

Denn diese Lichter haben mit gewöhnlichen allerdings das gemein, daß sie zugleich eine verhältnißmäßige Wärme geben. Der Name Thermolichter würde daher für diese sowohl als für gewöhnliche, für Weingeist-Lichter, kurz für alle Lichter passen, welche nicht allein erhellen, sondern auch erwärmen.

In systematischer Hinsicht würde ich daher die Lichter überhaupt in Thermo- und phosphorische Lichter eintheilen, bei welchen letzteren keine Wärme wenigstens bemerkbar ist. Diese entzünden sich von der bloßen Berührung der Luft, jene müßen vorher durch einen anderen brennenden Körper erhitzt werden.

§. 119.

Für diejenige Art von Thermolichtern, von welchen in diesem Kapitel die Rede ist, fehlt noch ein schicklicher Name, der sie von gewöhnlichen Lichtern unterscheidet. Ich werde sie daher Verkohlungslichter nennen.

§. 120.

Wenn man die rohen Dämpfe vorher abkühlt, so daß sich die gröberen öligen und sauren Dämpfe, wo nicht gänzlich, doch größtentheils tropfbar niederschlagen; so bleiben die flüchtigeren Oel- und Kohlendämpfe mit dem brennbaren und kohlensauren Gase verbunden.

Diese gereinigten Dämpfe sind derjenige Flammenstoff, welchen ich mit vorzüglichem Erfolge sowohl zum Heizen der Zimmer und zum Küchengebrauche, als zum Erleuchen, statt des Holzes und gewöhnlicher Lichter angewandt habe.

Das Verhältniß jener Mischungstheile zu einander läßt sich nicht bestimmen, weil dasselbe nach dem Grade der Feuerung, der Wahl des Brennmaterials, der Zeit der Verkohlung und der Stärke der Abkühlung veränderlich ist. Jedoch habe ich mich durch Versuche überzeugt, daß das brennbare Gas in selbigen weniger beträgt, als die Menge der öligen und Kohlendämpfe, einzeln genommen.

§. 121.

Von leicht entzündlichen und leicht zu verkohlenden Holzarten*) besitzen diese Dämpfe, wenn man selbige unangezündet ausströmen läßt, bei weitem weniger Geruch, als von den schwer entzündlichen und schwer verkohlbaren; von keinen aber den unerträglichen Geruch des brennbaren Gases, dessen eigenthümlicher Geruch hier gänzlich versteckt ist.

§. 122.

Der Geruch dieser Dämpfe kann, so wie der des Rauchs, nur durch Zerstörung oder Veränderung ihrer Natur vernichtet werden.

Dieses geschieht nun durch den vollständigen Akt des Verbrennens. So hinterläßt ein ranziges Oel in einer gut construirten Lampe weder Rauch noch Geruch. Es darf also nichts unverbrannt entweichen. Alsdann ist es einerlei, die Dämpfe haben einen übeln Geruch oder keinen.

§. 123.

Damit aber kein Dampf unverbrannt entweicht, welches, wenn man ihn auch nicht wahrnähme,

*) Denn die Leichtentzündlichkeit und Leichtverkohlbarkeit stehen mit einander in genauem Verhältnisse.

doch durch den Geruch zu erkennen ist, muß erstens alle Sorgfalt angewandt werden, daß Alles luftdicht schließt; zweitens muß man den Lichtern eine ununterbrochene Fortdauer zu sichern wissen.*)

In diesen Erfordernissen liegt aber gerade die Hauptschwierigkeit bei der Anlegung des Ofens, welche mir unter allen am meisten zu schaffen gemacht hat. Denn es gehört in der That mehr dazu als es scheint, um diesen Erfordernissen völlige Genüge zu leisten. Davon s. das Nähere unten.

Da ferner von der gänzlichen Erhaltung jener Dämpfe die Größe des Erfolgs abhängt; so wird man seine Sorgfalt um so mehr anstrengen, daß für die Benutzung nichts unverbrannt verloren gehet.

Die Folgen des Nicht-Luftdichten sind um so nachtheiliger, je näher die falschen Stellen dem Verkohlungsgefäße, der Quelle der Dämpfe selbst sind.

Nach dem Mehr oder Weniger der unvollkommnen Dichtigkeit des Verkohlungsgefäßes bemerkte ich, daß die Dämpfe entweder wenig oder gar keine Entzündlichkeit zeigten,**) oder aber, daß sie die Fortdauer der Flammen unsicher machten,

*) Mit dem Erlöschen dieser Lichter verhält sich die Sache gerade so wie mit gewöhnlichen, welche, wenn sie von selber erlöschen, ebenfalls Dampf und üblen Geruch verbreiten.

**) Wegen des mangelhaften Zutritts der Luft konnte hier zwar kein Verbrennen der Dämpfe, wohl aber eine Entzündung, eine Zerstörung ihrer entzündlichen Eigenschaften vorangegangen seyn.

indem bald die eine, bald die andere im besten Brennen ohne allen Anlaß erlosch; welches ohne Zweifel mit der abwechselnden Menge des Entweichenden zusammenhing.

Wenn man es auch vielleicht dahin bringen könnte, den Geruch der Dämpfe zu verlarven oder ihn in einen angenehmen zu verwandeln; wenn auch der Geruch derselben manchen Personen, wie selbst der stinkende Torfgeruch ein Beyspiel liefert, durch Gewohnheit unbemerkt, oder, wie der Geruch des Tabaksdampfs, Wohlgeruch werden könnte; so wird selbiges doch die Zimmerluft wenigstens eben so wohl verunreinigen, als diese durch Räucherungen und Tabaksdampf*) verunreinigt wird.

§. 124.

Damit aber auch während des Anzündens keine Dämpfe unverbrannt entweichen, muß jedes Mündungsstück mit einem Hahne und jede Mündung der Leuchtröhre zu gruppirten Lichtern mit einem eingeriebenen metallenen Stöpsel oder einem

*) Die Verderbniß der Zimmerluft u. a. Nachtheile, welche der so beliebte Tabaksdampf hervorbringt, verdienten gewiß, daß man sie mit unbefangener Wahrheitsliebe in einer medizinischen Volksschrift oder in einem anderen öffentlichen Blatte einer näheren Prüfung unterwürfe. Denn ob wir gleich darüber mehrere gute schriftliche Belehrungen besitzen; so sind sie doch nicht von der Art, daß sie den Gegenstand erschöpften. Eine andere fast eben so häufige Ursache der Luftverderbniß ist der Ofenrauch; eine Folge von schlechten oder vernachlässigten Oefen. Davon s. unten §. 165.

Stöpsel von Lindenholze versehen seyn. Nur muß man bei dem Anzünden nach dem Oeffnen der Röhre rasch verfahren.

§. 125.

Diese Dämpfe strömen unangezündet in den ersten Stunden der Feuerung in sichtbaren Nebeln, (die, sobald man sie anzündet, unter der Gestalt der Flamme verschwinden), in der letzten Stunde der Feuerung in unsichtbarer Gestalt aus; strömen bei hinlänglicher vorangegangener Abkühlung durch die längsten Röhren, ohne sie merklich zu erwärmen.

Sie brennen sogleich Anfangs ohne Beihülfe eines anderen Brennmaterials fort.

§. 126.

Bei stärkerer Abkühlung und längeren Röhren brennen die Lichter heller als bei schwächerer Abkühlung und kürzeren Röhren, weil sich die Dämpfe dadurch mehr reinigen.

Kühlt man die Dämpfe vorher durch kaltes Wasser ab und leitet sie sodann durch anderes kaltes Wasser hindurch; so wird die Helligkeit und Farbe des Lichtes nicht verändert. Indeß berechtigt dieses keinesweges zu dem Schlusse, daß sich auch durch möglichst starke Abkühlung und langsame Verkohlung die flüchtigeren Oel- und Kohlendämpfe vom brennbaren Gase nicht trennen ließen. Diese Trennung kann hier bloß darum nicht erreicht werden, weil sich selbige zu rasch in den Röhren und selbst durch das Wasser fortbewegen. Diese reißende Bewegung erklärt sich, wenn man bedenkt, welchen hohen Grad von Ausdehnung und Expansivkraft die Luft durch Erhitzung in einem verschlossenen Raume annimmt, und in welchen ausgedehnten Zustand die Dämpfe versetzt werden. Daher die Schwierigkeit, sie durch Abkühlung zu concentriren.

In der Ruhe hingegen trennen sie sich allmälig von dem brennbaren Gase und dieses bleibt allein gasförmig. Läßt man daher die Dämpfe mehrmals in einen weiteren Raum austreten, so wird die Bewegung ihres Stroms so langsam, daß die öligen und kohligen Dämpfe Zeit gewinnen, sich abzukühlen und sich vom Gase zu trennen.

§. 127.

Die Dämpfe lassen sich daher nicht vorräthig aufbewahren, und ein bloßes Luftreservoir hat keine häusliche Brauchbarkeit. Denn die Luft, welche man aus diesem ausströmen läßt, brennt mit der dem reinen brennbaren Gase eigenen bläulichen Flamme. Die Flamme brennt aber nur eine kurze Zeit außerhalb der Mündung seines Rohrs. Da nemlich kein Luftstrom nachfolgt, der das Gas forttreibt und die Stelle des verbrannten eben so schnell ersetzt, so zieht sich die Flamme auch wohl einwärts, und ergreift, wenn die Mündung weit ist, die ganze Luftmasse, wodurch die vom Verbrennen übrig bleibende Luft in dem Behälter so expandirt wird, daß sie Unglück verursachen kann.

§. 128.

Obgleich jenes aufgesammelte brennbare Gas nur eine düstere Beleuchtung giebt, so würde selbige doch, wenn sie auch zum häuslichen Gebrauche nicht hinreicht, wenigstens zur angenehmen Belustigung dienen können. *)

Allein ich werde jetzt zeigen, daß sich auch nützliche Anwendungen davon machen lassen.

Auf diesem Luftreservoir gründe ich nemlich die gegenwärtige Angabe von portatilen Gaslampen, welche mit jenem das gemein haben, daß sie nur ein himmelblaues Licht liefern, dessen man sich wenigstens zu einer düstern Beleuchtung, besonders zu Nachtlichtern, bedienen kann. Und kann wohl eine Beleuchtung für die nächtliche Ruhe, für Wochen- und Krankenzimmer passender gewählt seyn als diese?

Zuerst werde ich das Luftreservoir, dann die Gaslampe beschreiben.

§. 129.

Beschreibung des Luftreservoir.
(S. Tab. II. Fig. I.)

Sobald sich die rohen Dämpfe bei langsamer Feuerung entbinden, gehen sie durch die Dampf-

*) Ich darf wohl nicht besorgen, mir dadurch einen Vorwurf von einem strengen Kritiker zuzuziehen, wenn ich mich hier sowohl als Freund des Angenehmen als des Nützlichen zeige und beides mit einander zu verbinden suche, wenn es die Natur der Sache erlaubt.

röhre A. fort und treten in den Dampfabkühler B. herab, welcher mit kaltem Wasser umgeben ist, damit sie sich hier abkühlen und reinigen. Durch das Rohr C. C., welches oben weiter fortgeführt wird, leitet man die gereinigten Dämpfe dahin, wo sie zum Heizen und Erleuchten dienen sollen.

Will man sich nun das reine brennbare Gas vorräthig daraus aufsammlen, so öffnet man den Hahn des kurzen Rohrs D., damit die Dämpfe in das Luftreservoir E. E. eintreten.

Dieses dicht verschlossene Gefäß wird jedesmal vorher mit Kalkwasser *) gefüllt, welches durch F. geschieht. Diese Oeffnung wird dann durch einen abgeschmirgelten Stöpsel wieder verschlossen. Während des Füllens des Gefäßes wird G. geschlossen.

Das brennbare Gas treibt nun, da es oben keinen leeren Raum im Gefäße antrifft, und mit dem Wasser sich nicht vermischen läßt, eine verhältnißmäßige Menge Kalkwasser durch das geöffnete Rohr G. in das Kühlfaß H. H. herab, in welchem das Wasser bis 2 Zoll über dessen Mündung steht. Das Gas nimmt allmälig die Stelle des Kalkwassers in E. ein, und indem es über demselben bloß verweilt, wird es vollends abgekühlt und vom kohlensauren Gase gereinigt.

Der Druck der atmosphärischen Luft auf die Wasserfläche des Kühlfasses ist größer als der Druck der

* Man gieße unter Umrühren auf drei Hände voll gebrannten Kalk ohngefähr zehn Maß Wasser.

oberen Wassersäule. Daher kann das Wasser aus dem Reservoir nicht durch G. vermöge seiner eigenen Schwere heruntersinken, indem selbiges mit dem unteren in der Röhre G. in unmittelbarer Verbindung stehet. Um zu wissen, wann das Reservoir voll Luft oder von Wasser leer ist, mache man sich für den unteren Wasserstand ein Zeichen, ohngefähr 2 Zoll über der Mündung der Röhre G., und fülle das Faß nur jedesmal bis dahin an. Man gieße nun die Wassermenge hinzu, welche das Reservoir faßt und bezeichne sich die Höhe des Wasserstandes. Man lasse nun dieses Wasser wieder bis zum unteren Zeichen ab. Ist das Reservoir voll Luft, so steht das Wasser wieder am oberen Zeichen. Jetzt schließe man das gefüllte Reservoir durch Zudrehen des Hahnes D. ab, und lasse nun das übrige (ungereinigte) Gas wo anders hinströmen.

§. 130.

Beschreibung der portatilen Gaslampe. (S. Tab. III.)

Füllt man mit jenem Gase eine Blase an, welche mit einem Hahne versehen ist, so wird dasselbe bei dem Oeffnen des Hahnes durch den Druck der äußeren Luft mit solcher Heftigkeit herausgetrieben, daß die Blase schnell zusammensinkt. Zündet man das Gas an; so geräth die ganze Masse auf einmal in Flamme.

Läßt man das Gas in eine Flasche treten, aus welcher die atmosphärische Luft nicht ausgetrieben ist, so wird sich selbiges damit vermischen und Knallluft bilden.

Tab. III. A. stellt den Gasbehälter vor, wann er mit dem Gase angefüllt ist.

a. a. Der runde Boden von weißem Eisenblech.

b. b. Derselbe im Durchschnitt von oben nach unten. Unten sind zwey Oesen angelöthet, um einen Stift durchstecken und das Gefäß mit dem Dreifuß befestigen zu können, welcher schwerer ist als das Gewicht in m.

c. c. Die Decke mit dem Boden egal, mit dem Unterschiede, daß der hervorstehende Rand oben hin kommt und in ihrer Mitte ein Häkchen befestigt ist.

d. d. Das Gefäß von Wachstaffet, welches über den Blechzirkel der Decke und des Bodens aufgespannt und aufgeleimt wird.

e. e. e. e. deutet die Ringe von Eisendrath an, welche das Taffetgefäß aus einander gespannt erhalten und innerhalb desselben festgenehet werden müssen, ehe die Decke darauf kommt. Die Nadelstiche werden alsdann mit Wachsfirniß überpinselt.

F. Das Rohr zum Einlassen des Gases. Es muß genau über das Rohr des Gasreservoirs (s. Tab. II. I.) passen. Ist das Gefäß völlig ausgetrieben von Luft, und läßt es sich nur mit Mühe etwas zusammendrücken, so schließt man die Hähne von beiden Röhren wieder zu.

Nun setzt man das Gasgefäß auf den Dreifuß

fuß, (s. g.) dessen Ring einen vertieften Einschnitt hat, welcher das Rohr h. durchläßt.

i. Ein rundes Gefäß von weißem Blech. Durch seine Mitte geht ein offnes Röhrchen, um die Schnur K. durch zu lassen und selbige auf der Decke des Gasbehälters einhaken zu können. (s. L.)

m. m. Ein mit gewaschenem und fein gesiebtem Sande oder mit feinen Hagelkörnern gefüllter Trichter, welcher dem Druck der äußeren Luft auf den Gasbehälter zum Gegengewicht dient, ohne welches selbiger bey dem Oeffnen des Rohrs h. durch den Hahn n. schnell zusammengedrückt und vom Gase eben so schnell entleert werden würde.

Jetzt steigt zwar etwas brennbares Gas aus der Mündung des Rohrs h. heraus, weil selbiges schon vermöge seiner Leichtigkeit in der atmosphärischen Luft aufwärts steigt, läßt sich auch anzünden; aber die Flamme erlöscht sogleich wieder, weil der Druck der Luft auf die sehr enge Oeffnung des Rohrs h. dem Gase einigen Widerstand leistet.

Damit aber nur immer so viel Gas in gleichmäßiger Menge ausströmt, als die Flamme zu ihrer Nahrung bedarf; muß sich das Gegenwicht in m. allmälig vermindern, indem der Sand aus m. in einem dünnen Strahle in i. herabfällt, sich aber darin nicht ansammelt, sondern durch den durchlöcherten Boden wieder herausfällt und sich in einem unter dem Dreifuße gesetzten Teller ansammelt.

Fig. III. zeigt den zusammengefallenen von Luft entleerten Behälter, A. A.

Anmerkungen.

Ich überlasse es einem jeden Liebhaber der hier beschriebenen Gaslampe, sie nach Gefallen zu verzieren.

Man sieht von selber ein, daß die Dauer des Lichts von der Größe des Gasbehälters abhängt; aber nicht von dieser allein, sondern auch von der Dichtigkeit des Gases selbst. Durch Abkühlung wird selbiges verdichtet. Da der Grad der Abkühlung aber von veränderlichen Umständen abhängt; so kann auch jener Behälter einmal mehr, ein andermal weniger Luftmasse enthalten; so daß die Dauer ihres Lichts ohngefähr von 6 bis zu 4 Stunden differirt.

Jenes Gasreservoir (s. vorigen §.) kann täglich eine nicht geringe Menge solcher Lampen mit Gase versorgen.

Man kann einen Glascylinder über die Flamme stürzen oder nicht. Auf diesen kann man eine durchbrochene Gallerie aufsetzen lassen, um Flüssigkeiten zu erwärmen.

Außer der Ersparniß des Oels oder eines andern Lichtmaterials und den bereits genannten Annehmlichkeiten hat dieses Licht noch gewisse Vorzüge vor gewöhnlichen, wie ich unten näher darthun werde, nemlich:

1) es giebt keinen blendenden Schein;

2) es hinterläßt keinen Rauch und Geruch;

3) es verdirbt die Zimmerluft im Ganzen genommen weniger;

4) es wird von keiner Schnuppe verdunkelt und giebt daher eine sich gleich bleibendere Helligkeit.

---

§. 131.

Das brennbare Gas ist ein wirksames Auflösungsmittel des Kohlenstoffs, Phosphorstoffs und Schwefels. Es kommt in einem doppelten Zustande vor, 1) als einfaches Wasserstoffgas, 2) als gemischtes. Letzteres ist von dreifacher Art: A) das gekohlte, B) das geschwefelte, C) das gephosphorte.

Das gekohlte brennbare Gas ist dasjenige, welches bei der Verkohlung aller brennbarer Substanzen erhalten wird. Das geschwefelte, welches man auch hepatisches Gas nennt, erzeugt sich nach meiner Erfahrung mit jenem zugleich bei der Verkohlung schwefelreicher brennbarer Fossilien. Das gephosphorte scheint bei der Verkohlung thierischer Substanzen einen Mischungstheil ihrer Dämpfe zu bilden.

Das einfache brennbare Gas liefern blos die Metalle, wenn man sie mit Säuren oder Wasserdunst in Berührung bringt.

§. 132.

Das gekohlte brennbare Gas, welches sich

durch einen Verkohlungsofen in Menge gewinnen, und in jenem Gasreservoir vorräthig aufbewahren läßt, läßt sich außer der vorbenannten Anwendung zur Beleuchtung noch zu anderen Zwecken mit Vortheil benutzen; als:

§. 133.

Zum Füllen der Luftballons.

Denn es ist bekanntlich specifik leichter als die atmosphärische Luft und steigt daher in dieser aufwärts; wiewohl specifik schwerer als das einfache brennbare Gas, dessen man sich gewöhnlich zu dem genannten Zwecke bedient.

§. 134.

Medizinische Anwendung des gekohlten brennbaren Gases.

Alle Substanzen, welche im gesunden Zustande des Menschen schädliche Wirkungen auf ihn äußern, können bei zweckmäßiger Anwendung Heilmittel abgeben. Dahin gehört auch das gekohlte brennbare Gas, welches in Schwindsuchten nach den neuern Versuchen der englischen Aerzte, Watt und Beddoes, in einem höhern Grade heilsam wirken soll als das früher erprobte kohlensaure Gas.

Der Verkohlungsofen liefert auch beide Gasarten in Verbindung; und es erleidet jenen Versuchen nach keinen Zweifel, daß diese verbundenen Gasarten nicht minder anwendbar sind. Es wäre daher kein wohlfeileres Mittel, Schwindsüchtigen täglich die ihnen heilsame Zimmerluft zu verschaffen, als wenn sie ihren Stubenofen in einen Verkohlungsofen umändern lassen. Auf solche Weise ließe sich auch von jenen Gasarten in Privathäusern eine medizinische Anwendung machen, die bisher nur für große Hospitäler geeignet zu seyn schien.

Da schwindsüchtige Personen gewöhnlich ihre Krankheit nicht für so schlimm und für das halten, was sie ist, so kann sie nichts muthloser machen, als wenn sie der Arzt in ihrem Glauben, mit welchem sie sich zu trösten wissen, dadurch beunruhiget, daß derselbe ihre Krankheit nennt. Ein mit der Inschrift: für Schwindsüchtige, versehenes Hospital würde daher immer leer, und ein unter dem Namen: für Schwindsucht angepriesener Ofen auf immer ungenutzt bleiben.

§. 135.

Nachdem ich die Anwendungen des gekohlten brennbaren Gases bezeichnet habe; so kehre ich zu der Betrachtung der gereinigten Dämpfe (s. §. 120.) zurück, von welchen jenes nur einen Theil ausmacht, und welche ich daher in der Folge vermischtes brennbares Gas nennen werde.

§. 136.

Dieses vermischte brennbare Gas nun ist specifik schwerer als die atmosphärische Luft, und hat mehr Neigung sich zu senken als zu steigen. Davon habe ich mich so häufig und so fest zu überzeugen Gelegenheit gehabt, daß mir darüber kein Zweifel übrig bleibt.

Denn wenn ich den Behälter, (s. Fig.) durch die Röhre a. mit diesem Gase anfüllte und die Röhren b. und c. zu gleicher Zeit öffnete; so strömte selbiges durch c. nicht durch b. aus und ließ sich dort anzünden.

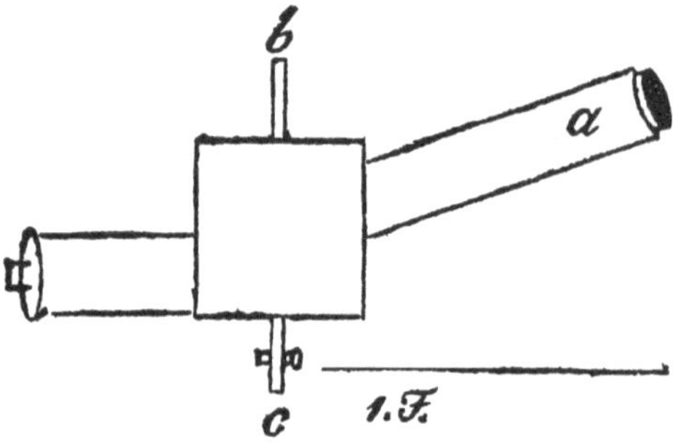

1. F.

Nur alsdann, wann der Behälter mit dem Gase sich zu überfüllen anfing, brannte es auch bei b.

Ist a. und c. geschlossen, und der Behälter nicht mehr ganz angefüllt; so bemerkt man nicht, daß etwas durch b. ausströmte, oder sich hier entzünden ließe, sondern das Gas verweilt ruhig im Behälter. Doch geht es allmälig durch b. daraus verloren. Senkt man aber ein kleines brennendes Wachslicht in den Behälter hinein, so entzündet sich das Gas in demselben sehr schnell und mit starkem Getöse. Es verzehrt sich aber nicht auf einmal, sondern man kann das Anzünden mehrere male wiederholen.

Daher kann man, wie meine anderweitigen Versuche bestätigen, dem Gase in einer abwärts steigenden Röhre einen starken Fall geben. Läßt man selbiges aufwärts steigen; so erhält es durch größere Anhäufung seiner Masse mehr Geschwindigkeit und Kraft. Daher strömt es aus fallenden Röhren ruhiger, aus steigenden ungestümer aus.

Die äußerste Höhe, bis zu welcher man dasselbe hinauftreiben kann, haben meine Versuche nicht erreicht. Meine Erfahrung geht nur bis dahin, daß man den Röhren 24 Fuß Höhe ohne Besorgniß geben kann.

§. 137.

Indem sich das entbundene Gas in einen größeren Raum auszudehnen sucht, treibt es die atmosphärische Luft aus den Röhren und füllt dieselben schnell an.

Diese Luft wird mit so starkem Blasen ausgetrieben, daß ein vor die Röhrenmündung gehaltenes Licht davon hinweg bewegt oder ausgeblasen wird, und man deutlich den Wind empfindet, der herausfährt. Daß dieses blos atmosphärische, keine brennbare Luft sey, erkennt man an der Nichtentzündlichkeit und Geruchlosigkeit desselben. Dieser atmosphärischen Luft folgt aber die brennbare schnell nach.

§. 138.

Der Strom dieses Gases überwindet nemlich

vermöge seiner Expansivkraft den Druck der äußeren Luft auf die Mündung der Röhre. Daher kann diese nicht in die offnen Röhren eindringen und das Gas sich innerhalb der Röhren entzünden; sondern es entzündet sich bloß außerhalb derselben an ihrer Mündung, wenn man sich dieser mit einem brennenden Lichte nähert.

Daher kann keine Knallluft in den Röhren (ein Gemisch von atmosphärischer und brennbarer Luft) entstehen. Auch habe ich niemals beobachtet, daß sich, wenn die Entbindung des Gases nach geendigter Feuerung aufhört, Knallluft in den Röhren gebildet hätte, ob ich gleich die Röhren gewöhnlich offen ließ.

Wenn man aber nach dem Erlöschen der Lichter die Röhren offen läßt, sollte nicht da dennoch ein langsamer Austritt des zurück gebliebenen Gases erfolgen und dieses die Zimmerluft verunreinigen? Ich erwiedere: dieses würde sich durch den Geruch zu erkennen geben, welchen ich niemals bemerkte.

Daß der letzte Rest des Gases nicht völlig austritt, sondern zurück bleibt, oder vielmehr jetzt von der äußern Luft zurückgedruckt wird, mithin der umgekehrte Fall eintritt als während der Entbindung des Gases; davon zeugt das Zurücktreten der Flamme in die Röhrenmündung und nach dem völligen Verschwinden derselben das Hineinziehen eines vorgehaltenen Lichtes.

Die Erfahrung lehrt mich also: daß die äußere

Luft die innere in den Röhren zwar zurückdrängt, sich aber nicht damit zur Knallluft vermischt.

§. 139.

Indeß beweiset diese Erfahrung auch nur, daß unter den gewöhnlichen Umständen hier keine Knallluft sich bilden kann. Können nicht ungewöhnliche Umstände einen schnelleren Eindrang der äußeren Luft in die offne Röhre, und dadurch die Vermischung derselben mit der innern veranlassen? Diese Ungewißheit beunruhigte mich. Ich suchte dieserhalb einige ungewöhnliche Umstände herbeizurufen, um zu sehen, ob sie die Erzeugung der Knallluft begünstigten.

Erster Versuch.

Ich erhitzte eine 25 Fuß lange Leuchtröhre, als das letzte Licht unter allen zu erlöschen anfing, in ihrer Mitte durch Lampenfeuer, um den Eindrang der Luft von außen zu beschleunigen, während ein Anderer das eben erloschene Licht an ihrem Ende wieder anzündete. Es verlosch sehr bald von neuem, und ließ sich von neuem entzünden. In diesem Augenblick wandte sich die Flamme plötzlich einwärts und fuhr mit donnerndem Geräusche blitzschnell innerhalb der ganzen Röhre fort, und die Explosion hatte in dem vorgelegten Wasser ihr Ende. Dieses Experiment, oder vielmehr dieses Feuerspiel hatte außer mir andere Anwesende mit solchem Schrecken erfüllt, und konnte so leicht ein gefährliches Zerbersten der Röhre veranlassen, daß ich mich nie entschließen werde, es zu wiederhohlen.

Die Erhitzung der Röhre in ihrer Mitte und an ihrem Ende zugleich war also die Ursache des schnellen Eindrangs der Luft und der Erzeugung der Knallluft, die sich durch das vorgehaltene Licht entzündete.

Ist die Leuchtröhre mit mehreren Mündungen in ihrem Laufe versehen oder entstehen aus ihr mehrere kleinere Röhren; so können alle ihre Mündungen nach dem Erlöschen ihrer Lichter offen bleiben, ohne daß dadurch, etwa durch den entstehenden Luftzug durch die Röhre, eine innere Entzündung veranlaßt wird.

Zweiter Versuch.

Ich öffnete das Verkohlungsgefäß eine Stunde (zu andern Mahlen 2 Stunden) nach geendigter Feuerung, und ließ, (um den Eindrang der äußeren Luft durch Luftzug zu begünstigen) das nächste daraus fortgeleitete Rohr offen. Nun zündete ich das im Verkohlungsgefäße noch vorhandene Gas an. Es erfolgte eine augenblickliche Entzündung mit einem dem Verpuffen des Salpeters ähnlichen Geräusche, und die gelb und blau gemischte Flamme erhob sich zu einer Höhe von 6 Fuß. Die Flamme senkte sich bald wieder herab und erhob sich wechselsweise von neuem. Dieses schöne Schauspiel endigte sich nach 10 Minuten.

Dritter Versuch.

Der plötzliche Eindrang der äußeren Luft in den luftverdünnten Raum des Gefäßes erfolgte, wenn ich bei jenem offenen Rohre 12 Stunden nach dem Ende der Feuerung das Gefäß öffnete. Es geschah jetzt ein Windschuß, der einen Theil Kohlen mitnahm und umher schleuderte.

§. 140.

In je größerer Menge oder je dichter das Gas ausströmt, desto größer ist die Flamme, desto kräftiger widersteht dieselbe dem Drucke der äußeren Luft.

Eine kleine Flamme kann daher durch einen Windzug und durch Hineinblasen mit dem Munde zum Erlöschen gebracht werden. Daher können kleine und größere Flammen durch Zugluft ausgelöscht werden, wenn die Entbindung und der Strom des Gases zu schwach wird. Eine Flamme von der Größe eines gewöhnlichen Lichtes widersteht einem mäßigen Winde und läßt sich nur durch Luftstöße ausblasen.

§. 141.

Durch eine lange Röhrenleitung kühlt sich das Gas allmälig mehr ab. Durch diese Abkühlung wird das Gas mehr zusammengedrängt oder verdichtet, wodurch selbiges in den Stand gesetzt wird, einen größeren Druck von äußerer Luft zurück zu stoßen. Daher kann man die Fortdauer der Lichter durch starke Abkühlung oder eine lange Röhrenleitung gänzlich sichern, und sowohl große als kleinere Lichter lassen sich alsdann durch einen starken Luftzug in den Zimmern oder im Freien nicht unterdrücken. Daher sind mir bei meinen häufigen Beleuchtungsversuchen die Lichter der langen Röhren niemals erloschen, wohl aber die der kurzen Röhren. Wendet man aber das Gas zum Heizen an; so kann die Heizröhre ganz kurz seyn, ohne daß man das Erlöschen der Flamme zu besorgen hat. Hier benutze ich nemlich das Gas in einem ungetheilten oder nur zweifachen starken Strome, dort ist der Strom in viele kleine Zweige vertheilt.

§. 142.

Die Flamme des vermischten brennbaren Gases, von welchem hier die Rede ist, brennt bei weitem sicherer fort, als die des unvermischten (gekohlten brennbaren) Gases. Denn dieses hat keinen Körper, von welchem dasselbe angezogen wird; die Flamme von jenem hingegen hat hinlängliche Consistenz. Von diesem erlöschen die Lichter von dem leichtesten Windzuge, von dem jedesmaligen langsamen Auf- und Zumachen der Thüren. Zum Erleuchten im Freien ist selbiges noch unsicherer zu gebrauchen.

§. 143.

Erschütterung der Röhren wirkt nachtheilig auf die Lichter.

Denn sie stört die Gleichmäßigkeit des Gasstroms und kann daher die Lichter erlöschen machen.

Aus diesem Grunde vermeide man bei dem Legen der Röhren dünne hölzerne Stubenwände und eben solche Decken, wenn sie der Erschütterung ausgesetzt sind. Eine mit einer Thür durchbrochene hölzerne Stubenwand erleidet jedesmal bei dem hastigen Zumachen der Stubenthür eine Erschütterung, welche sich der an ihr fortlaufenden Röhre mittheilt, und die daraus abgeleiteten Lichter unsicher macht.

Das Anbringen der Lichter über der Stubenthür muß ich auch bei massiven Wänden widerrathen, weil bei dem Zumachen der Thür oberhalb derselben ein heftiger Luftzug und Luftstoß entsteht, welcher das Licht zum Erlöschen bringen kann, wenn es nicht durch Glas geschützt ist.

Bei Anlagen, wo sich die der Erschütterung ausgesetzten Wände nicht vermeiden lassen, füttere man die Röhren in Werk oder Wolle ein.

§. 144.

Das Gas strömt zuweilen mit heftigem Blasen aus den Röhren. Am häufigsten beobachtet man dieses bei der Anwendung der rohen Dämpfe.

Die Ursachen sind:

a) übermäßiges Feuern, eine verhältnißmäßig zu schwache Abkühlung.

b) Die noch ungleiche Temperatur in den Röhrenstücken bei dem Anfange der Gasentbindung.

c) Die in den Röhren zu Anfange der Feuerung noch befindliche atmosphärische Luft.

Leichter blasen die steigenden Röhren als die fallenden.

Wegen b. und c. öffne man bei dem Anzünden der Lichter den Hahn nur halb. Auch findet es gewöhnlich nur dann statt, wenn man zu früh anzündet.

Bei übermäßiger Feuerung und zu starker Entbindung des Gases muß man den Strom desselben dämpfen, indem man mehrere Leuchtröhren oder ein Reserverohr öffnet und anzündet.

Dem Blasen aus letzterer Ursache kann man durch mäßiges Feuern, durch Anfüllen des Kühlfasses vor der Feuerung mit einer hinlänglichen Menge kalten Wassers, und durch das Austreten des Gases in einen weiteren Raum vor der Röhrenmündung vorbeugen. Ich bediene mich dazu eines Kästchens oder einer Kugel, in welche die Röhre eingemündet ist; indem durch dieses Austreten des Gases in einen größeren Raum, ehe selbiges angezündet wird, seine Gewalt einigermaßen gedämpft wird. Diese Vorrichtung nenne ich einen Gasdämpfer.

Läßt man jenes durch c. veranlaßte Blasen fortdauern; so wird die Flamme von dem Gasströme gleichsam überströmt, welcher wegen seiner Stärke und gewaltsamen Bewegung die äußere Luft zu stark zurückstößt, um sich mit derselben zu verbinden und zu entzünden. Es strömt in jedem Zeitmomente mehr Gas aus, als auf einmal verbrennen kann, und der nachfolgende Strom treibt den erstern früher fort, ehe er verbrannt ist, so daß am Ende die Flamme ersticken muß.

Geschieht dieses im Flammenofen; so wird sich das Gas darin anhäufen, und wenn man dasselbe jetzt anzündet, mit Schnelligkeit durch die ganze Masse sich entzünden, wodurch eine schnelle Ausdehnung der Luft im Ofen entsteht, welche ein Zersprengen desselben veranlassen kann; ein Umstand, der eine gewisse Aufsicht über die Feuerung und gehörige Bedienung derselben nöthig macht. Diese ist zwar bei vielen andern Feuerungen auch erforderlich, und macht sich hier bezahlt; allein bei Stubenöfen kann diese Bedienung nur mit Einschränkungen Statt finden. Ueber diesen Gegenstand werde ich weiter unten umständlicher reden.

§. 145.

Jede gewöhnliche Flamme bildet einen umgekehrten aufrecht stehenden Kegel. Diese hingegen folgt einigermaßen der Richtung des Mündungsstücks oder der Richtung des Gasstroms, so daß sie aus einem horizontalen Rohre horizontal, wiewohl mit aufwärts gekrümmter Spitze, aus einem aufwärts stehenden aufwärts brennt. Jedoch brennen Lichter aus unterwärts gerichteten Mündungen ebenfalls aufwärts.

§. 146.

Von leicht verkohlbaren Brennmaterialien und

wenn man die Verkohlung durch ein lebhaftes Feuer rasch in Gang setzt, brennt das Gas sogleich vom Anfang an bis ans Ende der Verkohlung mit einem gelben reinen Lichte.

Doch bemerkt man in der Mitte der Lichtflamme während der ersten Hälfte der Feuerung einen Dampfstrahl, welchen die Flamme wie ein hohler Cylinder umschließt und welcher nachher unsichtbar wird.

Ihre Basis sowohl als ihre Spitze ist ein reines Licht. Indeß sieht man, wenn man das Gas ungetheilt ausströmen läßt, wie durch eine weite Mündung der Heizröhren, und bei übermäßiger Feuerung auch an den vielfachen engen Mündungen der Leuchtröhren in der ersten Hälfte der Feuerung eine Dampfbasis, die sich bei zunehmendem Uebermaße des Feuers so vergrößert, daß ein völliger Dampfkegel daraus entsteht, welcher sich nur in der Spitze in eine Flamme verliert.

Bei schwacher Abkühlung der Dämpfe bemerkt man auch, daß sich die Spitze der Flamme in einen Schatten endigt, welcher anzeigt, daß das Gas nicht rein genug ist.

§. 147.

Von schwer verkohlbaren Brennmaterialien und bei langsamer Erhitzung brennt das Gas anfangs

Anfangs blau,*) dann fängt die Spitze der Flamme an, sich gelb zu färben. Bei einem großen Flammenfeuer spielen jetzt die Flammen zugleich blau und gelb durcheinander. Bei zunehmender Erhitzung verwandelt sich die Flamme gänzlich in eine gelbliche Farbe, und eine große Flamme hat völlig das Ansehen der Holzflamme.

Bei starker Hitze am Ende der Verkohlung röthet sich auch die Flamme einer kurzen Röhre; ein Beweis, daß die Kohle in dem Verkohlungsgefäße jetzt im starken Glühen sich befindet. Jene Farbe rührt von stark gekohlten Oeltheilen her.

§. 148.

Die Flamme von der Größe eines gewöhnlichen Lichtes giebt der Helligkeit des letzteren wenig nach; so daß man dabei die feinsten häuslichen Arbeiten verrichten und andere entbehren kann. Diese Lichter haben aber nicht den hellen Glanz gewöhnlicher Lichter und blenden daher nicht. Sie sind daher dem Auge unläugbar zuträglicher. Sie geben aber ebenfalls, wiewohl weniger, blendenden Schein, wenn die Lichtstrahlen durch gläserne Cylinder oder Hohlspiegel reflektirt werden, welchem durch Blendschirme abgeholfen wird.

Der Anblick dieser Lichter gewährt dem verweilenden Auge einen angenehmen Genuß und bei

*) Bei schwacher Erhitzung sieht man an dem Holze, auf gewöhnlichem Wege verbrannt, ebenfalls oft eine blaue Flamme erscheinen, die bey stärkerer Erhitzung sich gelblich färbt.

Muße eine unterhaltende Gesellschaft. Licht ist einer der stärksten Reitze zum Leben, das Sinnbild des Lebens, so wie Abwesenheit des Lichts das Sinnbild des Todes, welche die Munterkeit zur langen Weile und zur Schläfrigkeit oder Schwermüthigkeit herabstimmt.

§. 149.

Läßt man das Gas ohne Vertheilung des Leuchtrohrs durch eine einzige Mündung ausströmen; so brennt selbiges mit lodernder Flamme.

Giebt man aber dem Mündungsstücke des Leuchtrohrs (s. Fig. a) mehrere Zweige und mehrere Mündungen, so daß eine Gruppe von Lichtern entsteht, (s. b.) so brennen diese ohne Lodern, und oft mit so ruhiger Haltung, daß nicht die geringste Bewegung der Lichter Statt findet.

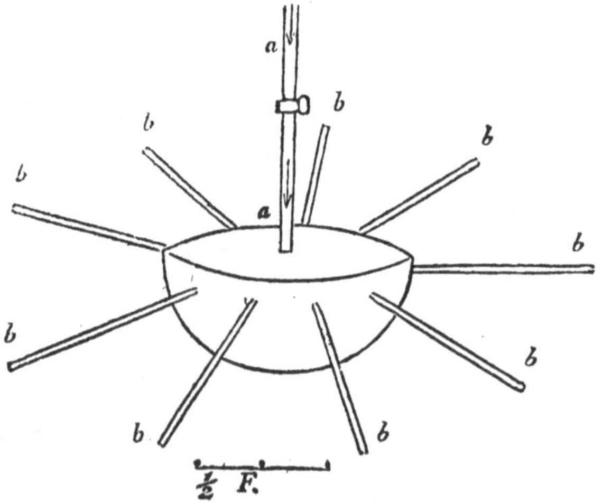

Die Lichter eines aufwärts gerichteten Gasstroms brennen unruhiger, als die eines abwärts gerichteten nach vorstehender Figur.

Große Flammen lodern ferner jedesmal, kleine brennen ruhig. Man kann, wenn das Licht zu lodern anfängt, durch Drehen des Hahnes dasselbe ruhig brennen machen.

Eine ungleichmäßige Temperatur und eine erhitzte Luft setzen jede Flamme in Bewegung. In der Nähe eines heißen Ofens (oder auf dem Ofen) brennt jedes Licht unruhig. Man bringe also die Leuchtstücke nicht zu nahe am Ofen an. In der höheren Region des Zimmers ist es am wärmsten. Man bringe daher die Lichter eines Lüstre in der mittleren Zimmerregion an.

§. 150.

Bei mangelhafter oder gänzlich mangelnder Abkühlung durch kaltes Wasser brennen die Lichter der kurzen Röhren mit Knistern und Funkensprühen, welches von den mit fortgerissenen gröberen Oeltheilen herrührt.

§. 151.

Die Dauer der Lichter hängt nicht allein von der Beschaffenheit und Menge des der Verkohlung unterworfenen Brennmaterials, sondern auch von der Größe und Schnelligkeit der Consumtion des Gases (von der Größe und Menge der Lichter) ab.

Einige Brennmaterialien liefern weniger, andere mehr brennbares Gas.

Die Lichter brennen bestimmt so lange fort, bis die Hitze alle flüchtigen Theile aus dem Brennmaterial ausgetrieben hat. Meine Beleuchtung durch einen Stubenofen dauerte gewöhnlich 3 bis 6 Stunden. Sie konnte aber selten 6 Stunden lang fortgesetzt werden, weil die Stubenluft zu heiß wurde. Das Nähere davon werde ich unten anführen. Geschieht diese Verflüchtigung oder Verkohlung rasch; so werden die Lichter von einerlei Menge eines und desselben Brennmaterials nicht so lange Dauer haben als bei langsamerer Verkohlung.

Lodernde Lichter brennen verschwenderischer, ruhige sparsamer.

Eine große und unruhige Lichtflamme läßt sich durch den an jedem Leuchtstücke befindlichen Hahn verkleinern, und durch diesen eben so schnell ruhig brennend machen. Eine ganze Gruppe von Lichtern läßt sich ebenfalls durch einen Hahn, (s. Fig. a.) auf einmal nach Belieben vergrößern oder verkleinern.

§. 152.

Die Menge der Lichter, welche man durch einen Stubenofen hervorbringen kann, ist verschieden: 1) nach der Größe derselben; denn man kann aus einer größeren Flamme sehr leicht mehrere kleine bilden; 2) nach der Menge und Beschaffenheit des der Verkohlung unterworfenen Brennmaterials; 3) nach der Stärke der Feuerung.

Denn bei rascher Verkohlung kann man eine grössere Menge Lichter im Gange erhalten, als bei langsamer. Es ist aber auch sehr einleuchtend, daß die Menge und Größe der Lichter mit ihrer Dauer im umgekehrten Verhältniß stehen muß.

Die totale Größe der Beleuchtung läßt sich am richtigsten nach der Zahl von gewöhnlichen Lichtern, welche sie entbehrlich macht, ausmitteln.

§. 153.

Eine halbe oder ganze Stunde vorher, ehe die Verkohlung ihr Ende erreicht hat, hören mehrere Lichter auf zu brennen, und nur einige brennen noch eine halbe Stunde nach geendigter Feuerung fort. Die Lichter der kürzeren Leuchtröhren verschwinden zuerst, die der längsten zuletzt; diese lassen sich aber auch, wiewohl nur einige Minuten später, anzünden.

Ein Licht würde also wahrscheinlich so lange brennen als das andere, wenn ihre Röhren gleiche Längen hätten.

Das baldige Erlöschen eines Lichtes kann man in der letzten Stunde voraussehen. Es fängt nemlich an (wie die Schnecke mit ihren Fühlhörnern) sich bald in das Mündungsrohr zurück zu ziehen, bald wieder heraus zu strecken, bis es (wenn ich bildlich zu reden fortfahren darf,) unter einem Wechselkampf von Absterben und Aufleben seiner Extremität sein Leben allmälig beschließt.

§. 154.

Sind die Lichter erloschen, so bemerkt man an der Mundung der Leuchtröhre niemals den geringsten Geruch und eben so wenig ein Ausströmen.

Man hat also nicht nöthig, das Mündungsstück durch den Hahn sogleich zu verschließen.

§. 155.

Sobald die Röhren von Feuchtigkeit verunreinigt werden; so fangen die Lichter an zu flackern und erlöschen, weil sie dem Gasstrome den Durchgang erschweren oder auch gänzlich verhindern.

Dieses Verunreinigen würde nicht allein den Gebrauch dieser Beleuchtung unsicher, sondern auch das öftere Reinigen der Röhren nöthig machen.

§. 156.

Das Verunreinigen der Röhren verhütet man theils durch hinlängliche Abkühlung der Dämpfe, theils dadurch, daß, wenn auch diese der Stärke der Feuerung nach nicht hinlänglich ist, und unreine Theile mit in die Röhren übergetrieben werden, man selbige durch allmäliges Steigen der Röhren nöthigt, in den gemeinschaftlichen Sammelkasten des Essigs und Oels zurück zu fließen.

Denn in horizontalen Röhren bleiben diese liegen, oder der flüssigere Essig fließt nur zurück und das Oel legt sich in ihnen an und verstopft sie.

Dieses geht durch allmäliges Verdunsten seiner Feuchtigkeit in den Zustand eines zähen Pechs über.

§. 157.

Zur Abkühlung ist das kalte Wasser das bequemste und schicklichste Mittel.

Ich bediene mich desselben so, daß der Dampfabkühler (oder die Kühlflasche) (s. B. Tab. II. Fig. I.) von dem Wasser umgeben ist, die Dämpfe also von selbigem abgeschlossen sind.

Eis und Schnee ist für den Gebrauch zu beschwerlich, wenn man es auch wirklich häufiger haben könnte. Ich habe überdem wahrgenommen, daß das kalte Wasser ein wirksameres Abkühlungsmittel ist, weil es schneller abkühlt. Denn, wenn erstere in geringerer Menge auch mehr leisten könnten, so wirken sie doch langsamer und dem zu Folge auch weniger, aus dem Grunde, weil sie als starre Körper mit der abzukühlenden Oberfläche in wenigere Berührungspunkte gesetzt werden können, als im Zustande ihrer Flüssigkeit.

Diese Abkühlung erfordert keine Aufsicht oder Abwartung und verursacht wenig Beschwerde. Ist das Kühlfaß einmal gefüllt, so kann das einmal gebrauchte Wasser zu fernern Abkühlungen dienen, so lange bis selbiges zu verderben anfängt, welches im Winter nicht leicht der Fall ist. Jedoch muß der Verlust, den das Wasser durch Verdunsten erleidet, täglich ersetzt werden, welcher bei einer 4stündigen Zimmerheizung 8 bis 10 Maß betragen möchte.

Das Ablassen des erwärmten Wassers und Ersetzen desselben durch kaltas ist während der Heizung selten nöthig.

§. 158.

Diese Abkühlung der Dämpfe verursacht aber einen Verlust an Wärme, indem ein Theil der durch das Brennmaterial erzeugten Wärme in das Wasser geleitet wird.

Nun giebt uns die Holzsparkunst die goldene Regel, die Wärme möglichst vollständig zu benutzen. In dieser Hinsicht könnte auch das von den Dämpfen erwärmte Wasser, da es von diesen nicht im mindesten verunreinigt wird, (vorausgesetzt, daß der Dampfabkühler dicht schließt) zum Küchengebrauche benutzt, und dessen Stelle durch kaltes ersetzt werden; wiewohl diese Benutzung nur alsdann Statt haben kann, wenn die Zeit, wo warmes Wasser zu gebrauchen ist, gerade mit der Zeit, wo das Wasser erwärmt ist, zufälligerweise zusammentrifft.

Einen wesentlicheren Dienst würde die Hitze der Dämpfe leisten, wenn es das Locale erlaubte, daß man sie zugleich mit zur Heizung des Zimmers benutzte. Wenigstens sind sie schon allein vermögend, einem Kabinet eine temperirte Wärme zu geben.

(In Fabriken kann man sie auch noch vielleicht auf andere Art nutzen.)

§. 159.

Man kann des kalten Wassers zur Abkühlung auch gänzlich entbehren und die Dämpfe durch Abkühlung an der kältern Luft zum Niederschlage bringen. Dahin gehört die vorher genannte Benutzung der Dämpfe zur Zimmerheizung, nach Umständen mit oder ohne Beihülfe einer anderen Feuerung.

Jedoch muß ich die Bemerkung hinzufügen, daß die Luft ein schlechterer Wärmeleiter ist, als das Wasser (s. §. 16.); die Abkühlung an der Luft demnach langsamer erfolgt und nicht ganz hinlänglich ist. Durch eine lang fortgeführte Leitung und durch das Niederwärtssteigen der Dämpfe werden sie vermöge ihrer eigenen Schwere genöthigt, sich nieder zu schlagen, welches Mittel folglich die abkühlende Wirkung der Luft kräftig unterstützt.

§. 160.

Durch die Abkühlung der Dämpfe wird, wie aus den bisherigen Betrachtungen sich ergiebt, der Zweck erreicht, die Dämpfe bloß von gröberen Oeltheilen und sauren Dünsten zu reinigen; welche Reinigung eine nöthige Vorkehrung ist, im Falle, daß man davon zur Beleuchtung Gebrauch machen will. Denn zu dieser Anwendung sind die ungereinigten Dämpfe weniger tauglich, weil sie nicht so leicht entzündlich sind, nicht so sicher und ruhig brennen, und sie die engen Leuchtröhren unvermeidlich verunreinigen.

§. 161.

Ich habe aber bereits gezeigt, daß man in der Anlage wegen der Abkühlung das Gute selbst übertreiben kann; in so fern als eine möglichst starke Abkühlung auch die feineren Oel- und Kohlendämpfe zum Niederschlage zwingt, ohne welche das (reine) brennbare Gas zum Heizen und Beleuchten nicht hinlänglich ist.

Dieses erfolgt erstens durch einen Ofen, welcher schlecht heizt, schlecht verkohlt, und durch eine damit verbundene wirksame Kühlanstalt; zweitens wenn man das Gas nöthigt, sich langsam und mit Schwierigkeit fortzubewegen. Der letztere Fall tritt ein, wenn das Gas genöthigt ist einen tiefen Fall zu machen oder mehreremale in einen weiten Raum (Dampfabkühler, Kühlflasche) auszutreten.

Ferner hängt der erwünschte Erfolg von einem richtigen Verhältnisse zwischen der Größe des Dampfabkühlers, oder der Abkühlung überhaupt und der Größe des Verkohlungsgefäßes ab.

Je größer die Kühlflaschen, desto wirksamer kühlen sie ab.

Es giebt zwischen einer zu schwachen und zu starken Abkühlung einen Mittelweg, welchen man hier einschlagen muß. Bei meiner frühern Kühlanstalt war mir die Abkühlung zu schwach; ich änderte sie ab und verfiel in das andere Extrem der vollständigen Abkühlung, bis ich nach mehreren Erfahrungen richtiger taxiren lernte. Das richtigste Verhältniß der abzukühlenden Oberfläche gegen die Größe des Verkohlungsgefäßes scheint mir auf 1 Kubikfuß des letzteren 2 der ersteren zu seyn.

Bei großen Kühlräumen kommt in Betracht, daß das Gas sie auszufüllen hat, ehe es ausströmen kann, und nach geendigter Feuerung von diesem eine verhältnißmäßige Menge zurückbleibt, wodurch der Benutzung desselben Abbruch geschieht.

Soll diese Heizung und Beleuchtung mit wahrem Nutzen betrieben werden, so ist es auch durchaus unvermeidlich, daß einige unreine Theile mit in die Röhren übergehen, die keinen Nachtheil stiften, wenn die Röhren steigend gelegt sind.

§. 162.

Die möglichst starke Abkühlung ist aber völlig unwirksam, das brennbare Gas von dem ihm beigemischten k o h l e n s a u r e n Gase zu reinigen.

Nun entsteht die Frage: Ist es durchgängig oder nur unter gewissen Einschränkungen nöthig, dieses Gas vom kohlensauren zu reinigen, und welches Mittel ist dazu das bequemste und wirksamste?

§. 163.

Das kohlensaure Gas ist eine Luftart, welche zum Einathmen völlig untauglich und der Gesundheit durchaus nachtheilig ist.

Die uns umgebende atmosphärische Luft enthält zwar schon kohlensaures und Stickgas in ihrer Mischung, aber in einem der Gesundheit angemessenen Mengenverhältnisse. Sie wird aber zum Athmen in eben dem Grade untauglicher, je mehr sie von den letzteren Gasarten enthält.

§. 164.

Die Kohlensäure befindet sich in allen entzündlichen und gemischten Körpern in einem gebundenen Zustande, (als gebundene oder fixe Luft). Durch Erhitzung dieser Körper, sowohl bei ihrem Verkohlen als Verbrennen, wird sie aus ihnen entbunden (kohlensaures Gas oder gasförmiges Kohlenoxyd). Dadurch verunreinigen gewöhnliche Lichter die Zimmerluft sowohl als die Verkohlungslichter.

§. 165.

Dieses Gas bildet einen Mischungstheil sowohl der Verkohlungsdämpfe als des gewöhnlichen Rauchs unserer Oefen, Lichter, des Tabaks. Wir können aber im gemeinen Leben weder der Oefen, noch der Lichter, und viele Personen auch nicht des Rauchtabaks, welcher ihnen durch Gewohnheit Bedürfniß geworden ist, entbehren; und niemand achtet bei dem Gebrauche derselben auf die Schädlichkeit des kohlensauren Gases, eben so wenig als auf die Menge des kohlensauren Gases und Stickgases, welche durch das Athemholen selbst erzeugt wird, und auf die große Menge, die sich von diesen Gasarten in Zimmern anhäuft, wo viele Personen zusammen wohnen oder versammelt sind. Das Rauchen der Oefen, eine Folge ihres schlechten Zuges, oder ihrer schlechten Verfassung, fand ich in mehreren Gegenden als etwas so gewöhnliches, daß man entweder gar nicht darauf merkt oder glaubt, es könne nicht anders seyn. Man trifft in mehreren Gegenden auf dem Lande nicht wenig Wohnhäuser ohne alles Rauchkamin. Schlechtziehende Rauchkamine, die zur Anhäufung des Rauchs in den Gebäuden Anlaß geben, findet man wohl an allen Orten.

Von der armen Volksklasse, welche wenig oder nichts auf die Reparatur ihres Ofens verwenden kann, befinden sich viele den ganzen Winter über im Rauche eingehüllt.

Wenn Oefen oder Kamine die Wohnzimmer mit schädlichem Rauche erfüllen; wenn sich eine Menge Menschen bei ihrer Beschäftigung stets im Rauche eingehüllt befindet, wie bei dem Cichorien- und Malzdörren, in vielen Küchen und andern Fällen mehr; wenn die an Tabaksrauch gewöhnten Menschen, von Rauchwolken umgeben, zu Hause oder in Kaffee- und Bierhäusern manche Stunden zubringen, ohne ihrer Gesundheit dadurch auffallend zu schaden; so zeugt dieses von der Thätigkeit unserer Lebenskraft, vermöge welcher sie an sich schädliche Einflüsse besonders durch Angewöhnung unschädlich zu machen strebt. Die Größe dieser Thätigkeit ist aber nach den Individuen verschieden, und durch die Art und Größe der Schädlichkeit begrenzt, so daß es die Vorsicht zur Regel macht, die Zahl der schädlichen Einflüsse möglichst zu vermindern.

Daß der Rauch vorzüglich den Augen Nachtheil bringt, ist bekannt. Es ist ferner ebenfalls bekannt, daß Leute, welche sich viel im Rauche beschäftigen müssen, nicht selten einen siechen Körper davon tragen. Vielleicht wird aber der nachtheilige Einfluß des kohlensauren Gases im Rauche durch die brenzlichöligen und salzigen Partikeln etwas vermindert, die aber auf andere Weise für die Gesundheit nachtheilig wirken.

§. 166.

Für die Salubrität (gesunde Beschaffenheit) der Zimmerluft wäre es allerdings zuträglich, das brennbare Gas vor dem Gebrauche zum Beleuchten von dem kohlensauren zu reinigen, ob man gleich in diesem Stücke mehr verlangt als von gewöhnlichen Lichtern. Denn bei dem Gebrauche derselben muß das Lichtmaterial auch erst durch Erhitzung in Dampf verwandelt werden, welcher hier sogleich in Lichtflamme ausbricht, und als solche unbesorgt genutzt wird, ob er gleich ebenfalls kohlensaures Gas in seiner Mischung enthält. Indeß verdient es noch einer näheren Untersuchung, wie viel kohlensaures Gas diese lichter in Vergleichung gegen jene Verkohlungslichter hinterlassen.

Zur Beleuchtung unbewohnter Plätze, zur Straßenbeleuchtung wäre das vorherige Reinigen des Gases vom kohlensauren gänzlich überflüßig. Zur Beleuchtung geräumiger Wohnzimmer kann man dieses Gas ebenfalls ohne Besorgniß eines Nachtheils wegen des ihm beigemischten kohlensauren Gases anwenden. In engen Zimmern kann man das Gas in verschlossenen Glascylindern brennen lassen. Davon s. unten.

§. 167.

Die größere Menge kohlensaures Gas entbindet sich in der ersten Stunde der Verkohlung. Nach dieser Zeit verringert sich die Menge desselben allmälig immer mehr. Um daher die größere Menge kohlensaures Gas zuvor zu entfernen, lasse ich das Gas in der ersten Stunde im Ofen verbrennen, und dann erst zum Beleuchten anwenden. Auch geschieht dieses, wenn das Gas Anfangs blau brennt.

§. 168.

Daß das brennbare Gas in der Vermischung mit dem kohlensauren zum Gebrauche Entzündlichkeit genug besitzt, kann ich hier aus eigener Erfahrung bestätigen. Ehe ich diese Erfahrung kannte, befand ich mich in dem Wahne, daß jenes Gas wegen des kohlensauren schlecht oder gar nicht brennen könne, und letzteres dieser Ursache wegen schlechterdings erst entfernt werden müsse.

Ich habe ferner die Beobachtung gemacht, daß man die bereits vorhandene Menge des kohlensauren Gases in jenem durch Zumischung beträchtlich vermehren könne, ohne in der Entzündlichkeit und Brennbarkeit desselben einen großen Unterschied zu bemerken.

§. 169.

So lange ich es für durchaus nothwendig hielt, das brennbare Gas vom kohlensauren Gase zu reinigen, habe ich kein Mittel unversucht gelassen, welches mir dazu tauglich schien. Ich werde meine Erfahrungen über ihre Anwendbarkeit oder Nichtanwendbarkeit, über ihre Wirksamkeit und Mängel, so wie über manche Fehltritte, welche ich oder Andere in obiger Absicht begingen, in der Erwartung mittheilen, daß sie Andere von ähnlichen Fehltritten und unnützen Mitteln abhalten werden.

§. 170.

Zu Anfange meiner Versuche, wo ich von Lebons Einrichtung noch gar nichts wußte, ließ ich die eingeschlossenen Dämpfe zuvor in eine Kühlflasche treten, (s. Tab. IV. b.) welche durch einen ununterbrochenen Strahl von kaltem Wasser abgekühlt wurde. Alsdann ließ ich die (meiner Meinung nach) nun von öligen und sauren Theilen gerei-

gereinigten Gasarten durch kaltes Wasser streichen, um das kohlensaure Gas von diesem verschlucken zulassen. (S. C. c.) Der Erfolg von dieser Reinigungsart war folgender: In der Kühlflasche B. schlug sich zwar ein Theil Essig und Oel nieder, aber ein anderer Theil ging im vorgelegten Wasser verloren, welches davon einen häßlichen Geruch bekam und in ein paar Stunden so saturirt schwarz gefärbt war, daß es wohl kaum noch mehr hätte aufnehmen können.

Man darf sich daher der Wasservorlage gar nicht bedienen, wenn es auf die Gewinnung des Essigs und Oels oder auf genaue Angabe ihrer Menge abgesehen ist.

Ich brachte daher eine zweite Kühlflasche an, ehe ich die Gasarten ins Wasser übergehen ließ. Der Verlust wurde dadurch um vieles geringer, aber doch nicht unbedeutend, und machte die Angabe der Menge der erhaltenen Flüssigkeiten immer unrichtig. Diese 2te Kühlflasche hatte zur Folge, daß ich weniger Lichter im Brennen erhalten konnte, und daß diese stets blau brannten, denn das Gas hatte seine übrigen brennbaren Mischungstheile verloren. Dieses Wasser verbreitet im Vorgeheize und auch wohl im Hause einen üblen Geruch. Ferner erwärmt es sich gar bald und wird alsdann unfähig, kohlensaures Gas einzusaugen. Es mußte also erneuert werden; wodurch die Gleichmäßigkeit des Gasstroms die Flamme, in Unordnung gerieth.

Erklärung der Tab. IV.

A. Ein Theil der Verkohlungsbombe, welche durch Feuer erhitzt wird.

B. Die Kühlflasche, mit einem Stückchen Linon bedeckt, damit sich der Wasserstrahl aus dem Wasserkasten D. gleichförmiger um sie vertheilt.

C. Die Schneckenröhre, unten am Bauche mit einem kleinen Rohre versehen, um das Wasser, was sich darin befindet, von Zeit zu Zeit rein abzulassen. Sie endigt sich bei

C. c. in einen durchlöcherten Kopf, aus welchem die Gase sich unter dem Trichter E. hervordrängen und in diesem sich aufwärts über die Fläche des Wassers, das sich in dem Gefäße F. befindet, erheben.

G. Ein Gefäß, in welchem sich das von oben herabträufelnde Wasser ansammelt.

H. Ein Gefäß zum Ansammeln des Essigs und Oels.

§. 171.

Die Erneuerung des Wassers schien mir zu mühsam und beschwerlich. Ich hoffte daher mich dieser zu überheben, wenn ich mich statt des reinen Wassers, des mit Kalk geschwängerten (des Kalkwassers), als eines kräftigeren einsaugenden Mittels, bediente.*) Allein auch dieses war nicht hinlänglich, alles kohlensaure Gas zu absorbiren. Denn es strömt in zu großer Menge

*) Die Aetzlauge ist zwar noch wirksamer, aber im Hauswesen nicht anwendbar.

auf einmal, zu schnell und mit zu groſser Heftigkeit durch das vorgelegte Waſſer, um von ſelbigem abſorbirt werden zu können; indem ſich das Gas, um die Lichter brennend zu erhalten, in einem ununterbrochenen Strome fortbewegen muß.

Anders verhält ſich dieſes, wenn man das Gas aus E. in einen Gasreſervoir leitet, in welchem ſelbiges allmälig und in geringerer Menge auf einmal durch das Kalkwaſſer ſtreicht, und über demſelben verweilt.

Der Druck, welchen die Waſſerſäule in F. dem Strome des Gaſes entgegen ſetzt, kann nur durch eine gröſſere Gewalt an Hitze oder ein ſtärkeres Feuer überwunden werden, und erfordert daher mehr Aufwand von Brennmaterial. Das Waſſer erhitzt ſich ſchneller und wird zu früh zum Einſaugen untauglich.

Hat das Gas nur den Druck einer ganz niedrigen Waſſerſäule zu überwinden; ſo wird dieſe zur Reinigung auch verhältnißmäſſig weniger Dienſte leiſten. Von dem gleichmäſſigen Strömen des Gaſes hängt die ununterbrochene Fortdauer ſeiner Flamme ab. Das Gas preßt ſich hier mit heftigen Stöſſen durch das Waſſer; daher brennt die Flamme ſtoßweiſe, nie ruhig, und wird beſonders in der erſten Stunde ſeiner Dauer öfters unterbrochen. Die Gewalt der Dämpfe zerſprengt leicht den beſten Kitt; ſie drängen ſich durch Riethe und Fugen, und machen die läſtige Wiederholung der Verkittung nöthig. Bei dieſer Waſſervorlage konnte ich ferner kein Mittel (keinen Kitt) finden, welches das Durchpressen der Dämpfe durch den Deckel des Verkohlungsgefäßes zu verhindern im Stande gewesen wäre. Im Winter fror einmal das Wasser in der Schneckenröhre (s. C.) ein und verhinderte den Fortgang der Dämpfe gänzlich. Sie mußte in der Folge nach jedesmaliger Feuerung ausgeleert werden.

Ich verließ daher diese fehlerhafte Procedur und kam auf die Idee, das Gas bloß über Kalkwasser streichen zu lassen. Allein ich habe sie nicht ausgeführt, weil sich davon in Rücksicht der Absorption des kohlensauren Gases noch weniger erwarten läßt, und es schlägt sich eine nicht unbedeutende Menge Essig und Oel im Kalkwasser nieder, welche verloren geht.

§. 172.

Es giebt kein Mittel, welches das kohlensaure Gas wirksamer absorbirt, als das Ammoniakgas, von welchem sich aber keine Anwendung machen läßt.

§. 173.

Das kohlensaure Gas ist specifik schwerer als das brennbare. Lüfte ich das mit diesen Gasarten gefüllte Gefäß etwas, so geht die leichtere brennbare Luft daraus verloren, und das kohlensaure Gas bleibt unten zurück.

Man könnte also letzteres vom ersteren auch

dadurch abscheiden, daß man dieselben in einem Fasse ruhig verweilen läßt, damit sich das erstere daraus zu Boden senkt.

§. 174.

Verkohlungslichter hinterlassen, so wie gewöhnliche, kohlensaures Gas, Wasserdunst und Stickgas.

Das Substrat des kohlensauren Gases ist der verbrennliche Theil der reinen Kohle, welchen man nach dem System Kohlenstoff (oder, wie ich glaube, passender, Kohlenoxyd) nennt.

Während der Verkohlung verdampft zwar ein Theil der Kohle, aber der größere Theil bleibt im Verkohlungsgefäße zurück.

Bei dem Brennen gewöhnlicher Lichter verbrennt die Kohle zugleich mit. Daher erleidet es keinen Zweifel, daß gewöhnliche Lichter beträchtlich mehr kohlensaures Gas hinterlassen müssen, als selbst die Verkohlungslichter des vermischten brennbaren Gases (s. §. 135.). Der größere Kohlengehalt verräth sich schon dadurch, daß ein Licht von gemeiner Größe Rauch und Ruß hinterläßt, in welchen die Kohle den Hauptbestandtheil bildet; da hingegen die größte Verkohlungsflamme nie Rauch hinterläßt, welcher dort zunimmt, wenn man das Licht vergrößert; ob gleich noch andere Ursachen hierbei in Erwägung kommen, die ich hier noch übergehen muß.

§. 175.

Aus der Erfahrung, daß sich eine gewisse Menge Kohlensäure ohne Zutritt der Luft durch bloße Erhitzung (bloße Entzündung) der Brennmaterialien erzeugt oder entwickelt, folgt: daß das kohlensaure Gas, welches nach jedem Verbrennen zurück bleibt, und welches sowohl gewöhnliche als die Lichter des vermischten brennbaren Gases hinterlassen, zum Theil schon gebunden im Brennmaterial vorhanden lag, zum Theil aber durch den Beitritt des Sauerstoffs der Atmosphäre zum noch ungesäuerten Kohlenstoffe gebildet wurde.

Nach Lavoisier erfordert die Bildung von 100 Gran kohlensaurem Gas 28 Gran Kohlenstoff und 72 Gran Sauerstoffluft.

§. 176.

Ob es gleich völlig erwiesen ist, daß das kohlensaure Gas in der atmosphärischen Luft, vermöge seines specifik schwereren Gewichts, zu Boden sinkt, mithin die zum Einathmen untaugliche Luft die untere Luftschicht im Zimmer ausmacht; so kann dieses doch nur bei gleichen Temperaturen der Fall seyn. Denn durch die Hitze der Flamme wird das kohlensaure Gas ausgedehnt, so daß sich dasselbe noch eine Zeitlang in den höheren Luftschichten schwebend erhält und diese verunreinigt.

§. 177.

Mit dem Stickgase, welches alle Lichter hinterlassen, findet der Fall, wie mit dem kohlensauren, nicht Statt, daß selbiges schon zum Theil im gebundenen Zustande oder als Mischungstheil (Stickstoff, Azot) im Holze vorhanden läge. Wenigstens hat man, so viel ich weiß, dieses niemals beobachtet, und es läßt sich nicht erwarten, daß ein solcher Umstand dem scharfen Blicke des praktischen Chemikers bisher entgangen seyn sollte. Folglich muß jenes Gas erst aus der atmosphärischen Luft durch den Akt des Verbrennens abgeschieden werden.

§. 178.

Die atmosphärische Luft ist nemlich ein Gemisch von Sauerstoffgas (Lebensluft) und Stickgas in einem Verhältnisse ohngefähr wie 3 zu 7.

Wir kennen keinen Naturkörper, welcher der zerstörenden oder verändernden Wirkung der Luft widerstünde. Nun hat man durch entscheidende Versuche ausgemittelt, daß alle diese Wirkungen lediglich von ihrem Sauerstoff herzuleiten sind; daß die Sauerstoffluft die einzige ist, welche das Athemholen, so wie das Verbrennen der Körper, bewirkt und unterhält. Bei dem Verbrennen entzündlicher Körper trennt sie sich vom Stickgase, verbindet sich mit den entzündlichen Grundstoffen derselben, dem Wasser- und Kohlenstoffe, zum Wasserdunste und kohlensauren Gase, indem sie zuvor eine verhältnißmäßige Menge der in ihnen gebundenen Licht- und Wärmematerie entbindet, oder diejenige Erscheinung veranlaßt, welche wir Feuer nennen.

Da nun hierbei das Stickgas unverändert zurückbleibt, so folgt: daß sich die Menge desselben in einem eingeschlossenen Luftraume in eben dem Verhältnisse vermehren müsse, in welchem sich die Menge der Sauerstoffluft vermindert.

Gewöhnliche Lichter verzehren vermöge ihres überflüssigen Kohlenstoffs mehr Sauerstoff als Verkohlungslichter; woraus folgt, daß in dieser Hinsicht jene mehr Stickgas hinterlassen müssen als letztere. In Hinsicht des Wasserstoffs hingegen verhält sich die Sache anders, und zwar folgendermaßen.

§. 179.

Der Wasserdunst, welchen jede Lichtflamme hinterläßt,*) ist ein Produkt der Verbindung des Wasserstoffs (des hydrogène) aus dem Brennmateriale mit dem Sauerstoffe (oxygène) der Atmosphäre. Nach Lavoisier's Versuchen verzehren nemlich 15 Gran brennbares Gas bei dem Verbrennen 85 Gran Sauerstoffluft, und das Gewicht des daraus entstehenden Körpers, des Wassers, betrug gerade so viel, als jene Gewichte zusammenaddirt betragen, d. i. 100 Gran.

Es versteht sich von selbst, daß das brennbare Gas im trockensten Zustande der Verbrennung

*) Sollte nicht in manchen Fällen durch die Verbindung des Wasserstoffs, Kohlenstoffs und Sauerstoffs bei dem Verbrennen eine Säure gebildet werden können, oder das zurückbleibende Wasser etwas Säure zuweilen enthalten?

unterworfen werden muß; indem ein nicht gänzlich wasserfreies Gas bei dem Verbrennen die ihm bloß anhängende Feuchtigkeit absetzt, und diese die durch das Verbrennen gebildete Wassermenge vermehrt.

Das gemischte brennbare Gas enthält noch eine Menge mechanisch beygemischter Wassertheile. Man würde sich also sehr täuschen, wenn man die Portion des Wassers, welche die Verkohlungslichter hinterlassen, für die bloße Folge des Verbrennens halten, oder nach dieser Wassermenge ihren Gehalt an Wasserstoffgas berechnen, und darnach bestimmen wollte, wie viel Sauerstoffgas sie verzehren und wie viel Stickgas sie abscheiden.

§. 180.

Einige Chemiker nehmen an, daß die Körper außer der ihnen mechanisch anhängenden Feuchtigkeit noch eine gewisse Menge gebundenes Wasser enthalten, welches nur durch Zerstörung ihrer Mischung, wie bei dem Verbrennen, entbunden werde. Dieses ist aber eine nicht erwiesene Behauptung.

§. 181.

Es ist bereits angeführt, daß Verkohlungslichter weniger Kohlenstoff enthalten als gewöhnliche; woraus folgt, daß die relative Menge ihres Wasserstoffs in eben dem Verhältnisse größer seyn muß, ob sich gleich die absolute Menge desselben in beiden gleich bleibt.

Nach Lavoisier's genauen Versuchen erfordert aber eine bestimmte Menge Wasserstoffgas zum Verbrennen fast noch einmal so viel Sauerstoffluft, als der Kohlenstoff. Jenes Quantum von Wasserstoffgas wird also auch noch einmal so viel Stickgas abscheiden.

Hieraus ergiebt sich, daß das gemischte brennbare Gas mehr Wasserdunst und Stickgas nach dem Verbrennen hinterläßt, als eine gleiche Menge (dem Gewichte nach) von einem gewöhnlichen Lichmaterial.

§. 182.

Nach diesen Prämissen will ich versuchen, ob sich die Menge vom Stickgase, kohlensauern Gase und Wasser genau bestimmen läßt, welche die Verkohlungslichter, im Vergleich gegen gewöhnliche, hinterlassen.

Nach Lavoisier's genauen Versuchen und daraus hergeleiteten Folgerungen geben:

Baumöl 38 Loth

Kohlensaures Gas	108 =	welche erfordern	$79\frac{2}{3}$ Lt.	Lebensluft,	30 Kohlenstoff.
Wasser	53 =	—	$45\frac{1}{3}$ =	—	8 Wasserstoffgas.
			f. 124.		f. 38.

Diese und andere Berechnungen sind im Lavoisierschen Systeme mit vielem Scharfsinn durchgeführt, und stimmen sehr genau zusammen; eine Bemerkung, welche von allen Chemikern als wahr anerkannt ist.

Diese Berechnungen beruhen auf der aus andern Versuchen *) abgeleiteten Folgerung: daß die Menge des nach dem Verbrennen übrig bleibenden Wassers und kohlensauern Gases mit der Menge der verzehrten Lebensluft in genauem Verhältnisse stehet.

§. 183.

Da man aber die beträchtliche Menge Wässerigkeit, welche jedes fette Oel enthält, und die Feuchtigkeit der atmosphärischen Luft selbst mit in Anschlag bringen muß; so folgt, daß in dem obigen Versuche die Verminderung der Lebensluft zu groß angegeben und die eben genannte Folgerung unrichtig ist.

§. 184.

Wenn ferner Lavoisier die Menge des kohlensauren Gases, welche nach dem Verbrennen übrig bleibt, lediglich und ohne Ausnahme von dem Sauerstoffgase der atmosphärischen Luft ableitet; so widerlegt ihn hierin die Erfahrung selbst, welche beweiset: daß die gemischten entzündlichen Körper, ohne Zutritt der atmosphärischen Luft, durch bloße Erhitzung eine Menge kohlensaures Gas liefern; woraus folgt, daß die Kohlensäure ent-

*) Diese Versuche sind nemlich mit reiner Lebensluft gemacht, einer Luft, die sich mit der atmosphärischen bei dem Verbrennen keinesweges ganz gleich verhält.

weder schon (als Mischungstheil) im Brennmaterial fertig gebildet vorhanden liegt, oder aber während der Erhitzung durch den Sauerstoff gebildet wird, welchen jedes Brennmaterial in Menge in seiner Grundmischung enthält.

§. 185.

Der luftdichte Raum ist keine Chimäre. Die Sauerstoff- oder Lebensluft durchdringt nicht etwa von außen Glas und Eisen; sondern man hat mit überzeugenden Beweisen die Realität des luftdichten Raumes über allen Zweifel erhoben.

Denn die einfachen entzündlichen Körper, das einfache brennbare Gas, die Kohle, der Schwefel, der Phosphor, erleiden im luftdichten Raume keine Veränderung. In diesem läßt z. B. die Kohle kein kohlensaures Gas aus sich entwickeln.

Die gemischten entzündlichen Körper hingegen enthalten den Grund zu ihrer Veränderung, zur Erzeugung des kohlensauern Gases und anderer Produkte, in sich selbst: nemlich durch wechselseitige Entbindung, Einwirkung und Verbindung ihrer Grundstoffe.

§. 186.

Ich sehe mich also aus unbefangener Wahrheitsliebe genöthigt, die von einem der größten Chemiker angestellten Versuche und Berechnungen über die Menge der verzehrten Sauerstoffluft, in Betreff der gemischten entzündlichen Körper, als ungültig zu verwerfen; ob ich gleich die Richtigkeit seiner Versuche mit einfachen entzündlichen Körpern nicht im mindesten bezweifle.

§. 187.

So bedarf es wohl keiner weiteren Bestätigung, daß das kohlensaure Gas, welches die vollkommen rein ausgeglühte und frisch verbrannte Kohle hinterläßt, gänzlich von dem Sauerstoffgase der atmosphärischen Luft gebildet wird. Hier läßt sich auch genau berechnen, wie viel Sauerstoffgas und Kohlenstoff auf jenes verwandt wurde. Dieses läßt sich ebenfalls auf andere einfache entzündliche Körper, wie das einfache brennbare Gas, den Schwefel und Phosphor, anwenden.

§. 188.

Durch die Erhitzung des Brennmaterials im verschlossenen Raume werden die entzündlichen Grundstoffe desselben, der Kohlenstoff und Wasserstoff, vollkommener entwickelt als durch die Erhitzung an der Luft.

Dadurch erlangen sie eine stärkere Ziehkraft zum Sauerstoff der Atmosphäre, eine größere Leichtentzündlichkeit, und gehen vollkommen in den Akt des Verbrennens ein. Dadurch wird die gebundene Licht- und Wärmematerie vollkommner ausgeschieden, und fast dasselbe bewirkt, als wenn man das Brennmaterial in reiner Sauerstoffluft verbrennen läßt. Die in eben dem Verhältnisse zunehmende Menge des Stickgases schwächt aber wiederum durch Absorption der Wärme die Größe der Wirkung, welche die Kohle und das Wasserstoffgas an sich hervorbringen. (Davon das Nähere bei dem Verbrennungsprozesse.) Dadurch kann man das schlechteste Brennmaterial zum vollkommenen Verbrennen seiner entzündlichen Bestandtheile geschickt machen. Hieraus ergiebt sich aber auch der Grund, warum sie alsdann auch schneller verbrennen, als wenn sie bloß an der Luft (ohne jene vorhergegangene Erhitzung) erhitzt werden.

§. 189.

Die Mischung des vermischten brennbaren Gases ist so veränderlich, daß sich die Menge des kohlensauern Gases, des Stickgases und Wasserdunstes, welche sein Verbrennen hinterläßt, gar nicht genau berechnen läßt.

Daß aber die Verkohlungslichter, im Ganzen genommen, mehr Sauerstoff absorbiren, mithin die Zimmerluft schneller verderben können als gewöhnliche, erleidet nach den bisher angeführten Angaben keinen Zweifel.

§. 190.

In einer trockenen Atmosphäre brennen alle Lichter heller als in feuchter. Wenn man daher ein Licht unter einer Glasglocke brennen läßt; so wird die darin eingesperrte Luft bald so sehr mit Wasserdunst angefüllt, daß kein vollkommenes Verbrennen

Statt finden kann, und das Licht früher erlöscht, ehe noch alle Sauerstoffluft verzehrt ist. Diesen Umstand kann man größtentheils entfernen, wenn man die Glocke mit eiskaltem Wasser umgiebt, damit sich die Dünste an ihren Wänden schneller verdichten.

§. 191.

Läßt man das Licht in einem Glascylinder brennen; so könnte man sich auch eines doppelten bedienen, und zur Conservation schwacher Augen den äußeren Raum mit einer grünlich gefärbten Flüssigkeit anfüllen, oder auch mit reinem Wasser. Man genießt dabei zugleich den Vortheil, daß das mit Wasser umgebene Licht heller brennt.

Man kann sich auch dieses Mittels bei gewöhnlichen Lichtern, um ihren blendenden Glanz zu dämpfen, mit Nutzen bedienen; und man hat auch schon längst diese Art Lampen empfohlen. Obgleich die Verkohlungslichter nicht den blendenden Schein geben als gewöhnliche; so erhalten sie ihn doch, wenn man sie in einem Glascylinder brennen läßt.

Für denjenigen, welcher viel bei Lichte arbeitet, oder aus Schwäche und kränklicher Empfindlichkeit der Augen gar nicht mehr arbeiten kann, verdienen diese Art Lampen gewiß alle Empfehlung. Es versteht sich übrigens, daß bei Blödsichtigkeit der Augen die Helligkeit des Lichtes dem Grade derselben angemessen seyn muß.

Soll das Licht an einem Orte angebracht werden, wo es einem starken Luftzuge ausgesetzt ist, so muß es durch Glas davor geschützt werden.

Diese gläserne Lampen müssen für das gemischte brennbare Gas folgende Construktion bekommen.

Zeichnung einer gläsernenn Gaslampe, im Querdurchschnitte nach der Schnittlinie a. a.

A. A. Der gläserne Cylinder.

B. B. Der Fuß von lackirtem Blech.

b. Die in der Mitte durchlöcherte Decke.

c. Das Rohr, welches das Gas herbeiführt.

d. Der Boden des Fußes oder Stiefels.

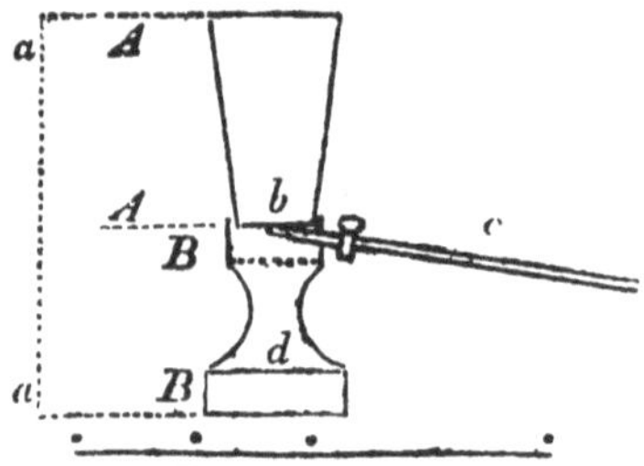

§. 192.

Die Reinlichkeit der Zimmerluft verdient in jedem Hause die erste Sorgfalt.

In einer reinen, unverdorbenen Luft fühlt man mehr Heiterkeit und Frohsinn, ein angenehmes Wohlbehagen. Eine unreine, verdorbene Luft macht Kopfweh, Uebelbehagen u. a. Beschwerden.

Durch das Athemholen, durch die Ausdünstung lebender Wesen, wird die Luft noch in größerem Maße verdorben, als durch brennende Lichter. In niedrigen und kleinen Zimmern hat man von dieser Verderbniß mehr zu fürchten, als in geräumigen und hohen.

Die Erneuerung der Zimmerluft sollte man daher nie vernachlässigen. Unsere Fenster und Thüren schließen zwar nie so dicht, daß nicht immer frische Luft eindringen könnte, und bei geheizten Zimmern dringt sie noch schneller ein. In Zimmern, wo viel aus- und eingegangen wird, geschieht diese Lufterneuerung schnell, und es bedarf also nicht der vorsätzlichen.

Zur Erneuerung der Luft dienen Luftlöcher und Ventilatoren. Der wirksamste Ventilator ist der Luftzug zum Feuer von innen.

§. 193.

Das beste Mittel, um jede selbst übertriebene Besorgniß der Luftverderbniß durch Verkohlungslichter zu entfernen, würde darin bestehen, daß man selbige in Glascylinder oder andere gläserne Behälter einschließt, und diesen Lichtern dadurch alle Gemeinschaft mit der Zimmerluft abschneidet. Ein Rohr leitet nemlich die Produkte des Verbrennens ins Freie.

Man könnte zwar auch durch ein anderes Rohr der Flamme die zu ihrer Nahrung nöthige Luft von außen zuführen; allein ich sehe nicht ein, wozu dieses nützen sollte. Denn unsere Wohnzimmer sind keine luftdichten Räume.

Lampen, nach dieser Idee construirt, würden, da sie jede Verderbniß der Zimmerluft verhüten, vor jedem gewöhnlichen Lichte einen Vorzug haben; und ich glaube ihnen also mit Grunde den Namen Salubritätslampen beylegen zu können.

Nach meinen Versuchen müssen bei der Construction derselben folgende Umstände berücksichtiget werden: 1) sie müssen eine der Größe der Flamme angemessene Höhe und Weite haben; 2) mit dem gehörigen Luftzuge versehen seyn, ohne welchen das Gas nicht vollkommen verbrennen, der erzeugte Wasserdunst sich darin anhäufen, das Glas sich trüben und das Verbrennen erschweren würde. Die Flamme darf die gläsernen Wände nicht berühren; sonst würde das Glas zerspringen.

Zeichnung einer Salubritätslampe.

a. a. Der Glascylinder.
b. b. Der blecherne Fuß.
c. Ein Thürchen mit kleinen Luftlöchern.
d. Das Gasrohr.
e. Der Huth.
f. Die Abzugsröhre, welche sich ins Freie öffnet.

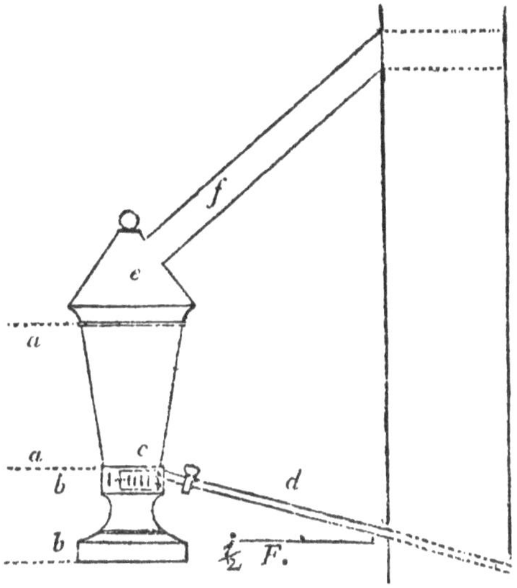

§. 194.

Gewöhnliche Lichter verunreinigen die Zimmerluft, außer dem bereits genannten Stick- und kohlensauren Gase und Wasserdunste, noch mit andern fremden Partikeln, welche im Rauche enthalten sind; nemlich mit brenzlich-sauren und kohlig-öligen Partikeln, welche einen üblen Geruch verbreiten, die Zimmer und Gemälde schwärzen, das Glas, mit welchem das Licht umgeben ist, (so wie den Oelfirniß der Laternen) beschmutzen, und demselben die Durchsichtigkeit benehmen.

In diesem Betrachte haben die Verkohlungslichter einen bedeutenden Vorzug vor gewöhnlichen unverbesserten Lichtern. Wiewohl eine gut construirte Lampe dem Rauchen abhilft, und ein gutes oder auch schlechtes Lichtmaterial darin keinen Rauch hinterläßt; so fängt doch das Licht an zu rauchen, wenn es durch Tragen oder Luftzug bewegt oder die Flamme vergrößert wird. Dieses ist bei den Verkohlungslichtern nicht der Fall.

§. 195.

Die Verkohlungslichter haben endlich noch den Vorzug vor gewöhnlichen, daß sie ohne Docht brennen. Die besten Lichter, welche, ohne Rauch zu geben, brennen, fangen doch an zu rauchen und sich zu verdunkeln, sobald sich eine Schnuppe erzeugt hat. Daher bleibt sich ihre Helligkeit nicht gleich. Das Abschnuppen ist bei verschiedenen Lichtern wegen des Platzes, wo sie angebracht sind, oft beschwerlich und unterbleibt deswegen. Bei Zimmerlichtern ist dieses zwar leicht geschehen; aber es wird nicht immer zur rechten Zeit darauf geachtet. Kein Geruch aber ist wohl ärger, als der von einer fortglimmenden Schnuppe; ein Umstand, welcher mir meine schon oben gehegte Aeußerung bestätigen hilft, daß der Dampf, welcher gewöhnliche Flammen nährt, eben so übel oder noch übler riecht, als der Verkohlungsdampf und das gemischte brennbare Gas, welches die Verkohlungslichter nährt, wenn etwas der Verbrennung entgeht.

Zweiter Abschnitt.

Ueber den Verbrennungsprozeß, in wissenschaftlicher und pyrotechnischer Hinsicht.

§. 196.

Wenn man die gemischten entzündlichen Körper unter dem freien Zutritte der Luft erhitzt; so gehen die Erscheinungen, welche bei der Verkohlung Statt finden, die Verdampfung der flüchtigeren Flamme gebenden Stoffe, und die Trennung derselben von der feuerbeständigeren Kohle, der eigentlichen Verbrennung voran, und folgen auf einander in kurzen Zeiträumen.

Jene Flammenstoffe verbrennen aber wegen ihrer größeren Leichtentzündlichkeit eher als die Kohle.

Wenn man jene entzündlichen Körper bei dem erschwerten oder verhinderten Zutritt der Luft verkohlt (oder erhitzt); so kann keine unmittelbare Verbrennung Statt finden.

Bei dem Brennen des Holzes u. a. ist also das Verkohlen mit dem Verbrennen unzertrennlich verbunden. Ich habe dieserhalb, um von dem Verbrennungsprozeß eine richtigere und deutlichere Ansicht zu erhalten, diesem die Untersuchungen über den Verkohlungsprozeß im ersten Abschnitte vorangehen lassen.

Wir wissen jetzt nach der nähern Kenntniß derjenigen Veränderungen, welche die Brennmaterialien durch bloße Erhitzung oder Verkohlung erleiden, diejenigen richtiger zu schätzen, welche ihr Verbrennen begleiten.

Wir haben die Erscheinungen in ihrer wahren Natur bezeichnet, welche eintreten, wenn man die Flammenstoffe allein und die Kohle allein der Verbrennung unterwirft. Dieses analytische Verfahren, wenn es weiter verfolgt wird, setzt den combinirten Verbrennungsprozeß (den gewöhnlichen), in welchem die Kohlen und Flammenstoffe gemeinschaftlich das Feuer bilden, in ein helleres Licht.

Wenn ich jetzt mich lediglich auf die Erscheinungen bei dem gewöhnlichen Feuer, und auf gewöhnliche Oefen beschränke; so werde ich doch fortfahren, diese mit jenen Erscheinungen zu vergleichen, um den relativen Werth, welchen die Verkohlungsöfen gegen gewöhnliche einfache Oefen haben, nach selbigen abmessen zu können, deren absoluten Werth ich im ersten Abschnitte, wie ich glaube, ziemlich vollständig erörtert habe.

§. 197.

Bei dem Gebrauche der Verkohlungsöfen wird ein Theil Brennmaterial verkohlt (oder destillirt), ein anderer Theil auf das Feuer verwandt.

In dieser Rücksicht darf man die Verkohlungsöfen nicht so isolirt darstellen, als hätten sie nichts mit gewöhnlichen gemein. Sie schließen sich an diese genau an, und die Erscheinungen bei gewöhnlichen Oefen finden zum Theil auch hier Statt. Die Verkohlungsöfen müssen ferner ebenfalls nach pyrotechnischen Regeln angelegt werden; und die Vortheile, welche die Erfahrung für gewöhnliche Feuerungen entdeckt hat, müssen auch bei der Erbauung von Verkohlungsöfen in Anwendung gebracht werden. Ohne diese würde man die Vortheile, welche mit dem Verkohlen selbst verbunden sind, zum Theil oder gänzlich wieder verlieren.

Meine Bemühungen konnten daher keine andere Richtung nehmen, als die Vortheile gewöhnlicher Feuerungen, von welchen die mehresten bekannt, einige noch neu oder wenig bekannt sind, mit den Vortheilen des Verkohlens möglichst in Uebereinstimmung zu setzen.

§. 198.

Meine Absicht geht ferner dahin, das Feuer auf Erzielung der Vortheile des Verkohlens, nicht absichtlich, sondern nur nebenbei zu verwenden; und jene Absicht nicht allein auf Zimmerheizung zu beschränken, sondern sie auch auf größere Feuerungen auszudehnen, ohne daß dadurch die Hauptabsicht der Feuerung beeinträchtiget oder gar vereitelt wird; wiewohl ich sehr wohl einsehe, daß sich diese Absicht unter gewissen Verhältnissen nur unvollständig, unter mehreren anderen gar nicht erreichen läßt. Indeß was ich aus Beschränktheit von Erfahrung jetzt noch nicht vermag, vermögen vielleicht Andere jetzt oder in der Folge.

§. 199.

Die Erhitzung geht der Verbrennung, so wie der Verkohlung, jedesmal voran. Beide sind durch jene bedingt. Einige entzündliche Körper erhitzen sich schon durch die bloße Berührung der Luft, wie der Phosphor, das Phosphorgas, die Pyrophoren, welche man daher unter dem gemeinschaftlichen Namen Luftzünder begreifen kann.

§. 200.

Alle andere entzündliche Körper müssen vorher durch einen glühenden oder brennenden Körper, oder auch durch Friktion, erhitzt werden, ehe sie sich entzünden und verbrennen können. Einige derselben entzünden sich leichter und schneller, andere schwerer und langsamer.

§. 201.

Während der Erhitzung werden die Theilchen des brennbaren Körpers in einen größeren Raum ausgedehnt und in ihrem Zusammenhange geschwächt. Diese Erhitzung ist das Vorbereitungsmittel seiner Zerstörung, und erleichtert der Luft ihre zerstörende Wirkung.

Je schwächer der Zusammenhang der Theilchen eines Körpers, desto leichter läßt er sich entzünden; von desto kürzerer Dauer ist aber auch die Hitze, die er hervorbringt. So sind die weichen Holzarten, Tannen- und Espenholz z. B., leichter entzündlich als die harten, als Büchen- und Eichenholz. Viele Torf-, Stein- und Braunkohlenarten sind schwerer entzündlich, als das Holz und die Holzkohle. Die Rinde ist leicht entzündlicher als das Splint. Die Textur des Holzes ist am Stamme die dichteste, und diese Dichtigkeit vermindert sich allmälig mehr bis zu den Zweigen und Blättern. Dieser verschiedenen Dichtigkeit entspricht auch die schwerere und leichtere Entzündlichkeit des Stamm- und Scheidholzes, des Reißholzes. Die Festigkeit des Gewebes nimmt bei den Bäumen mit jedem Jahre zu. Das Holz von jungen Bäumen leistet daher weniger Dienste, als das von alten. Ein morsches verrottetes Holz hat viel von seiner brennbaren Materie verloren. Das faule Holz hat fast alle Textur verloren. Wegen seiner Leichtentzündlichkeit bedient man sich desselben, wie des Schwamms, zum Zunder.

Die Eigenschaft der entzündlichen Körper, sich vorzugsweise leicht zu erhitzen, drückt man nur mit andern Worten durch Leichtentzündlichkeit, Leichtverkohlbarkeit aus. Sie beruhet in der verhältnißmäßig schwachen chemischen Anziehung ihrer entzündlichen Grundstoffe, ihres Kohlen-

und Wasserstoffs, und der in letzterem gebundenen Licht- und Wärmematerie.

Das brennbare Gas ist so leicht entzündlich, daß sich selbiges durch den elektrischen Funken entzünden läßt.

§. 202.

Bei hinlänglichem Luftzuge verbrennt der entzündliche Körper mit zunehmender Erhitzung, welche bis zur Gluthitze, bis zum Roth- und Weißglühen verstärkt werden kann.

§. 203.

Diejenigen entzündlichen Körper, welche sich nicht weiter zerlegen lassen, heißen einfache, die zerlegbaren gemischte.

Zu den einfachen gehören Schwefel, Phosphor, Kohlenstoff, brennbares Gas. Wir nennen sie daher entzündliche Grundstoffe.

§. 204.

Unter Kohlenstoff versteht man den rein verbrennlichen Grundtheil der rein ausgeglüheten Kohle, in welcher derselbe noch mit Kalkerde, Laugensalz, Eisentheilen u. a. vermengt ist.

Inzwischen scheinen einige Körper, z. B. die Oele, den Kohlenstoff in reiner Gestalt zu enthalten.

§. 205.

Die gemischten entzündlichen Körper lassen

sich in nähere und entferntere Bestandtheile (oder Grundstoffe) zerlegen, von welchen wiederum einige verbrennlich, andere unverbrennlich sind.

§. 206.

Während des Brennens derselben wird die in ihnen gebundene Licht- und Wärmematerie frei gemacht und in strahlende Bewegung gesetzt, welche wir Feuer nennen.

Die Intensität, Menge oder Dichtigkeit der Wärme und des Lichts stehen mit einander stets in genauem Verhältnisse.

§. 207.

Die Wärmematerie bewegt sich von dem Orte ihrer Entbindung aus in geradlinigter Richtung; und da wo sie in dieser Bewegung aufgehalten wird, fällt sie unter dem Winkel zurück, unter welchem sie auffiel. Diese Reflexion der Wärmestrahlen läßt sich durch Hohlspiegel darthun.

Die Dichtigkeit oder Menge der Wärmestrahlen in einem gewissen Raume bestimmt die Stärke oder Intensität der Hitze. Sie nimmt ab, je weiter sie sich von ihrem Entstehen entfernen. Darauf beruhet die holzersparende Maxime, der Zerstreuung der Hitzestralen durch einen eingeschlossenen Feuerraum vorzubeugen oder die Hitze zusammenzuhalten. Daher kann nichts holzverschwenderischer seyn, als das Holz im Freien auf dem Küchenheerde oder in Kaminen zu verbrennen.

Die größte Intensität der Hitze zeigt die Flamme in ihrer Spitze. Bei Flammenfeuer muß man daher vorzüglich diese zu benutzen suchen.

§. 208.

Aus den Versuchen, daß die entzündlichen Körper in reiner Sauerstoffluft mit hellerem, lebhafterem Glanze verbrennen, und eine beträchtlich größere Hitze geben als in gemeiner Luft, und daß sie von dieser bloß die Sauerstoffluft verschlucken und das Stickgas daraus unverändert abscheiden, folgt, daß letzteres nicht allein nichts zum Verbrennen beiträgt, sondern selbiges die vollkommene Entwickelung des Lichts und der Wärme aus dem Brennmateriale erschwert.

Diese und andere Versuche beweisen, daß die Sauerstoffluft in der Atmosphäre eben so wohl das Verbrennen als das Athemhohlen bewirkt, weswegen man sie auch Feuerluft oder Lebensluft zu nennen pflegt.

Aus jenen Versuchen im Kleinen ergiebt sich, daß man die Brennmaterialien in einem ununterbrochenen Strome von Sauerstoffluft der Verbrennung unterwerfen sollte, um die positive Menge von Licht- und Wärmematerie, welche sie hervorzubringen vermögend sind, zu bestimmen. Wenigstens ist es mir nicht bekannt, daß man schon in der Art Versuche aufzuweisen hätte.

Ich halte sie in gewisser Rücksicht für sicherer und untrüglicher, als die in gemeiner Luft angestellten Versuche. Ich habe mich nemlich durch eigene Erfahrung überzeugt, daß der Grad der hervorgebrachten Hitze hier gar nicht mit der Menge der verzehrten Sauerstoffluft, wie man bisher annahm, in eben demselben Verhältnisse zunimmt, sondern daß das Stickgas, dessen Menge in eben dem Verhältnisse zunimmt, je mehr Sauerstoffluft verzehrt wird, einen beträchtlichen Theil der stets erneuerten Wärme verschluckt; da diese zur Unterhaltung des Feuers überflüssige Luftmasse, die von außen in Verbindung mit dem Sauerstoffgase in den Ofen einströmt, die Erhitzung eben so sehr schwächt, als wenn man im Ganzen mehr äußere Luft in den Ofen eintreten läßt, als zum Verbrennen hinreicht. Wenn man beobachtet, daß in reiner Sauerstoffluft die Hitze ungemein verstärkt wird; so ist dieses schon aus der geringeren Luftmasse begreiflich, welche hier zum Verbrennen hinreicht. Die Hitze kann sich also weniger zerstreuen und wird mehr Intensität behalten.

Die Feuerungskunst würde also ohne Zweifel den höchsten Grad der Vervollkommnung erreicht haben, wenn es ihr gelänge, von der Sauerstoffluft zum Verbrennen eine ökonomische Anwendung zu machen. Wenigstens glaube ich, daß dieses in manchen Fällen mit Vortheil in Ausführung zu bringen wäre. Man darf z. B. nur eine mit Braunstein gefüllte eiserne Büchse im Feuerraume anbringen, welche mit einem Rohre versehen ist. Durch dieses nun kann man die aus dem Braunstein entbundene Sauerstoffluft entweder unmittelbar in denselben Feuerraum zurückführen, oder in einen entlegneren. Eine genau schließende Ofenthür würde wenig äußere Luft einlassen. Bei dem Nachlegen von neuem Brennmaterial, welches hier öfter würde geschehen müssen, ist freilich der Eintritt von äußerer Luft unvermeidlich. Indeß würde dieser doch nur von unbedeutender Dauer seyn; und es wäre vielleicht schon Vortheil genug, wenn nur 1 Theil Sauerstoffluft (angenommen) mit 2 Theilen atmosphärischer zusammenträfe. Da ich aber noch keinen Versuch dieser Art gemacht habe; so kann ich es auch nur für eine bloß hingeworfene Idee ausgeben.

Eben diese Absicht wird man erreichen, wenn man das Brennmaterial mit solchen Körpern in Berührung erhält, welche reich an Sauerstoff sind und denselben in der Hitze leicht fahren lassen. Dahin gehört der Flußspat und Salpeter. Ersterer wird schon in dieser und einer andern Absicht zum Ausschmelzen einiger Erze im Großen angewandt.

Um den Kohlenstoffgehalt der verschiedenen Kohlenarten auszumitteln, hat man sich auch bei diesen Versuchen des Salpeters bedient, welcher damit weniger oder mehr lebhaft verpufft.

§. 209.

Lavoisier nimmt an, daß alle Wärme und alles Licht bei dem Verbrennen bloß aus der Sauerstoffluft der Atmosphäre abgeschieden wird, indem nach ihm der Grad der hervorgebrachten Hitze jedesmal mit der Menge der verzehrten Luft in genauem Verhältnisse stehet.

Nun läßt sich aber in den Luftarten nicht füglich mehr Wärmematerie vermuthen, als diejenige beträgt, welcher sie zu ihrer Gasgestalt bedürfen. Daß gerade die Sauerstoffluft hiervon eine Ausnahme machen sollte, läßt sich eben so wenig vermuthen als erweisen. Diese Wärme wird frei gemacht, wenn sie aus dem Gaszustande in den gebundenen übergehen, und wieder gebunden, wenn sie aus dem letzteren in den ersteren Zustand zurücktreten. Wenn also die Sauerstoffluft mit dem Kohlenstoff zur Kohlensäure, und mit dem Wasserstoff zum Wasser sich umbildet; so wird ihre Wärme vorher frei gemacht. Diese kann aber nicht auf das Thermometer wirken, weil sie in eben dem Momente wieder von der Kohlensäure gebunden wird, und sie in den Gaszustand versetzt. Hierzu kommt, daß das Wasser ebenfalls einen Theil Wärme verschluckt, und damit als Dunst erscheint.

Nach diesem Vorgange würde, wenn nicht alle Wärmematerie aus dem Brennmaterial selbst entstünde, das Verbrennen eher eine Verminderung als Vermehrung der freien Wärme zur Folge haben, oder vielmehr gar kein wirkliches Verbrennen, allenfalls nur ein Lichtschein Statt finden können.

§. 210.

Die Stahlianer suchten die Erscheinungen,

welche wir Feuer nennen, durch die hypothetische Voraussetzung eines in den brennbaren Körpern gebundenen Phlogistons zu erklären. Dieser Voraussetzung entspricht die Benennung: dephlogistisirte Luft, statt Sauerstoffluft nach Lavoisier.

§. 211.

Van Mons, Crell u. a. leiten die Entbindung der Wärme vorzüglich, oder lediglich von dem zerstörten Brennmaterial selbst ab, in welchem sie nur in verschiedener Intensität vorher gebunden lag.

Eben so urtheilt Franklin: (s. dessen Briefe, S. 346.) „Alles Feuer, sagt dieser, was durch das „Verbrennen des Holzes u. a. Brennmaterialien „losgelassen wird, existirt vorher in ihnen in einem „gebundenen Zustande, und wir entdecken und em„pfinden solches nur bei dessen Separation. — „Einige Fossilien, Schwefel, Steinkohlen u. a. „enthalten sehr viel gebundenes Feuer, und was „in Kurzem von ihnen bei dem Verbrennen zer„streuet wird und davon flieht, ist (Wasser und „Erde ausgenommen) mehrentheils diejenige Luft „und das Feuer, welche zuvor Bestandtheile des „ganzen Körpers ausmachten.“

§. 212.

Daß die Hitze, so wie das Licht, bei dem Verbrennen aus dem Brennmaterial selbst entbunden wird,

wird oder in ihnen schon gebunden liegt, beweisen folgende Erfahrungen:

1) Es ist eine bekannte Thatsache, daß eine Mischung von regulinischen Eisenfeilspänen und Schwefel, wenn man sie mit etwas Wasser anfeuchtet, sich bis zum Rothglühen erhitzt, wenn auch alle äußere Luft ausgeschlossen ist.

2) Daß die Feuchtigkeit hier vermöge ihres Sauerstoffes bloß die Abscheidung der Licht- und Wärmematerie begünstiget, ohne zu ihrer Erzeugung beizutragen, lehrt folgender Versuch ohne Beihülfe von Feuchtigkeit: Man vermengt 1 Theil Schwefel mit 3 Theilen Kupferfeile, schüttet sie in eine gläserne Röhre, erwärmt den damit angefüllten Theil derselben durch ein mäßiges Kohlenfeuer, wodurch die Masse erst zusammen sintert. Nachher blähet sie sich und kommt unter Entwickelung von Schwefeldämpfen in ein sehr lebhaftes Glühen, ohne, weil die Luft ausgeschlossen ist, Flamme zu geben, und das Glas giebt einen hellen Schein von sich.

3) Das Leuchten des Phosphors in Stickgas.

4) Man sieht die im verschlossenen Raume erhitzte Kohle eben so wohl glühen als an der Luft.

5) Ich unterhielt mit der blauen Flamme des einfachen brennbaren Gases, welches eine vorzüglich starke Ziehkraft zum Sauerstoffe der Atmosphäre zeigt, ein zweistündiges in einem Feuerkasten eingeschlossenes Flammenfeuer, und stellte einen eisernen Topf mit kaltem Wasser über die Flamme. Es war dem Sieden nahe. Ich wiederholte diesen Ver-

such unter fast gleichen Umständen, und erhielt dasselbe Resultat. Bei der Flamme des gemischten brennbaren Gases kam dieselbe Wassermenge unter gleichen Umständen nach $\frac{3}{4}$ Stunden ins Kochen. Unterhielt ich aber statt jenes Luftfeuers das Feuer mit Birkenholz; so kam das Wasser in $\frac{1}{2}$ Stunde ins Kochen, obgleich (dem Augenmaße nach) die Flamme jetzt die Hälfte kleiner war und erhalten wurde als dort.

Das brennbare Gas verzehrt fast noch einmal so viel Sauerstoffluft als die Kohle; und dennoch hat die dadurch erzeugte Hitze weniger Intensität als die vom Kohlenfeuer; da sie doch fast noch einmal so groß seyn müßte, wenn Lavoisier's Behauptung gegründet wäre.

Indeß kommt in diesem Falle die starke Absorption und Zerstreuung der Hitze durch das frei gemachte Stickgas in Betracht, wovon ich bereits gesprochen habe.

Erstes Kapitel.

Allgemeine Betrachtungen über gewöhnliche Feuerungen und Feuerungsgefäße.

§. 213.

Die Erhitzung der entzündlichen Körper im luftdichten Raume lehrt uns, daß alle diejenigen unter ihnen, welche unter dem Zutritte der Luft mit Flamme brennen, entweder ihrer ganzen Substanz nach flüchtig sind, oder in der Hitze flüchtige Theile enthalten, und daß das völlig abgedampfte oder verkohlte Holz (Holzkohle) keine Flamme mehr giebt.

Dieser Dampf ist also als die Nahrung der Flamme, und diese als der brennende Dampf zu betrachten.

Wenn man nun das Holz u. a. unter dem Zutritte der Luft erhitzt; so fängt selbiges an zu dampfen (zu verkohlen), und bei zunehmender Erhitzung bricht dieser Dampf in Flamme aus.

§. 214.

Allein dieser Dampf verbrennt nie vollkommen, sondern ein Theil desselben entgeht der Flamme als Rauch.

Dieser Rauch ist nun zwar in seinem Entstehen als ein unverbrannter noch entzündlicher Ueberrest jenes ersten Dampfs, der die Flamme nährte, zu betrachten; vermengt sich aber sogleich nach seinem Entstehen mit den Produkten des Verbrennens selbst. Diese sind: Wasserdunst, Stickgas und kohlensaures Gas; welche, da sie an sich unverbrennlich sind und die Entzündung verbrennlicher Körper erschweren, dem Rauche die Leichtentzündlichkeit benehmen, so daß derselbe vielmehr die Flamme eines anderen Körpers erlöschen macht, und sich eben so wenig durch Kohlenfeuer zur Flamme entzünden läßt, sondern letzteres vielmehr erschweret.

Daß er aber wirklich noch entzündliche Partikeln enthält, sehen wir an der Entzündlichkeit des Rußes, welchen der Rauch absetzt; indem dieser noch mit Flamme und vielem Rauche verbrennt; wir sehen es ferner an dem Rothglühen desselben bei einem hohen Grade von Erhitzung (dem sogenannten rothen Wolfe), einem Verglühen seines Kohlenstoffs, welcher auch im Ruße den Hauptbestandtheil bildet.

Hieraus folgt, daß man den Rauch nicht mit jenem Dampfe verwechseln oder ihn von einerlei Beschaffenheit mit jenen im verschlossenen Raume erzeugten Dämpfen halten darf. Hierzu kommt, daß sich aus dem Rauche, er sei unter dem freien oder erschwerten Zutritte der Luft erzeugt, kein brennbares Gas abscheiden läßt, und in dem Rauche beträchtlich mehr Kohlendampf enthalten ist, als in jenem, welcher an sich schwerer entzündlich ist als jenes Gas.

Die Idee eines rauchverzehrenden Ofens darf man mithin nicht etwa dadurch zu realisiren hoffen, daß man den Rauch wieder mit dem Feuer in unmittelbare Berührung setzt, um ihn durch dieses verbrennen zu lassen *).

Diese Idee läßt sich nach meinem Erachten, wiewohl nur unvollständig, auf die Weise realisi-

*) Eine nach dieser Idee abgefaßte gedruckte Beschreibung kaufte ich vor 2 Jahren, mit dem falschen Namen einer neu erfundenen Thermolampe verbrämt.

ren, daß man den Rauch in einer vom Feuer abgeschlossenen blechernen Büchse oder Röhre wieder durch das Feuer hindurch führt, um ihn einer neuen Erhitzung und Verglühung seines Kohlenstoffs zu unterwerfen. Hierin besteht das Wesentliche der rauchverzehrenden Oefen oder Fumivores, erfunden von Thilorier. S. Annales des arts et manufactures, Tom. II. an. VIII.

§. 215.

Die entzündlichen Rauchpartikeln, die öligen Dämpfe, sind aber mit Kohlendampf überladen und im Wasserdunste, so wie in Gasarten, welche das Feuer ersticken, eingehüllt, so daß sie sich bei dieser Vorrichtung nicht mit Flamme entzünden können.

Ein vollkommnes Verbrennen des Rauchs würde also nur alsdann Statt finden, wenn es möglich wäre, den Wasserdunst und die öligen Dämpfe des Rauchs dadurch, daß man sie durch die ins Glühen gesetzte Büchse oder Röhre hindurchstreichen läßt, in brennbares Gas zu zerlegen, und auf solche Weise die Menge der verbrennlichen und leicht entzündlichen Theile im Verhältnisse zu den unverbrennlichen, so wie zu den schwerer entzündlichen Kohlendämpfen zu vermehren.

Da aber die Luft zu dieser Büchse Zutritt hat, oder der Luftzug mit hindurch geführt ist; so kann wegen dieses Umstandes keine Zersetzung Statt finden.

Denkt man sich auch diesen Umstand hinweg; so würde das Eisen bald rostig werden und dadurch seine Fähigkeit verlieren, Wasserdunst zu zersetzen.

§. 216.

Wenn also die vollkommne Verbrennung des Rauchs auf diese Weise nicht erreichbar ist; so kann doch das Verunreinigen des Ofens von Ruße dadurch, wenn auch nicht gänzlich, verhütet werden. Der Hauptbestandtheil desselben, der Kohlenstoff, wird nemlich theils schon im Rauche verglühet, theils derjenige, welcher sich als Ruß absetzt, durch die starke Erhitzung der Rauchzüge zum Verglühen gebracht; wobei dessen ölige Theile von neuem verflüchtigt werden.

Der Ruß erschweret das Durchdringen der Hitze durch die Ofenwände. Der Ofen würde sich also immer gleich gut heizen, der Luftzug sich immer gleich bleiben. Ueberdem gewährt ein solcher Ofen den Vortheil, daß der Ofenaufsatz schneller und stärker erhitzt wird. Nur muß man darauf bedacht seyn, daß der Geruch des glühenden Rußes nicht die Rauchröhren durchdringen kann.

§. 217.

Obgleich also die rauch- und rußverzehrenden Oefen reellen Vortheil gewähren; so würden doch unläugbar diejenigen Oefen einen Vorzug vor ihnen behaupten, welche die Entstehung des Rauchs, wo nicht gänzlich, doch größtentheils verhüten, oder, mit anderen Worten, ein vollkommneres Verbrennen bewirken.

Wir beobachten, daß das Holz wenig Hitze giebt, wenn es mit vielem Rauche und weniger Flamme brennt, und umgekehrt, daß selbiges desto mehr Hitze hervorbringt, je reiner es mit Flamme verbrennt und je weniger Rauch es zurückläßt. Die besten Sparöfen sind also unläugbar diejenigen, welche den Rauch verhüten.

§. 218.

Um aber die Frage zu entscheiden: wie sich der Rauch verhüten läßt, müssen wir auf die Ursachen seiner Entstehung, d. i. des unvollkommnen Verbrennens zurück gehen.

Diese Ursachen sind:

§. 219.

Erstens: die Beschaffenheit der Brennmaterialien selbst. *)

Die Ursachen ihrer rauchgebenden Eigenschaft sind: a) ihre Feuchtigkeit, b) schleimige Theile, c) Schleimsäure, d) Ueberfluß oder große Flüchtigkeit ihres Kohlenstoffs, e) schwache Ziehkraft zum Sauerstoffe, f) schwammige Textur, g) Verunreinigung mit erdigen und metallischen Theilen.

*) Ich muß hier ein für allemal anmerken, daß ich unter Brennmaterialien sowohl die Heiz = als Lichtmaterialien begreife.

§. 220.

Die Feuchtigkeit des Brennmaterials verschluckt als guter Wärmeleiter zu ihrer Verflüchtigung viel Hitze, und erschwert die Erhitzung desselben, mit welcher der Grad der Verbrennung im genauen Verhältnisse steht. Daher kann selbiges nicht eher in Brand gerathen, als bis der größere Theil der Feuchtigkeit durch die Hitze ausgetrieben ist.

Nasses, grünes, frisch gefälltes Holz giebt daher viel Rauch, wenig Flamme, wenig Hitze. Ein altes unverdorbenes Oel giebt weniger Rauch als ein frisches, weil dessen Feuchtigkeit allmälig verdunstet.

§. 221.

Die schleimigen Theile und die Schleimsäure (ranzige Säure) ist die vorzügliche Ursache des Rauchens der fetten Oele.

Durch allmäliges Verdunsten ihrer Wässerigkeit auf dem Lager verdicken sich die schleimigen Theile, und fallen daher zu Boden. Diese sind der Grund ihrer schmierigen Eigenschaft. Daher verlieren sie diese durch das Alter.

Bei dem Auspressen der fetten Oele wird zugleich aus den Hülsen der Samenkerne ein Theil Harz mit ausgepreßt und vermischt sich mit ihnen. Daher enthalten sie eine größere oder geringere Menge harziger Theile, welche an sich genommen zwar mit lebhafter Flamme, aber mit vielem

Rauche verbrennen. Die harzreicheren Oele, welche vermöge ihres Harzes auch eine austrocknende Eigenschaft haben, verbrennen daher mit mehrerem Rauche. So geben Lein- und Hanföl mehr Rauch als Rüböl, Rüböl mehr Rauch als Baumöl, Holz- und Erdöl mehr Rauch als alle diese Oele.

Ein ranziges Oel giebt mehr Rauch als ein unverdorbenes und verbrennt schneller.

§. 222.

Man hat allerlei Mittel vorgeschlagen, um den fetten Oelen das Rauchen zu benehmen, die vorzüglich dahin gerichtet sind, denselben den Schleim zu entziehen. Ich habe sie alle versucht und kann darüber folgendes mittheilen.

1) Das Schütteln des Oels mit Sand und Wasser. Ein Theil des Oels bleibt am Sande hängen und man erleidet einen Verlust an Oel. Ich ließ es 3 Tage lang auf dem warmen Ofen stehen und schüttelte es oft durch einander. Aber es dampft nach wie vor.

2) Das Schütteln mit Salzwasser. Der Salzaufwand macht das Oel theurer, und es wird dadurch wenig verbessert.

3) Trocknes Kochsalz nimmt die Feuchtigkeit aus dem Oele in sich, sondert sich aber nicht gänzlich wieder daraus ab.

4) Concentrirte Schwefelsäure dem Oele zugemischt, verdickt eine verhältnißmäßige Menge desselben zu einer harzigen Masse, indem sie ihm

Kohlenstoff entzieht. Auf solche Weise kann man das Oel zum Gebrauche auch gänzlich, wenn man mehr Schwefelsäure nimmt, unbrauchbar machen. Das übrig bleibende nicht verdickte Oel brennt mit Knistern, weil sich die Säure nicht rein wieder ausscheiden läßt, und raucht fast noch mehr wie vorher.

5) Das einfachste und zuverlässigste Mittel, welches ich statt aller anderer in Vorschlag bringe, ist: das Kochen des Oels mit Wasser.

Versuch: Ich goß 2 Theile Wasser und einen Theil Rüböl in einen irdenen Topf, erhitzte sie bis zum Kochen und ließ sie ein paar Minuten in einem bedeckten Topfe fortsieden. Alsdann wurde das Oel so weit vom Wasser oben abgegossen, als es noch ohne Wasser ablief. Das übrige Oel wurde mit Baumwolle aufgetaucht und ausgequetscht. Auf diese Art geht nichts vom Oele verloren. Man kann sich auch zum Abhellen des Oels eines im Boden durchlöcherten Topfs bedienen, dessen Loch mit einem Korkstöpsel versehen ist. Diesen durchsticht man mit einer Nadel, wo alsdann das Wasser abtröpft und das Oel zurückbleibt. Um aber die Feuchtigkeit gänzlich vom Oele zu entfernen, muß man es mehrere Stunden lang auf dem warmen Ofen ausdunsten lassen.

Es hatte den üblen Geruch fast gänzlich verloren, den es vor dem Kochen hatte. Vorher brannte die Flamme (vom ungekochten Oele) von gewöhnlicher Größe mit Rauch, mit einem Schatten in der Spitze und unruhig. Bei kleinen Dochten war das Rauchen zwar fast unmerklich, wurde aber sogleich sichtbar, sobald die Lampe bewegt wurde. Vom gekochten Oele brannte die Flamme, groß und klein, gleich ruhig, und ohne Schatten in der Spitze, heller und ohne Rauch, selbst alsdann, wenn sie bewegt wurde. Es übertraf also hierin das Baumöl.

Zwei Loth vom ungekochten Oele waren, mit einem runden Dochte von gehöriger Dicke, in einer ordinären Lampe verbrannt in 4 Stunden; — mit einem zweimal dünneren Dochte im Oele schwimmend, in 12 Stunden.

Zwei Loth vom gekochten Oele, eben so verbrannt wie im letzteren Falle, waren verbrannt in 10 Stunden, 35 Minuten. Hier hatte sich in 2 Stunden noch keine Schnuppe erzeugt, die dort schon nach ½ Stunde entstanden war.

Das abgekochte Oel hat also in einer Rücksicht mehr Güte, in anderer aber, im sparsamen Verbrennen, weniger Güte.

§. 223.

Man hat gefunden, daß sich die Lichtmaterialien in der Consumtion folgendermaßen gegen einander verhalten:

Zwei Loth	Rüböl	brannten	6 Stunden,	18	Min.
"	Baumöl *)	"	5.	" 32.	"

*) Das Baumöl brannte aber unter andern Verhältnissen; darum möchte ich dieses hier als Vergleich ausschließen.

Zwei Loth Thran und Leinöl brannten	6.	=	18.	=
= = Sonnenblumenöl	7.	=	57.	=
Von $2\frac{1}{2}$ Loth ein Licht von reinem Hammeltalg =	6.	.	29.	=
Oder: Zwei Loth, 20. Gran ein Licht von Hammel- und Rindstalg =	4.	=	—	=

§. 224.

Einige Bemerkungen über die Dochte.

Die besten Dochte sind bekanntlich die dünnen und breiten oder hohlen, weil hier die Luft die Axe der Flamme durchstreichen kann. Sie sind auf solche Art die besten Verbesserungsmittel schlechter Brennöle. Denn mit einem solchen Dochte geben sie keinen Rauch, wenn man das Docht nicht zu weit über den Niveau des Oels herauszieht.

Das Docht brennt räthlicher, wenn man selbiges in Salzwasser taucht und trocknet.

Bestreicht man das Docht mit Wachs, oder Wachs und Wallrath; so brennt es viel räthlicher, so daß man ein solches Docht bei Rüböl nur alle 3 bis 4 Stunden zu schnuppen braucht. Läßt man ein Stückchen Kampher mit dem Wachse zergehen, so brennt es heller.

Am räthlichsten brennen die Dochte, wenn sie aus Asbest oder auch Amianth und Baumwolle verfertigt sind.

Die besten Sparlampen sind diejenigen, wo das Docht immer etwas weniges über der Oelfläche erhaben bleibt, und das Oel sich nicht von der Flamme erwärmt. Das Oel brennt am räthlichsten, wenn das Oelgefäß von kaltem Wasser umgeben ist.

§. 225.

Die große Flüchtigkeit des Kohlenstoffs in den Brennmaterialien ist eine häufige Ursache ihres unvollkommnen Verbrennens.

Diese läßt sich am sichersten nach der Menge von Ruß taxiren, welche die Brennmaterialien absetzen. Den meisten Ruß liefert Kiefern-, dann Fichten- und Tannenholz, u. s. f.

§. 226.

Die schwammige Textur des entzündlichen Körpers, sagte ich ferner, giebt ebenfalls einen Anlaß zum unvollkommnen Verbrennen ab. Die Ursache scheint in ihrer ursprünglich schwachen oder geschwächten Ziehkraft zum Sauerstoffe gesucht werden zu müssen. Dahin gehören: Schwämme, faules Holz, manche Torfarten, die ohne Flamme, aber doch mit Rauch verglimmen.

Das aufgeschwämmte geflößte Holz hat weniger Güte, als das ungeflößte, und giebt mehr Rauch.

§. 227.

Die Verunreinigung mit erdigen oder metallischen Theilen findet nur bei den Steinkohlen, Braunkohlen und Torfarten Statt.

§. 228.

Die eigenthümlich schlechte Beschaffenheit des Brennmaterials ist eine Unvollkommenheit, welche sich einzig und allein durch Veredlung desselben beseitigen läßt.

Es übertrifft gewiß alles, was sich von der Kunst erwarten läßt, wenn sie die Idee mit Glück realisirte, die Brennmaterialien zu veredeln und sie dadurch zum vollkommenen Verbrennen geschickt zu machen. Man wird von selbst errathen, daß diese Veredlung durch nichts anderes bewerkstelligt werden kann, als durch die Verkohlung derselben im verschlossenen Raume, ehe man sie der Verbrennung unterwirft.

Hier wird ihr Schleim, ihre Schleimsäure vorher zerstört, ihre Feuchtigkeit vorher nieder geschlagen, ihr überflüssiger Kohlenstoff getrennt, ihre Ziehkraft zum Sauerstoff der Atmosphäre verdoppelt, der flüchtigere Flamme gebende Theil von der feuerbeständigeren Kohle geschieden, und beide ihrer verschiedenen Natur gemäß besser benutzt, so daß nichts unverbrennt und ungenutzt verloren geht.

Selbst solche Körper, welche so wenig Entzündlichkeit besitzen, daß sie als Brennmaterialien im rohen Zustande nicht genutzt werden können, werden dadurch brauchbar. Daher verdienen die

Verkohlungsöfen den Namen: Gas und Dampf verzehrende Oefen mit Recht.

§. 229.

Jedoch wird dieses vollkommne Verbrennen absichtlich beschränkt, wenn man die Dämpfe vorher abkühlt und die Menge der Flamme gebenden Theile dadurch verringert; indem die daraus gewonnenen Produkte oft nützlicher verwandt werden können, als wenn man sie gänzlich verbrennt.

Zur Verdampfung oder Verkohlung des Holzes u. a. kann man sich entweder dieser brennbaren Dämpfe selbst, oder der gewonnenen Kohle oder beider zugleich bedienen. Hier ist die Absicht des vollkommnen Verbrennens erfüllt. Um aber die Verkohlung schneller in Gang zu setzen, ist das Holzfeuer wirksamer als Kohlenfeuer. Wenn man sich also zu Anfang der Feuerung und zum Feueranmachen des rohen Holzes bedient, so wird der Rauch und die Verunreinigung des Ofens vom Ruße doch nicht gänzlich vermieden. Die Verkohlungsöfen helfen also jenen Unvollkommenheiten gewöhnlicher Oefen nur größeren Theils ab.

Will man die Kohlen zu anderen Heizungen oder zu anderen Zwecken gewinnen; so sieht man sich genöthigt, ein unverkohltes Brennmaterial statt derselben anzuwenden, und entbehrt lieber des Vortheils, welcher aus der Vermeidung des Rauchs entsteht.

Wenn die Verkohlung beendigt ist und die Feuerung sogleich fortgesetzt werden soll; alsdann hat man keine Kohlen mehr und muß sich zum Nachfeuern wieder eines rohen Materials bedienen. Die Rauchkamine sind daher durch diese Oefen nicht gänzlich, wiewohl zum Theil entbehrlich.

Die Kohlen, die man täglich selbst gewinnt, gestatten, daß man einen Ofen an Stellen anbringen kann, wo kein anderer aus Mangel eines nahen Kamins anzubringen ist. Auch da, wo das Rauchkamin einen schlechten Zug hat, und oft zur Verbreitung des Rauchs in den Gebäuden Anlaß giebt, wird dieser Beschwerde durch das Brennen der gewonnenen Kohle abgeholfen.

§. 230.

Die zweite Ursache des unvollkommnen Verbrennens ist:

Eine unvollkommne Erhitzung des Brennmaterials.

Je mehr die Erhitzung daher zunimmt, desto mehr Flamme, desto weniger Rauch. Zu Anfang der Feuerung entzieht die niedrige Temperatur der Ofenwände, der Luft im Ofen, dem Brennmaterial noch zu viel Hitze. Das Verbrennen ist unvollkommner als bei fortgesetzter Feuerung, wo die Hitze steigt.

Ein allmälig unterhaltenes Feuer ist daher holzersparender als ein unterbrochenes, und der höchste

Grad

Grad von Hitze läßt sich nur durch anhaltendes Feuern erreichen.

Ein Ofen, der nicht täglich geheitzt wird, nimmt eine niedrigere Temperatur an, und das Holz brennt so lange schlecht darin, bis er erst wieder hinlänglich erhitzt ist. Es kann nichts holzverschwenderischer gedacht werden, als wenn man einzelne Backöfen, die der freien Luft ausgesetzt sind, noch in mehreren Gegenden auf dem Lande antrifft, wo manchmal fast ein jeder Einwohner seinen eigenen Ofen heizt. Man spricht so viel über holzersparende Stubenöfen; man sollte aber zuerst die Holzverschwendung im Großen beseitigen. Von Seiten der Landesregierung ließe sich jener Mißbrauch leicht einstellen, wie es auch in anderen Ländern bereits geschehen ist. Wenigstens läßt sich diese Verschwendung mit dem wohlfeilen Holzpreise nicht entschuldigen.

Zur unvollkommnen Erhitzung tragen bei: a) die Feuchtigkeit oder schlechte Beschaffenheit des Brennmaterials, seine schwere Entzündlichkeit, wovon bereits Erwähnung geschehen ist; b) ein schwacher Luftzug; c) Zerstreuung des brennbaren Dampfs.

§. 231.

Ein Brennmaterial, welches vermöge seiner schlechten Beschaffenheit, seiner schweren Entzündlichkeit schlecht und mit vielem Rauche brennt, z. B. mehrere Arten von Erdkohle (Steinkohle,

Braunkohle) und von Torf, kann man mit Vortheil durch ein anderes darunter oder daneben angebrachtes Feuer vollkommner erhitzen.

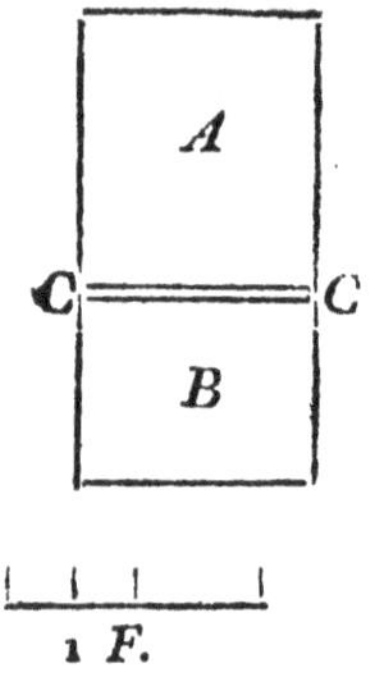

Erklärung der Zeichnung.

A. Der obere Feuerraum, im Querdurchschnitt.

B. Der untere, welche durch den Rost C. C. getheilt sind.

Der untere dient zugleich zum Aschenkasten.

Um das Holz durch ein daneben angebrachtes Feuer zu verkohlen, hat Thilorier einen Rauch verzehrenden Ofen angegeben, welcher mit einem liegenden und perpendikulären Roste versehen ist.

Ich kann aus eigener Erfahrung darüber kein Urtheil fällen, und enthalte mich daher desselben.

Durch die Erhitzung des Aschenkastens B. wird der Luftzug, der von vorne in selbigen hinein geführt ist, ungemein verstärkt. Der Rost glühete schon nach der ersten Viertelstunde der Feuerung, und der Luftzug war dem Gebläse ähnlich.

Die Anwendung folgt hieraus von selbst.

§. 232.

Wenn das Holz und der brennbare Dampf durch einen engen Feuerraum zusammengedrängt wird; so wird sich weniger als Rauch zerstreuen und die Erhitzung höher steigen als in einem weiten.

§. 233.

Die dritte Ursache des unvollkommnen Verbrennens ist: ein zu schwacher Luftzug.

Vom Luftzuge hängt die Stärke der Erhitzung ab. Ist er schwach, so sieht man das Holz verschmauchen und es giebt wenig Hitze, wenig Flamme. Je stärker der Luftzug, desto höher und schneller steigt die Hitze, desto lebhafter und größer wird die Flamme, desto vollkommner das Verbrennen seyn.

Ein mit einem starken Luftzuge versehener Ofen hat daher einen wichtigen Vorzug. Den starken Luftzug eines Ofens kann man mäßigen, den schwachen aber nachgehends nicht nach Erforderniß verstärken.

Ein starker Luftzug wird hervorgebracht:

§. 234.

Erstens durch Abschließung jeder zum Verbrennen überflüssigen atmosphärischen Luft.

Damit also nicht mehr Luft eintreten kann, als zum Verbrennen erforderlich ist, läßt man die Luft durch eine ganz enge Oeffnung einströmen, deren Weite der Größe der Feuerung angemessen ist. Bei größeren Feuerungen muß man auch wohl dem Feuer von mehreren Seiten durch mehrere Oeffnungen Luft zuführen. Die Luft nimmt eine beschleunigte Bewegung an, wenn sie genöthigt ist, durch eine enge Oeffnung einzutreten oder sich aus dem weiteren Raume durch den engeren fort zu bewegen. Bei einer größeren Luftöffnung, wenn man z. B. die Einheizthür aufläßt, strömt mehr Luft ein, als verzehrt wird, und diese füllt den durch die Hitze verdünnten Luftraum ruhig aus. Wir sehen daher den Luftzug sogleich geschwächt und das Feuer in Unordnung gerathen.

Zur Verstärkung des Luftzugs dienen auch besondere Luftkanäle, die trichterförmig anfangen und verschmälert nach dem Feuerraum hinlaufen.

Nach den bisherigen Bemerkungen und anderweitigen Erfahrungen müssen, wenn die Brennmaterialien möglichst vollkommen verbrennen sollen, folgende Bedingungen erfüllt werden: 1) das Feuer muß in einem eingeschlossenen Raume brennen; 2) jede zum Verbrennen überflüssige Luft muß vom Feuer ausgeschlossen werden; 3) die Luft muß mit beschleunigter Bewegung und unter einer vortheilhaften Richtung eintreten; 4) die Produkte des Verbrennens, die wir gewöhnlich Rauch nennen, müssen einen freien Abzug haben.

Durch einen starken Luftzug wird das Brennmaterial mit der atmosphärischen Luft in häufigere Berührung gesetzt, vollkommner zersetzt und daher seine Licht- und Wärmematerie vollständiger entwickelt. Die Flamme zeigt alsdann eine größere Lebhaftigkeit und Helligkeit und strahlt mehr Hitze aus. Am auffallendsten bemerken wir dieses vor dem Gebläse und dem Löthrohre. Unter einem schlechten Luftzuge verbrennt das Holz u. a. mit vielem Rauche.

Der Nachtheil eines schlechten Luftzuges wird dadurch noch vergrößert, daß der Rauch und die das Feuer erstickenden Luftarten langsam abziehen, sich also im Ofen anhäufen und den Lufteintritt und das Verbrennen noch mehr erschweren. Daher brennen auch die Lichter im dichten Rauche nur roth und drohen fast zu erlöschen.

Je stärker der Luftzug, um desto schneller durchströmen die erhitzten Luftarten und der Rauch den Ofenraum und die Zugkanäle, und kühlen sich um so langsamer ab; woraus folgt, daß man den Hitzzügen auch eine der Größe der Feuerung und der erforderlichen Stärke des Luftzuges angemessene Ausdehnung zur vollständigeren Benutzung der Hitze geben muß.

Der Abgang des Rauchs wird durch das Verunreinigen der Rauchzüge vom Ruße erschwert. Der Ofen fängt alsdann an schlecht zu ziehen und das Feuer schlecht zu brennen.

Die Luft bleibt in (relativer) Ruhe, wenn sich ihre Temperatur überall gleich verhält. Das Gleichgewicht der Luftmassen wird aufgehoben, (oder die Luft in Bewegung gesetzt), wenn ihre Temperaturen verschieden sind. Die Luft bewegt sich demnach mit desto größerer Geschwindigkeit, je mehr sich die Temperaturen der Luftmassen entfernen. Zu Anfange der Feuerung ist daher der Luftzug schwächer und wächst mit zunehmender Erhitzung. Es ist aber ein Merkmal eines gut construirten Ofens, wenn er schnell in Zug gesetzt werden kann.

Die kältere Luft bewegt sich nach der erwärmten hin. Indem nemlich die Luft durch Erwärmung ausgedehnt wird oder einen größeren Raum einnimmt, strömt die dichtere, kältere Luft nach jenem Raume hin, um ihn gleichmäßig zu erfüllen. Die Oefen und Kamine sind hier der wärmere Raum. Durch das Zulegen der Kamine unterhalb der Mündungen der Rauchröhren schneidet man die kalte Luft ab, welche sie abkühlt. Die Oefen gewinnen dadurch an Zug. Geräucherte Speisen können in solchen Kaminen nicht leicht erfrieren. Der Ruß kann sich darin nicht leicht entzünden, höchstens nur verglimmen; weil der Luftzutritt von unten abgeschnitten ist, und der durch den Ofen geführte Luftzug leicht abgeschnitten werden kann. Der Rauch im Hause und in der Küche wird dadurch verhütet. Die Küchen lassen sich dadurch als Gesindestuben benutzen, weil sie erwärmt bleiben.

§. 235.

Vortheilhafteste Richtung des Luftzuges.

Man kann die Luft zum Feuerheerde des Ofens in verschiedener Richtung, wie hier folgt, eintreten lassen: 1) von unten nach aufwärts; 2) von vorne nach hinten, d. i. von der Einheizöffnung nach dem ihr entgegen gesetzten Ausgange des Rauchs; 3) von oben nach unten; 4) mitten in einer Seitenwand des Ofens, wie bei Queröfen.

1) Lufteintritt von unten nach oben.

Dieser ist der Natur des Feuers, aufwärts zu steigen, am angemessensten, und für die mehresten Feuerungen am passendsten.

Zu diesem Behufe ist ein Aschenkasten und ein Rost erforderlich, durch dessen Zwischenräume die Luft aufwärts steigt.

Der Rost gewährt einen doppelten Vortheil. Der erste gründet sich auf die Erfahrung, daß, wenn man die Luft durch mehrere enge Oeffnungen in den Feuerheerd eintreten läßt, der Luftzug dadurch um vieles verstärkt wird. Leitet man die Luft von unten aufwärts, so muß man sich zu dem Ende eines liegenden Gitters (Rostes) oder, wenn die Luft von vorne eintreten soll, eines stehenden Gitters in der Ofenthür bedienen.

Der zweite Vortheil des Rostes besteht darin, daß er die Stelle eines Siebes vertritt, durch welches die Asche von der Kohle geschieden wird, welche der Luft den freien Zutritt zur Kohle erschwert und ihr vollkommenes Verbrennen verhindert. Denn wir sehen, daß die Kohle unter der Asche sehr langsam verglimmt.

Zu dem Ende darf der Rost nicht zu eng und nicht zu weit seyn. Ist er zu eng, so legt er sich bald zu von Asche, und diese erschwert nun das Einströmen der Luft zum Feuer, womit ein unvollkommnes Verbrennen unzertrennlich verbunden ist. Ist er zu weit, so fallen glühende Kohlen mit der Asche durch, die entweder unverbrannt in derselben zurückbleiben und sie verunreinigen, oder doch, wenn sie auch verglimmen, für die Benutzung verloren gehen.

Eine lockere Asche, wie die Holzasche, wird von den Kohlen durch den Luftzug weggeblasen und fällt leichter durch als eine schwerere Asche, z. B. die von Torf oder Steinkohlen, welche sich so dicht an einander legt, daß sie den Rost bald verstopft, wenn derselbe auch ziemlich weit ist.

Bei dieser Art von Feuerung ist daher die Beschwerde nicht gering, den Rost von Zeit zu Zeit zu lüften. Dieserhalb empfehle ich eine Rostharke, die mit ihren Zähnen in die Zwischenräume der Roststäbe eingreift. Man darf diese nur von einer Seite des Ofens nach der anderen hinschieben, um alle Zwischenräume des Rostes auf einmal zu lüften.

Die Zähne der Harke müssen nur so dick seyn, daß sie sich zwischen den Roststäben nicht klemmen.

Zum Hinschieben der Harke, wozu man sich eines Stückchens Holz bedienen kann, ist diese in ihrer Mitte mit einer Nase versehen, (s. beist. Fig.)

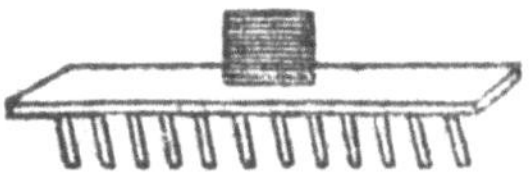

Die runde Form der Roststäbe scheint mir die beste zu seyn.

Bei Oefen, die eine heftige und anhaltende Hitze hervorzubringen bestimmt sind, müssen die Roststäbe dick seyn. Oder man kann auch den Rost von gebrannten Steinen mauern lassen, die besonders dazu gebrannt sind.

Der Rost muß jedes mal so gelegt seyn, daß das Holz, wenn es gerade hineingelegt wird, ihn durchkreuzt; denn auf diese Weise liegt das Holz hohl. In einigen Gegenden ist man gewohnt, die Roststäbe gerade verkehrt zu legen, nemlich so, daß die eine Reihe ihrer Köpfe vorn nach der Einheizthüre hin, die andere ihr entgegen gesetzt zu liegen kommen.

Obgleich die Flamme ihrer Natur nach aufwärts steigt; so weicht sie doch von dieser Richtung, nach der Richtung des Luftzuges, mehr oder weniger ab. So wird sie durch den Luftzug von unten nach oben zu einer größeren Höhe hinaufgetrieben, und nimmt zugleich die Richtung an, die der Rauch anzunehmen genöthigt ist, d. i. dahin, wo sich der Ausgang desselben aus dem Feuerraume befindet.

In einem langen und engen Feuerkanale ist sie genöthigt, horizontal fort zu spielen. Bei Oefen, wo die Hitze besonders aufwärts zu wirken bestimmt ist, ist der Eintritt der Luft von unten der passendste. Für längliche Stubenöfen aber, die wenig Höhe haben und in welchen das Feuer zugleich von vorne nach hinten zu wirken bestimmt ist, ist dieser Lufteintritt von unten nicht der passendste; besonders für solche, die vom Zimmer aus geheizt werden. Denn die Luft hebt den brennbaren Dampf schnell aufwärts gegen die Decke des Feuerraums, längst welcher er, vor dem Verbrennen einigermaßen gedeckt, hinterwärts streicht und als Rauch entweicht. Wird die über dem Luftloche befindliche Einfeuerungsthür geöffnet; so drängt sich jedesmal etwas Rauch heraus, weil diese Gegenöffnung den Zug stört. Diese Thür schließt ferner selten so genau, daß sich nicht auch bei verschlossener Thür etwas Rauch hervordrängen sollte.

Leitet man den Zug von außen her und seitwärts der Feuerthür unter den Rost; so ist derselbe genöthigt, unter einem Winkel aufzufallen, wodurch seine Stärke gebrochen wird. Wirksamer ist daher der Zug, welcher gerade von vorne her durch den Rost aufsteigt.

Durch den Luftzug von unten wird die Einheizthür sehr stark erhitzt, und das Oefnen derselben beschwerlich gemacht. Durch diese starke Erhitzung erleidet selbige eine baldige Zerstörung; obgleich dieses Uebel dadurch vermindert wird, daß man den ersten Roststab von der Thür einen Fuß entfernt legt. Ferner bleibt die Asche während der Feuerung gar bald in einigen Zwischenräumen zwischen den Roststäben liegen, verstopft sie und macht den Luftzug ungleichförmig.

Diesen Uebeln hilft insgesammt

2) Der Lufteintritt von vorne, durch die Einheizthür selbst,

vollkommen ab.

Davon überzeugte ich mich durch folgenden Versuch:

Ich schloß den Luftzug durch den Aschenkasten und Rost, so daß der Rost nur zum Durchfallen der Asche diente, gänzlich ab, und ließ nun die Luft durch ein Gitter in der Einheizthüre sogleich von vorne eintreten.

Der Erfolg war folgender:

a) Die Thür konnte geöffnet werden, selbst offen bleiben, ohne daß eine Entweichung von Rauch zu bemerken war.

b) Das Holz brannte vorne an der Ofenthüre und ausserhalb derselben mit lebhafter Flamme, ohne daß Rauch ins Zimmer trat.

c) Die Thür wurde bei weitem weniger erhitzt.

d) Die Flamme spielte wirksamer von vorne nach hinten, und das Holz brannte ganz hinten so hell, daß kein Rauch sichtbar war. Vorher blieben gewöhnlich Kohlen, auch mit unter Holzstückchen hinten unverbrannt liegen oder verschmauchten.

Die hintere Flamme verzehrte den von der vorderen entwichenen Dampf.

e) Der Zug war überhaupt lebhafter als vorher.

3) Lufteintritt von oben.

Dieser ist ganz gegen die Natur der Flamme und des Rauchs, aufwärts zu steigen, gerichtet.

Es liegt bei diesem die Idee zum Grunde, den Druck der Luft von oben zu benutzen, um den entweichenden Rauch in die Flamme zurück zu drücken, und ich habe gesehen, daß dieser Zweck auch wirklich erreicht wird. Allein die Ofenthür muß, wenn sie unterhalb angebracht ist, sehr fest schließen, wenn sich nichts vom Rauch durchdrängen soll. Dieses wurde verhütet, wenn ich die Luft schräg von oben über der Ofenthür eintreten ließ, oder das Holz durch dieselbe Luftöffnung einwarf. Ich machte diesen Versuch bei einem Ofen mit Rost und einem Aschenkasten von gebrannten Steinen, und fand daß dieser fast eben so stark erhitzt wurde, als der Feuerraum selbst.

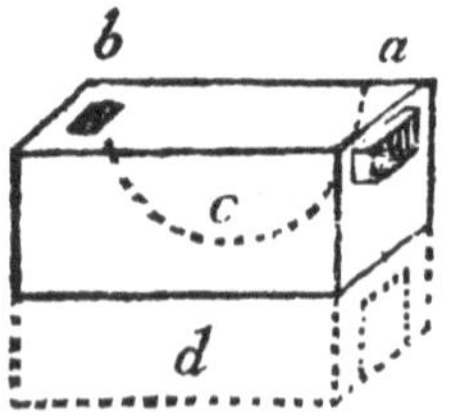

Da hier die Flamme ungeachtet des Lufteintritts von oben (s. Fig. a) bald wieder die Richtung nach dem Austritt des Rauchs aus dem Feuerkasten (s. b) annimmt, welcher sich in dessen Decke befindet; so macht sie beinahe eine Bogenlinie von a nach c und b, und die Hitze, welche der Aschenkasten d erhält, wird der Ofendecke entzogen.

Um die Flamme gänzlich in der Richtung von oben nach unten durch den Druck der oberen Luftsäule fortzutreiben, muß der Gegendruck der Luft in c nach b oder von unten nach oben vermindert werden. Dieses geschieht durch Verdünnung der Luft mittelst der Hitze.

Auf diese Rücksicht gründet sich das Phlogoskop der französischen Bürger, Thilorier und Lange.

4) Lufteintritt in der Mitte des Ofens.

Dieser Fall tritt bei Queröfen ein, die unter allen die schlechteste und verwerflichste Art von Oefen sind.

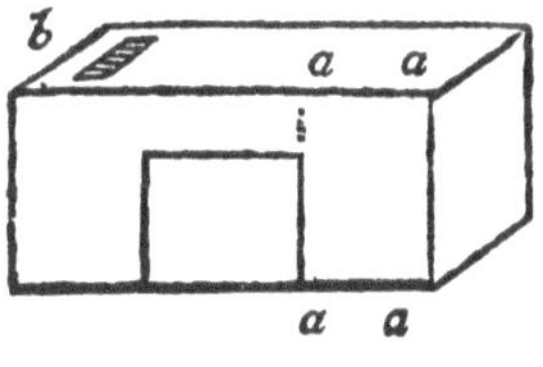

Denn für die Heizung ist der Raum a a beistehender Figur sowohl unwirksam als nachtheilig, indem das Holz in diesem nicht brennt. Er ist vielmehr zum Ansammeln des Rauchs sehr geschickt, welcher oft den Weg zur Ofenthür hinausnimmt. Durch die unnütze Weite des Ofens wird der Luftzug unkräftig. Das Holz brennt darin mit vielem Schmauche, so daß man sich, wie ich selbst oft genug gesehen habe, genöthigt sieht, das Holz an derm hinteren Stirnblatte, nahe an der Rauchöffnung, (s. b) in die Höhe zu stellen, welches fast der einzige Ort im Ofen ist, wo das Holz sich entzünden läßt und fortbrennt.

Es ist mir zwar wohl bewußt, daß man oft in Haushaltungen der niederen Volksklasse die feuerleere Hälfte des Ofens benutzt, um Kochtöpfe hinzustellen. Allein das Feuer kann sie nur langsam und von einer Seite erhitzen. Gegen die Beschwerden und Nachtheile eines solchen Ofens ist dieser kleine Vortheil für nichts zu achten, welcher sich durch zweckmäßige Kochöfen besser erreichen läßt.

Aber Gewohnheit heißt das Schlechte gut. Viele haben gelernt damit zufrieden zu seyn, weil sie nichts Besseres kennen gelernt haben oder die Kosten neuer Oefen scheuen. Manchen Menschen ist ein guter Ofen ein gleichgültiger Gegenstand, der ihrer Aufmerksamkeit nicht würdig ist, weil es ihnen auf Holzersparniß nicht ankömmt.

Wenn ich diese und andere schlechte Oefen in verhältnißmäßig holzreicheren Gegenden, wie in Schlesien, fast durchgängig noch im Gebrauche fand; so wundre ich mich darüber weniger, als daß man sie in holzarmen Gegenden ebenfalls noch häufig antrifft.

Indeß läßt sich diese Art Oefen zu Kochöfen

gerade am schicklichsten einrichten. Bringt man nemlich einen Kochraum über dem Feuerkasten an, so hat man gern die Thür zu diesem gerade über der Einheizthür, um das Nachfeuern bequemer nach dem Erforderniß des Kochens zu besorgen. Wären die Thüren an der schmalen Seite des Ofens angebracht, so kann man die hinteren Töpfe nicht erreichen, ohne die vorderen wegzunehmen; und das weite Hintergreifen ist unbequem. Eben so unbequem wäre es, wenn man dem Kochraume doppelte gegen einander über befindliche Thüren gäbe.

Die Einheizthür an einer schmalen Seite anzubringen, macht die Besorgung des gleichzeitigen Kochens und Heizens beschwerlicher.

Eine wesentliche Verbesserung dieser Oefen, wenn sie zu Kochöfen eingerichtet werden sollen, besteht in der Verschmälerung ihres Feuerraumes nach unten zu, (s. a a) wodurch sie wenigstens in ihrem unteren Theile in Längenöfen umgeändert werden.

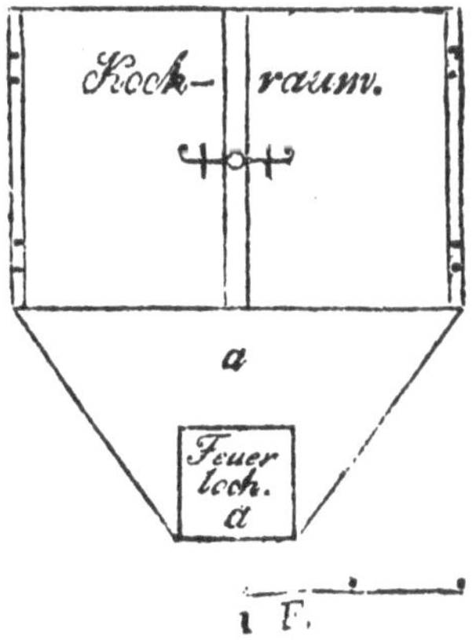

Diese Oefen haben aber noch zweierlei Mängel. Der erste ist der, daß oft das Zimmer, in welchem der Kochofen steht, durch das anhaltende Nachfeuern während des Kochens überheizt wird. Ist das Zimmer weit und hoch genug, so hat dieser Umstand nicht viel zu bedeuten; auch kann man leicht die zu heiße Luft mit kalter frischer Luft vertauschen. Den Feuerkasten und die äußeren Wände des Kochkastens lasse man, wenn der Ofen nur ein kleines Zimmer zu heizen hat, von gebrannten drey Zoll dicken Steinen erbauen, weil diese eine bei weitem gemäßigtere Hitze geben als das Eisen, und die Hitze mehr im Inneren des Ofens zurück halten.

Ein zweiter erheblicherer Mangel ist: Wenn bei gelinder Kälte darin gekocht werden soll, wenn eine geringere Menge Speisen oder nur Kleinigkeiten gekocht werden sollen; dann muß der ganze Feuerraum und der ganze Kochraum eben so gut durchgeheizt werden, und man sieht sich zu einem unnützen Holzaufwande gezwungen.

Diesem Uebel hilft ein senkrechtes Scheid ab, welches sowohl den Feuerraum als Kochraum in 2 Abtheilungen trennt.

Erklärung der Tab. V.

Fig. 1. A. A. Der Feuerkasten, von gebrannten Steinen erbauet. Das Scheid B. von eben denselben Steinen theilt ihn in 2 Räume, wovon jeder mit einer Thüre oder einem Vorsatz versehen wird. (S. C. C.)

D. D.

D. D. Der Kochraum. E. E. Das eiserne Scheid, welches beweglich bleibt und sowohl unten als oben und hinten in einen Falz eingeschoben werden kann. F. Ein bewegliches Querscheid, um 2 Pfannen über einander zu stellen.

Fig. 2. E. E. Der Falz für das einzuschiebende senkrechte Scheid.

F. F. Falze für die Seitenwände des Kochkastens.

G. G. Falz für die äußere Sternplatte.

H. H. Falz für die hintere und innere Platte des Kochkastens.

Zwischen G. und H. spielt das Feuer aufwärts, indem es aus den Löchern I. I. aus dem Feuerkasten heraussteigt.

Soll nur eine Seite des Feuer- und Kochkastens geheizt werden; so schließt man die eine Oeffnung mittelst einer Klappe, (s. K.) zu.

Fig. 3. K. Das obere Zugloch in der oberen Platte.

Hat man nun den Kochraum mit dieser Platte zugedeckt, so kann man entweder einen zweiten Kochkasten darauf setzen lassen, und auf diesen noch einige vertikale Züge; oder bloß aus vertikalen Zügen den Aufsatz bilden, die unten und oben durch Querzüge verbunden sind.

Durch das Kochen im Zimmer selbst wird die Zimmerluft mit dem Brodem und dem Geruch der Speisen verunreinigt. Dieses läßt sich durch eine Abzugröhre im Kochraume verhüten. Allein ich habe beobachtet, daß alsdann auch die Hitze aus dem Kochraume schneller abzieht; und das Kochen im Zimmer veranlaßt auch einige Unreinlichkeit; wiewohl es in Gesindestuben nicht so genau genommen wird.

5) Lufteintritt vom Zimmer aus, oder von außen.

Man heizt die Zimmeröfen entweder von außen oder von innen.

Im ersteren Falle kann man die Luft von außen sogleich durch die Einheizthür oder unter dem Roste einströmen lassen.

Man kann aber auch hier die Luft aus dem Zimmer unter den Rost eintreten lassen, wenn man es für besser fände, die Luft vom Zimmer zu nehmen.

Heizt man hingegen von innen ein; so hat man ebenfalls die Freiheit, die Luft von außen durch ein Luftrohr oder von innen gerade unter den Rost einzuführen.

Das Einströmen der Luft zum Feuer aus dem Zimmer bewirkt eine beständige Lufterneuerung in demselben und vertritt auf diese Art die Stelle eines wirksamen Ventilators. Bei feuchten und niedrigen Wohnzimmern, in Zimmern, wo viele Menschen zusammenwohnen, vorzüglich in Krankenzimmern, um allerlei Dünste, Tabaksrauch oder fremde Gerüche aus dem Zimmer fortzuschaffen, ist dieses für die Erhaltung der Gesundheit, besonders der niederen Volksklasse, ein nicht dringend genug zu empfehlendes Hülfsmittel.

Je mehr sich die Temperaturen von einander entfernen, desto stärker ist der Luftzug. Hieraus folgt, daß der Luftzug aus dem warmen Zimmer weniger stark seyn könne, als von äußerer kalter Luft; ob ich gleich in der Stärke keinen Unterschied habe bemerken können.

Befindet sich die Luftöffnung außer dem Zimmer, und die Einheizthür im Zimmer; so geht der Zug häufig wider Willen durch die letztere mit hindurch, weil sie selten genau schließt. Der Ofen hat alsdann einen doppelten Luftzug.

Auf den ersten Anblick scheint es in Rücksicht der Heizung vortheilhafter, die Luft von außen zu nehmen. Wenn man nemlich die bereits erwärmte Luft dem Zimmer immer wieder entzieht, und durch den im Zimmer erregten Luftzug die äußere kalte Luft schneller durch die Ritzen der Fenster und Thüren einzudringen nöthiget, so daß der Luftzug eigentlich nicht vom Zimmer, sondern nur entfernter Weise von außen entsteht; so muß dieser schnellere Verlust der Wärme mehr Holz zum Ersatz erfordern. Hierzu kommt, daß ein gleiches Volumen kalter Luft mehr Sauerstoffgas dem Feuer darbietet, als eine erwärmte.

Dessen ungeachtet habe ich zwischen beiden Luftzügen keinen großen Unterschied bemerken können, weder in ihrer Stärke, noch in der Erwärmung. Ich erkläre mir dieses folgendermaßen: Bei dem äußeren Luftzuge muß nicht allein die Zimmerluft, sondern auch eine beträchtliche Masse von äußerer kalter Luft, die durch den Ofen eindringt, erwärmt werden. Schließe ich dieser den Zugang ab; so gewinne ich dadurch einen Vortheil. Wird auch durch den inneren Luftzug die kalte Luft schneller ins Zimmer gelockt; so wird sie doch schon, wiewohl etwas langsamer, durch die bloße Ofenwärme herbeigezogen, wenn auch der Luftzug von außen unmittelbar zum Feuer geführt ist.

So wie also der Luftzug von innen, zur Verbesserung der Zimmerluft, dem äußeren vorzuziehen ist; so verdient letzterer in Rücksicht der Erwärmung des Zimmers vor jenem einigen Vorzug. Ist der Ofen mit beiderlei Luftzügen zugleich versehen; so kann man beiderlei Vortheile genießen, indem man nur zu Zeiten den einen öffnet, den anderen abschließt.

§. 236.

In vielen Fällen ist es nöthig, die Hitze so gut als möglich im Inneren des Ofens einzuschließen. Man wählt alsdann zu den Ofenwänden ein Material, welches die Hitze schwer durchläßt, oder man füttert dieselben in ein ähnliches Material ein. Nach den bisherigen Erfahrungen hält Asche und Kohlengestiebe die Hitze mehr zurück als jedes andere Material. Zu diesem Behufe füttert man die Ofenwände in selbige ein.

Die zweckmäßigen Materialien zu den Ofenwänden findet man im nächstfolgenden Kapitel angegeben und näher erwogen.

Zweites Kapitel.

Von der verschiedenen Construktion der Feuerungsgefäße, nach ihrem Einflusse auf das Verbrennen.

§. 237.

Man hat die Stubenöfen bekanntlich mit und ohne Aufsatz. Den unteren Theil der ersteren nennt man alsdann den Unterofen.

Zur wesentlichen Einrichtung desselben gehören, außer seinen Wänden, außer dem Boden und der Decke, die Oeffnungen zum Einheizen, zum Eintritte der Luft und zum Abgange des Rauchs, so wie der vom Verbrennen übrig bleibenden Luftarten. Mit diesem Unterofen bringt man häufig noch einen Rost nebst seinem Aschenkasten und eine Cirkulirröhre in Verbindung.

§. 238.

Die Oefen sind entweder von Metall oder von gebrannten irdenen Steinen.

1) Metallene Oefen.

Die brennbaren Grundstoffe, den Kohlen- und Wasserstoff, treffen wir nicht allein in den organischen Körpern, sondern auch in mehreren Metallen an. Daher können letztere ebenfalls eine Verbrennung erleiden, obgleich schwerer als die ersteren.

Das Kupfer ist der Zerstörung in der trocknen Hitze oder der Verbrennung leichter unterworfen, als das Eisen. Die Metalle findet man nach dem Verbrennen in einen kalkförmigen Zustand versetzt. Diese Verbrennung erfolgt aber in der gewöhnlichen Hitze nur langsam, allmälig und unbemerkt, oder ohne Flamme. In der Schmelzhitze verbrennt das Kupfer mit grüner Flamme. Eben dieses beobachtet man auch schon bei mäßiger Hitze, wenn diese von der zerstörenden Wirkung schwefeligt-saurer oder ammoniakalischer Dämpfe unterstützt wird, welche sich aus mehreren Torf- und Steinkohlenarten entwickeln.

Füttert man den kupfernen Ofen auch mit Dachziegeln aus, so ist er zwar mehr vor der Zerstörung geschützt; er ist aber immer wegen seiner metallischen Ausdünstungen zu verwerfen, die sich schon durch den Geruch zu erkennen geben, wenn man z. B. 2 Kupferplatten durch Reiben erhitzt. Es läßt sich daher besorgen, daß sich bei der Heizung eines kupfernen Ofens ebenfalls Theile aus dem Kupfer verflüchtigen, welche vorher Bestandtheile desselben ausmachten.

Wenn aber die Wände des kupfernen Ofens oder seiner Röhre auswendig mit einer Flüssigkeit umgeben sind; so ist die Zerstörung nicht größer als bei kupfernen Siedegefäßen, die auswendig dem Feuer ausgesetzt sind.

Eiserne Oefen.

Das Eisen ist ein wirksamerer Wärmeleiter als Thon (gebrannte Steine).

Ein eiserner Ofen erhitzt sich schneller und wird in eben dem Maße auch schneller wieder kalt, als ein irdener.

Das Gußeisen unterscheidet sich vom geschmeidigen dehnbaren Stangeneisen durch seine Sprödigkeit. Letzteres wird auf besonderen Blechhämmern zu Blechtafeln geschlagen oder auch gewalzt. Letzteres ist das vorzüglichste.

Das spröde Gußeisen ist im Feuer wegen seiner geringen Dehnbarkeit dem Springen unterworfen. Die Beschaffenheit des dazu verwandten Eisenerzes selbst, die verschiedene Behandlung der Eisenmasse, ihre Dichtigkeit und ihr gleichförmiger Fluß hat auf den Grad seiner Sprödigkeit einen großen Einfluß. Man unterscheidet im Handel zweierlei Arten von Gußeisen, den Lehm- und Sandguß, indem man sich zum Gusse entweder einer Lehm- oder Sandform bedient. Der erstere ist feinkörniger und besitzt weniger Sprödigkeit oder mehr Dehnbarkeit in der Hitze als der letztere; wovon die Ursache vorzüglich darin zu suchen ist, daß das Eisen in der Lehmform sich langsamer abkühlt als in der Sandform. Gewöhnlich nimmt man auch zum Lehmgusse die bessere Eisenmasse. Er hat daher zu Oefen einen größeren Werth. *)

Wird das Eisen zu früh aus der Form genommen; so erhärtet selbiges zu schnell und zerspringt leicht bei dem Gebrauche.

Die aus einem Stück gegossenen Oefen oder große Platten sind dem Zerspringen im Feuer leichter unterworfen, als zusammengesetzte.

Das geschmeidige oder Stangeneisen ist der Zerstörung oder Verkalkung im Feuer leichter unterworfen, als das Gußeisen, und verwirft sich wegen seiner Dehnbarkeit weniger als das letztere. In letzterer Rücksicht würde ich eine geschmiedete Ofenthür einer gegossenen vorziehen.

Das Eisenblech hat den Vorzug vor dem Gußeisen, daß es nicht zerspringt und die Hitze schneller durchläßt. Es erkaltet aber auch schneller und ist der Zerstörung durch Verkalkung früher unterworfen als das Gußeisen. Ein gutes Blech muß dicht seyn, keine Risse, keine oder nur unbedeutende Splittern zeigen, sich ohne Schwierigkeit unter dem Hammer dehnen und zusammenbiegen lassen, ohne

*) Unter den Arten des Gußeisens von verschiedenen Hütten ist ein sehr auffallender Unterschied in der Güte und Dauer. Ich kenne aber nur einige Eisenarten von den Bernburgischen, Hannöverischen und Preußischen Hütten genau, um von diesen mit Ueberzeugung anführen zu können, daß die beiden ersteren zu Oefen ein vorzüglicheres Eisen liefern, als dasjenige, welches ich vom Preußischen Eisen im Magdeburgischen, in der Mark, und in Schlesien kennen lernte.

zu splittern oder zu brechen; sich zusammennieten lassen, ohne daß die Löcher ausreißen. Ich kenne kein besseres Blech als das Suhler, kein schlechteres als das Preußische. Ich habe von beiden Blechsorten viel verarbeiten lassen, und kenne daher beide genau. Vom Preußischen habe ich gewöhnlich das allerbeste nehmen lassen oder selbst zuweilen mit Fleiß aufgesucht und gewählt. Allein zu Gefäßen, die luftdicht schließen sollen, fand ich es gänzlich unbrauchbar. Es hält die Arbeit nicht aus und verwirft sich leicht im Feuer, so daß selbst Niethen ausreißen.

Ich besitze 3 trefflich gearbeitete Kugeln, die ich mir auf dem Suhler Blechhammer habe machen lassen. Die eine hält 20, die zweite 16, die dritte 12 Zoll im Durchmesser. Sie schließen nicht allein wasserdicht, sondern auch völlig luftdicht, und zwar ohne Verkittung. Die größere habe ich 2 Jahre lang beständig im Feuer gehabt, um darin zu verkohlen, und nach einem halbjährigen Gebrauch ließ sie zwar in ihrer Mitte, wo die beiden Halbkugeln zusammengekrippt sind, etwas Luft durch, nach der Verkittung dieser Stelle aber nicht wieder. Ich hoffe sie wenigstens noch 10 Jahre brauchen zu können.

Ueberdieß ist das Blech zu diesen Kugeln von der stärksten Nummer. Eine 6 Zoll dicke, schneckenförmig gekrümmte Röhre, die oben auf Tab. IV. gezeichnet ist, ist ebenfalls von Suhler Blech. Man sieht an ihr, (es versteht sich: ohne Ueberzug) kaum die Niethen, und alles ist mit einer solchen Genauigkeit und Feinheit gearbeitet, daß ich hiermit dem geschickten Künstler in Suhl, dem Herrn Faktor Schilling, meinen Dank öffentlich abstatte.

An geschickten Künstlern fehlt es im Preußischen nicht; aber an gutem Gußeisen und Eisenblech zu Oefen. Worin die Ursachen liegen mögen, werden Hüttenverständige am besten beurtheilen können. Ich denke mir als vorzügliche Ursache unter anderen auch die geringere Güte der zur Reduktion verwandten Kohlen, die gewiß nach dem Boden sehr abweicht, auf welchem ihr rohes Material, das Holz, gewachsen ist.

Einige sächsische Hütten sollen ebenfalls Blechsorten von vorzüglicher Güte liefern.

Die Benutzung des Eisenblechs zu Oefen ist aus folgenden Ursachen zu widerrathen. Die Hitze durchdringt das dünne Gewände zu schnell, die Hitze des Zimmers steigt und fällt zu schnell. Dieser schnelle Wechsel der Zimmertemperatur ist an sich der Gesundheit sehr nachtheilig. Ein Blechofen giebt daher eine unbehagliche Wärme; seine sengende Hitze verursacht Bangigkeit, Herzklopfen, Kopfschmerzen. In der Hitze dehnen sich dessen Niethen und Fugen aus; und weil sie nie luftdicht gearbeitet sind, pressen sich erstickende Luftarten, welche durch das Feuer erzeugt werden, durch, und verbreiten im Zimmer einen sengend brandigen Geruch. Das Eisenblech ist reich an Kohlenstoff, welcher der Zimmerluft in der Hitze Sauerstoff entzieht. In dieser Hinsicht hat das Gußeisen den Vorzug. Indeß wird die einsaugende Kraft des Eisens gegen den Sauerstoff vielleicht dadurch unwirksam gemacht, daß man es gewöhnlich mit Wasserblei abreibt.

Das Eisen ist in der Natur so häufig verbreitet, daß es zum ökonomischen Gebrauche am meisten angewandt wird. Wären die edlen Metalle, Gold, Silber, Platina, nicht so selten; so würde man schon längst aus ihnen Oefen geformt und diese wegen ihrer Unzerstörbarkeit im Feuer den eisernen vorgezogen haben.

2) Irdene Oefen.

Der Thon ist ein schlechterer Wärmeleiter als Eisen. Ein irdener Ofen wird daher langsamer heiß, erkaltet aber auch langsamer. Da er auf einmal weniger Hitze durchläßt, als ein eiserner; so giebt er auch eine gleichförmigere, gemäßigtere, behaglichere Wärme. Ein solcher Ofen verdient aus diesem Grunde vor jedem eisernen den Vorzug.

Da wo es nöthig ist, die Hitze im Innern des Ofens mehr zusammen zu halten, z. B. bei Kochöfen u. a., gewähren die gebrannten Steine einen neuen Vortheil.

Man hat davon dreierlei Arten im Gebrauche, als: Mauersteine (Backsteine, Mauerziegeln), Dachziegeln (Biberschwänze) und Kacheln.

Diese Steine haben das Ueble, daß sie sich da, wo sie dem stärksten Feuer ausgesetzt sind, allmälig mürbe brennen oder auch springen. Ersteres rührt von den vielen Mergel- oder Kalktheilen her, womit der Thon oft vermengt ist, letzteres von diesen und anderen im Feuer verglasbaren Beimischungen, z. B. Eisentheilen. Die hart gebrannten und halb verglaseten Steine springen am leichtesten. Man sollte also die Steine, welcher man sich zu Oefen bedienen will, lieber besonders auf Ziegelhütten oder im Töpferofen von einem feuerfesten Thon brennen lassen, oder aus einer Thonmasse, aus welcher man die Steine und Kokers zu Fayence- und Porcellanöfen brennt. Ein reiner fetter Thon schwindet zu sehr im Feuer, und die daraus geformten Steine verziehen sich. Man vermischt ihn daher noch mit weißem gesiebtem Sande, welcher mit dem Thone im heftigsten Feuer keine Schmelzung oder Verglasung erleidet. Je fetter der Thon an sich ist, desto mehr Zusatz von Sand verträgt er. Damit sich der Sand inniger mit dem Thone im Feuer verbindet oder zusammenbäckt, muß man die Masse eine Zeitlang im feuchten Zustande erhalten, damit die Kieselerde durch die gemeinschaftliche Einwirkung der Luft und Feuchtigkeit erst etwas verwittert.

Da ein irdener Ofen aus mehrern Fugen besteht, als ein eiserner, und die Hitze alle Körper ausdehnt; so wird derselbe leichter schadhaft, indem er Risse in seinen Fugen bekommt, die, wenn sie durchgehen, den Rauch nicht gehörig zurück halten.

Um das Reißen in den Fugen zu vermeiden, muß der Ofen einen der Stärke der Ausdehnung oder der Hitze angemessenen Widerstand leisten können. Zum Feuerkasten für Zimmeröfen nehme man also wenigstens 2 Zoll dicke Steine, und zu den Ecken besondere Ecksteine. Man verbinde die Steine mit eben demselben feuerfesten Thon, aus welchem sie selbst gebrannt sind.

Gegen die Decke des Feuerkastens ist der Andrang der Hitze am stärksten. Man lasse deßwegen hier ein eisernes Band umlegen. Das Ueberstricken mit Eisendrath verhütet die Ausdehnung der Fugen, giebt dem Ganzen Verbindung und dem Putze mehr Haltbarkeit. Zu Kachelöfen nimmt man auch eiserne Klammern zu Hülfe.

Herr Romerdt *) räth an, die Steine mit Feder und Nuth zu versehen, ehe sie gebrannt werden. Ich habe aber gefunden, daß dieses bei dem Setzen Schwierigkeiten macht, und es sehr schwer hält, solche Steine von der Hütte zu erhalten.

Diese Oefen werden mit Lehm beworfen und abgeputzt, den man mit Kälberhaaren vermengt, damit der Putz nicht so leicht reißt. Der Lehm,

*) S. dessen Anweisung: Stuben- und Küch-Kochöfen holzsparend, wohlfeil und der Gesundheit zuträglich zu bauen rc. mit 3 Kupfertafeln, von Carl Christian Romerdt, fürstl. hohenl. Kammerassessor. Eisenach 1803. bei J. G. Ernst Wittekind, und: Verbesserte Stuben- und Kochöfen, 1804.

der zum Putze dienen soll, muß vorher getrocknet und gesiebt werden. Dann vermenge man ihn mit fein gesiebtem Sande nach Verhältniß seiner Fettigkeit, und knete ihn mit saurem Bier und schwachem Leimwasser an, oder auch mit saurer Milch. Allein dieß ist noch nicht genug, um das Reißen des Putzes zu verhüten. Nicht ein jeder Mauerer hat die Kenntniß, mit dieser Art von Putzarbeit gut fertig zu werden. Durch öfteres Anfeuchten des fast trocknen Lehms und wiederholtes Abreiben während des allmäligen Austrocknens bekommt der Putz die gehörige Dichtigkeit und Wasserhärte, so daß er vom Reibebrete zuletzt eine gleichsam abgeschliffene Glätte annimmt. Das langsame Austrocknen schützt den Putz nicht vor dem Reißen in der Hitze. Bei kalter Witterung lasse ich ihn bei gelindem Feuer während der Arbeit austrocknen, und die Risse am warmen Ofen, so bald sie entstehen, sogleich wieder frisch verreiben. Nun läßt man dem Lehmputz einen beliebigen Farbenanstrich geben, nachdem man ihm zuvor einen weißen Grund gegeben hat. Um dem Ofen das Ansehen eines eisernen zu geben, nimmt man Wasserblei.

Um Ziegelöfen zweckmäßig einzurichten, dazu giebt es eine Menge Anweisungen. Chryselius in Darmstadt, Körte in Aschersleben und Sachtleben in Quedlinburg haben sich darum vorzüglich verdient gemacht; und man muß gestehen, daß man es hierin bereits zu einem hohen Grade von Vollkommenheit gebracht hat.

Allein die besten Vorschläge bleiben oft ungenutzt. In den Gegenden von Schlesien, welche ich durchreiset bin, kannte man diese Oefen noch gar nicht, und ich habe zuerst zwei dergleichen mit einer Verkohlungsvorrichtung in Breslau im dasigen Jesuiter-Collegium angelegt.

Ungeachtet ihres bereits angeführten Vorzugs vor den eisernen sind sie aber doch nicht ohne Mängel. Die Putzarbeit ist mühsam und verursacht viel Nässe im Zimmer. An mehrern Orten kann man keinen Mauerer bekommen, der damit umzugehen weiß. Es hängt zu sehr von der Güte des Lehms und der guten Bearbeitung des Ofens ab, wenn der Putz vor dem Reißen gesichert seyn soll. Dann wird leicht vom Putze etwas abgestoßen. Das Material ist allerdings wohlfeiler als Eisen. Aber die Arbeit des Setzens, Putzens, und des Anstrichs verursacht eine bedeutende Ausgabe, und kostet beträchtlich mehr Zeit, als das Setzen eines eisernen. Ein eiserner Unterofen mit Aufsatz kostet freilich wenigstens noch einmal so viel. Ich will aber nur das aller Geringste annehmen, daß ein eiserner Ofen 15 Jahre brauchbar bleibt, welcher 40 Thaler gekostet hat; so braucht man in dieser Zeit 3 von Steinen, wovon jeder 20 Thaler kostet, beträgt 60. Jenen kann man umsetzen oder wo anders hinstellen, da man hingegen den von gebrannten Steinen gänzlich zerschlagen muß. Dort behalten alle Stücke ihren Werth, aber hier sind sie fast nichts mehr werth. Ist der eiserne Ofen durch die Zeit unbrauchbar geworden; so nimmt man wenigstens auf den Bernburgischen und Hannöverischen Hütten den Centner Eisen für einen Thaler und mehr wieder an. Bei einem Ofen von Steinen hat man alle Kosten von neuem. Hat also der eiserne Ofen 40 Thaler gekostet und man bekäme auch nur 10 Thaler wieder; so verursacht jener irdene in 15 Jahren immer noch einmal so viel Kosten. Die eisernen Oefen bleiben also die wohlfeilsten. Ferner finde ich diese Oefen auf Torf, Stein- und Braunkohle gar nicht anwendbar, weil ihre Wände zu porös sind, und daher den üblen Geruch derselben durchlassen und mit dem Geruche so angeschwängert werden, daß sie selbst noch das Zimmer mit dem ärgsten Geruche erst anfüllen, wenn sie erkaltet sind.

In Rücksicht der temperirteren (unserer Gesundheit angemeßneren) Wärme muß man ohne Widerrede den Ziegel-Oefen den Vorzug einräumen. In einer anderen Hinsicht scheinen sie mir aber wegen ihrer porösen Beschaffenheit den Verdacht zu erregen, daß sie die gute Beschaffenheit der Zimmerluft zu verschlechtern im Stande sind, indem sie die untauglichen Luftarten im Ofen nicht gänzlich zurück halten; wiewohl ich darüber keine eudiometrischen Versuche angestellt habe. Ich habe auch bis jetzt noch Ziegelöfen in meinen Zimmern, und kann nicht sagen, daß ich Uebelbefinden daraus hätte entstehen sehen. Da man sich aber in einer ziemlich schlechten Luft, z. B. da wo viele Menschen

schen in einem Zimmer zusammen gedrängt sind, ohne üble Empfindungen verweilen kann; so halte ich unser Nervensystem gegen schlechtere Luft für kein so sensibles Eudiometer als gegen reine, indem die irrespirablen Gasarten selbiges in eben dem Grade abstumpfen, als sich ihre Menge im Verhältnisse zur reinen Lebensluft vermehrt, oder mit anderen Worten, indem sie sich als negative Reitze verhalten.

Die Kacheln sind aus einem feuerfesteren und besser bearbeiteten Thone gebrannt, als die Steine der Ziegelhütten. Sie sind daher dichterer Masse, lassen die ungesunden Gase im Ofen nicht durchdringen und sind dem Springen weniger unterworfen.

Sie sind gewöhnlich glasurt. Es läßt sich für die Glasur das anführen: es läßt sich nicht bezweifeln, daß der Thon, so wie das Eisen, in der Hitze Sauerstoff auf ihrer Oberfläche einsaugen. Dieses wird durch die Glasur verhütet. Indeß kann man dieses auch verhüten, wenn man den unglasurten Kacheln einen Anstrich von Wasserblei oder einen anderen Farbenanstrich giebt, dessen Körper den Thon vor der Luft schützt.

Die Glasur giebt ferner der ausdehnenden Gewalt der Hitze weniger nach und kühlt sich schneller ab, als der darunter befindliche Thon; wodurch sie zu dem Zerspringen Anlaß giebt.

Die Kacheln sind mit einwärts stehenden, 2 Zoll breiten Rändern umgeben, damit sie sicherer auf einander ruhen, so daß sie inwendig nach dem Zusammensetzen ein Fachwerk bilden, in welchem sich der Ruß ansammelt, der das Durchdringen der Hitze erschwert. Diese überstehenden Ränder haben ferner den Nachtheil, daß sie das wirksame Streichen der Hitze gegen die Ofenwände verhindern. Diesem ließe sich zwar abhelfen, indem man die Hohlaugen mit Lehm ausfüttert. Allein zu Aufsätzen ist ein 2 Zoll dickes irdenes Gewände als holzverschwenderisch verwerflich. Denn die Hitze wird zu sehr im Innern zurück gehalten, und der Rauch geht zu warm zur Feueresse hinaus.

Aus je mehreren Stücken ein Gefäß zusammen gesetzt ist, desto unsicherer ist es im Gebrauche. Dieses gilt vorzüglich von den Kachelöfen. Unter den vielen Fugen werden bald diese bald jene schadhaft. Auch entstellen sie den Ofen.

Die Form der Kachelöfen bestimmt die des Ofens, welchen die Töpfer, ohne an eine vortheilhaftere Einrichtung zu denken, von welcher sie gewöhnlich keine Kenntniß und Einsicht haben, nach ihrem Gefallen bestimmen. Daher haben die Kachelöfen meistentheils die schlechteste Einrichtung unter allen.

Seit mehreren Jahren haben aber die Töpfer angefangen, auf die Verbesserung ihrer Oefen zu raffiniren. Sie liefern, so wie auch die Fayence-Fabriken, Oefenaufsätze aus wenigen zusammenhängenden Stücken von unglasurtem Thone (von Biskuit); deren innere Fläche ganz glatt, deren äußere ebenfalls glatt oder mit Erhabenheiten verziert ist. Diese Stücke bestehen aus viereckigen oder runden Säulen mit einem Querzuge und Kapital. Diese sind die besseren. Man hat sie aber auch in anderer Form.

Im Ganzen empfehlen sie sich aber wenig durch häusliche Brauchbarkeit, desto mehr aber durch ihr äußeres Ansehen.

Ich würde anrathen, sich nach einer Zeichnung einen zweckmäßigen Aufsatz von Biskuit brennen zu lassen, da es an mehreren Orten geschickte Töpfer giebt, die nach Zeichnungen arbeiten können und in solcher Arbeit geübt sind.

Zu Kochkastenaufsätzen würde man sich aber einzelne Biskuitplatten, die auf der innern Seite glatt sind, bestellen müssen.

Diese Aufsätze kommen jedoch beinahe so theuer zu stehen, als von dünn gegossenem Eisen, welche letztere wegen ihrer Dauer und schnelleren Wärmeleitung vorzuziehen sind.

§. 239.

Einheizöffnung.

Je größer diese ist, desto mehr wird der Zug des Ofens während des Aufmachens der sie verschließenden Thür gestört, desto mehr kalte zum Verbrennen überflüssige Luft dringt auf einmal in den Ofen ein. Ist die Thür von Blech, und befindet sie sich außerhalb des Zimmers, so bietet sie zur Fortleitung der Hitze der äußeren kalten Luft desto mehr Fläche dar.

Dieser Verlust an Wärme läßt sich also durch möglichste Verkleinerung der Ofenöffnung oder dadurch verhüten, daß man von innen einheizt. Thon ist ein schlechterer Wärmeleiter als Eisen. Daher hält ein Stöpsel oder ein Vorsatz von gebranntem Thon die Hitze besser zurück, als eine eiserne Thür, und ist auch als eine Ersparniß zu empfehlen. Eine Blechthür verwirft sich leicht. Ein Schieber ist daher besser.

Das Einheizen von innen würde ich widerrathen, wenn das Kamin einen schlechten Zug hat. Es ist zwar an sich unreinlicher; aber die Dienstboten lernen damit bald reinlich umgehen. Es hat den bedeutenden Vorzug, daß man mehr auf das Feuer Acht haben, das Feuer mit weniger Unbequemlichkeit unterhalten kann, und nicht nöthig hat, die Feuerung den Dienstboten auf Diskretion zu übergeben, welche gewöhnlich den Ofen mit Holz anstopfen, um seltner nachlegen zu dürfen.

Heizt man von innen ein; so können alle Ofenwände freier von der Wand abstehen. Heizt man von außen; so ist dieses schwieriger, und der Ofenhals, welcher öfters durch eine dicke Brandmauer durchgebrochen und sehr verlängert werden muß, wird unnützerweise mit geheizt. Um daher hier die Hitze im Ofen einzuschließen, schneide ich den Ofenhals vom Ofen dicht an demselben ab, indem ich ihn hier bis auf die Einheizöffnung zusetzen lasse. Auf solche Weise hat der Raum des Ofenhalses mit dem Feuerraum keine Verbindung. Die äußere Oeffnung des Ofenhalses durch die Brandmauer verwahre ich mit einer hölzernen Thür.

Zur Verkleinerung der Ofenöffnung nützt die Rundung derselben. Denn der Raum in den Ecken kann dem Arme bei dem Heizen nichts nützen.

Befindet sich die Oeffnung in einem steinernen Gewände; alsdann muß man einem eisernen Ring einlegen lassen.

§. 240.

Rauch- oder Abzugöffnung.

Sie braucht nicht über 4 Zoll im Durchmesser zu enthalten, wenn von Stubenöfen die Rede ist. Der Zug ist schwächer, wenn sie größer ist.

§. 241.

Rost- und Aschenkasten.

Ohne dasjenige, was ich bereits oben vom Roste gesagt habe, wiederhohlen zu wollen, muß ich doch noch einiges hier darüber nachholen.

Rost- und Aschenkasten sind entbehrlich, wenn man den Luftzug von vorne durch die Ofenthür eintreten läßt. Bei Längenöfen, die mit Holz geheizt werden, fand ich ihn nicht nothwendig. Denn die lockere Holzasche erschwert das Verbrennen nicht und kann durch die Ofenthur herausgeholt werden. Daß der Rost auf den Luftzug keinen merklichen Einfluß hat, davon überzeugte ich mich durch folgenden Versuch. Ich versah einen Ofen mit einem beweglichen Roste, und ließ die Luft hindurchstreichen, und merkte mir dabei genau die Stärke des Luftzuges. Nach 8tägigem Gebrauch nahm ich ihn heraus und deckte statt dessen den Aschenkasten mit Ziegeln zu. Jetzt ließ ich, da der Luftzug von unten abgeschnitten war, die Luft durch die Ofenthür eintreten. Der Erfolg davon war: daß der Luftzug an Stärke sehr merklich gewonnen hatte; ob er gleich vorher nicht schwach gewesen war.

Ohne Aschenkasten kann man den Feuerkasten, wenn es das Lokale erlaubt, niedriger stellen und die untere Luftschicht des Zimmers besser erheizen. Indeß läßt er sich auch manchmal im Fußboden noch versenken.

Daß das Holz auf dem Roste lockrer liegt, ist der einzige Vorzug, den man dafür anführen könnte.

Aber unentbehrlich ist der Rost bei Kohlenheizung, theils weil dieser die Erhitzung von unten angemeßner ist, theils weil die dichte und viele Asche von Stein- oder Braunkohle, oder Torf, wenn sie sich anhäuft, den Luftzutritt erschwert.

Die Holzkohle giebt wenig und lockere Asche. Hier ist also der Rost weniger nöthig. Indeß bei großen Feuerungen ist die Anhäufung von Holzasche viel bedeutender als bei Zimmeröfen. Hier erfordert das Holzfeuer ebenfalls einen Rost.

Vormals hielt ich es für gut, den Rost so weit hinterwärts reichen zu lassen, als der Feuerheerd lang ist, um dadurch dem Holze hinten so gut wie vorne Luft von unten darzubieten. Aber erstlich ist es zu tadeln, das Holz hinterwärts zu legen, weil die Hitze hier zu nahe an der Abzugöffnung entwickelt wird und schnell aus dem Feuerkasten forteilt *). Zweitens wird die erhitzte Luft und die Flamme mehr aufwärts getrieben. Es ist aber nicht zu verkennen, daß die streichende Hitze von vorne nach hinterwärts sowohl auf die Seitenwände, als die Decke des Feuerkastens mehr Wirkung hervorbringt, als die gedämpfte.

Ein solcher verlängerter Rost erfordert einen eben so langen Aschenraum, dessen Länge hier keinen Nutzen hat. Das Herausholen der Asche wird dadurch in eben dem Maße lästiger.

Den Roststäben giebt man gewöhnlich eine dreieckig oder viereckig prismatische Form. Bei den dreieckigen Stäben legen die meisten die eine Schärfe nach oben, die breite Seite nach unten. Jedoch halten es einige für besser, die breite Seite nach oben zu bringen.

Man mag sie legen, wie man wolle, so ist die Anhäufung von einem Theil Asche auf dem Roste

*) Daher ist kurzes Holz, und das Auflegen desselben so entfernt von der Abzugöffnung als möglich, sehr zu empfehlen.

ein unvermeidliches Uebel, wenn man sie nicht (zu noch größerem Nachtheile) zu weit von einander legt. Die runden Roststäbe erschweren das Durchfallen der Asche unläugbar weniger, als die eckigen, und man kann sie daher so dicht legen, daß nur die kleinsten Kohlen durchfallen können, ohne daß sich die Zwischenräume verstopfen. Im Querdurchschnitte haben sie eine ovale Form, und kommen bei Steinkohlenfeuer u. a. kaum $\frac{1}{4}$ Zoll, bei Holzfeuer $\frac{1}{6}$ Zoll von einander und zwar so zu liegen:

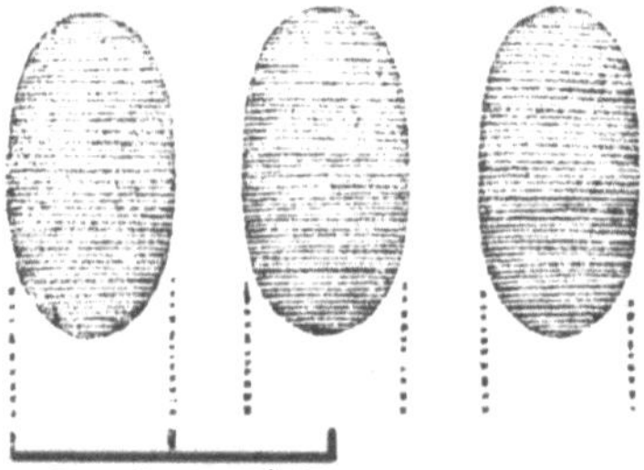

1 Zoll Leipz. Elle.

§. 242.

Die wichtigste Regel der Holzsparkunst ist: „Man suche die durch das Brennmaterial erzeugte Menge der Hitze möglichst vollständig zu benutzen."

Von dieser Regel lassen sich, wie ich nachher vollständiger darthun werde, mehrere neue Anwendungen machen. Die eine Art der Anwendung betrifft die Benutzung der unteren, die andere die Benutzung der oberen Hitze.

Durch den Ausdruck: untere Hitze verstehe ich

aber nicht, wie bisher, die auf dem Feuerheerde zusammengedrängte Hitze allein, sondern auch die Hitze unter dem Feuerheerde selbst. Letztere bleibt gewöhnlich ungenutzt, wenigstens bei Oefen, die mit einem Roste versehen sind.

Die durch den Rost herabstralende Hitze fand ich stark genug, um Wasser fast eben so schnell ins Sieden zu setzen, als bei der oberen Hitze. Die Hitze der durchfallenden Asche, und der kleinen glühenden Kohlen gestattet ebenfalls noch eine nützliche ökonomische Anwendung. Auf diesen Gesichtspunkt gründet sich folgende Angabe.

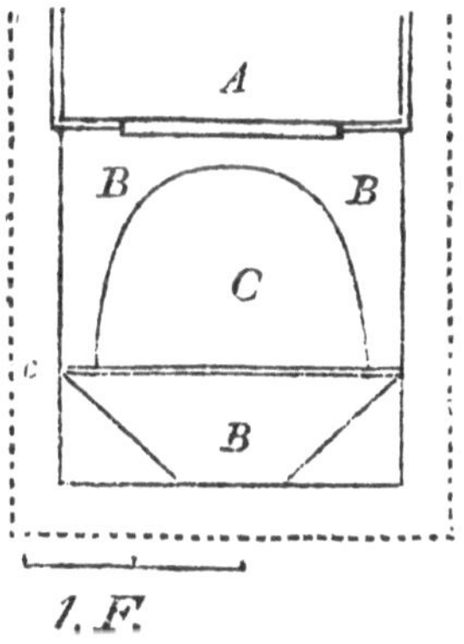

Diese Figur stellt im senkrechten Durchschnitte A. den Feuerheerd mit einem Theil seiner eisernen Wände, B. B. B. den Aschenraum, C. den Kochraum (oder auch eine Wasserpfanne), c. c. einen Eisenstab zur Unterstützung, welcher mit seinen

Endpunkten auf der Backenmauer seine Auflage hat, vor.

Aufriß der vorderen Ansicht.

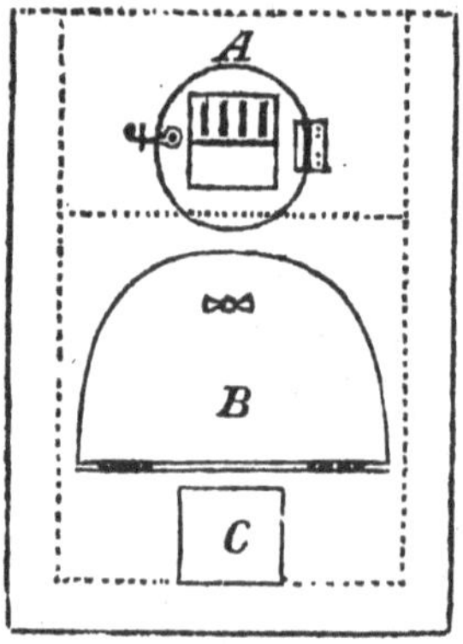

A. Die Einheizthür mit Gitter und Schieber zum Luftzug.

B. Die herabschlagende Thür des Kochraums mit Anschlag.

C. Das Aschenloch, welches mit einem Vorsatz verschlossen wird.

Wenn der Ofen schon erkaltet ist, dann findet man hier in diesem Raume noch eine mäßige Wärme; da immer noch kleine Kohlen in der Asche fortglimmen, welche die Asche heiß erhalten. Der von oben erhitzte Kasten kühlt sich sehr langsam ab; weil er von einem steinernen Gewände und zunächst von Asche umgeben ist, die sich um ihn anhäuft.

Er läßt sich also gut benutzen, um Speisen und Getränke mehrere Stunden warm zu erhalten, nachdem der Ofen schon erkaltet ist. Er dient, um darin zu digeriren, und kleinere Töpfe ins Kochen zu setzen.

§. 243.

Cirkulirröhre.

In einem erwärmten Zimmer findet eine beständige Luftbewegung Statt. Die vom Ofen entferntere kältere Luft strömt in beständiger Kreisbewegung zu dem erhitzten Luftkreise hin, der den Ofen umgiebt, um diesen zu verdrängen. Die zuerst erhitzte Luft steigt wegen ihrer größeren Leichtigkeit in der kälteren aufwärts und nimmt die obere Region des Zimmers ein. Die untere Luftschicht bleibt daher immer die kältere.

Um eine schnellere und wirksamere Erwärmung der unteren Luft (des Fußbodens) zu bewirken, ist es Regel, den Feuerkasten dem Fußboden so nahe als möglich anzubringen, doch aber so, daß die untere Ofenplatte nicht verbauet wird, sondern unten mit der Zimmerluft communizirt. Zu demselben Zwecke dient auch die Cirkulirröhre. Sie zieht mit ihrer trichterförmigen nahe am Fußboden sich befindenden Mündung die kältere untere Luft herbei, leitet sie durch den Feuerkasten und läßt sie erhitzt zur anderen enger zulaufenden Mündung oberhalb der Decke des Feuerkastens ausströmen.

„Da die kältere Luft," sagt man, „wegen der „starken Erhitzung dieser Röhre schnell ein- und „(erhitzt) ausströmt; so wird jene durch dieses „Mittel schneller erwärmt *)!" als durch die untere frei liegende Ofenplatte. Läge auch diese mit dem Fußboden in gleicher Wage, so wird doch die untere Luftschicht durch die ausstralende Hitze der Ofenwände selbst noch viel wirksamer erwärmt als durch eine Cirkulirröhre; ob es gleich rathsamer ist, die untere Ofenplatte frei zu lassen, damit sie zur Erwärmung des Fußbodens mitwirken kann. Gewöhnlich legt man sie 1 Fuß von dem Fußboden des Zimmers entfernt. Um den Fußboden wirksam zu erwärmen, ist es auch sehr

*) Diese Folgerung halte ich für einen ungültigen Beweis. Daß die Luft erhitzt ausströmt, ist nicht zu verkennen. Allein 1) strömt sie nicht unten in der Nähe des Fußbodens, sondern gewöhnlich über der Decke des Ofens aus, und steigt sogleich höher. Der erhitzte Luftstrom kommt also dem Fußboden nicht zu Statten. Ferner würde diese Hitze, welche durch die Cirkulirröhre aus dem Innern des Ofens ausdunstet, die Wände eines schmalen Ofens in niedrigerer Gegend durchdrungen haben und dem Fußboden mehr zu Statten gekommen seyn, besonders wenn diese Wände schräg auswärts geneigt sind. Bei breiten Oefen würde allenfalls diese Röhre dienen, um der Hitze im Ofen die Gemeinschaft mit der Zimmerluft zu erleichtern. 2) kühlt die untere Luftschicht, weil sie durch diese Röhre eine beschleunigte Bewegung erhält, den Fußboden mehr ab und veranlaßt einen schnelleren Eindrang der kalten Luft von außen. Ich halte daher die Cirkulirröhre für entbehrlich und unnütz. Um feuchte Stubenwände auszutrocknen, dient der Luftzug von innen eben so gut.

zweckmäßig, einen Hitzzug unmittelbar auf dem Fußboden anzulegen. Wenn man den Feuerherd wegen des hohen Terrains außerhalb der Brandmauer noch höher legen muß, um von außen einheizen zu können; alsdann läßt sich ein solcher Hitzzug unter dem Feuerherde mit besonderem Nutzen anbringen, welcher zugleich die Stelle des Ofenpostaments vertritt und den Aschenkasten in der Mitte bis auf das Aschenloch einschließt.

Die Cirkulirröhre ließe sich aber vielleicht dazu einrichten, ein daneben befindliches Zimmer mäßig zu erwärmen.

Ich würde die weite Mündung der Röhre in dem Nebenzimmer auf dem Fußboden anbringen, die Röhre durch die Scheidewand nach dem Ofen hinleiten, durch den Feuerkasten und die Decke desselben durchführen, und selbige durch die Scheidewand zurückführen.

§. 244.

Größe und Form des Feuerraums.

Je kleiner der Feuerraum ist, in desto kürzerer Zeit und mit desto wenigerem Holze läßt er sich erhitzen. Die Hitze ist gezwungen, sich schneller den Ofenwänden mitzutheilen, und kann sich weniger zerstreuen. Da man weniger Holz auf einmal einlegen kann: so brennt es besser. Die Einwendung, welche man hier aufwerfen kann, daß man öfter nachlegen muß, ist gegen diese Vortheile von wenigem Gewichte.

Die Flamme erfordert mehr Spielraum als das Kohlenfeuer. Die Verkleinerung des Feuerherdes ist besonders holzersparend bei Oefen, deren breitere Decke zu Kochkasten benutzt werden soll. Ein schmaler Ofen erfordert mehr Länge als ein breiter.

Die Höhe des Feuerraums muß dem Zwecke der Feuerung, der Beschaffenheit des Brennmaterials angemessen seyn. Zu Holz- oder Luftflammenfeuer muß derselbe mehr Höhe haben als zu Kohlenfeuer, weil die Flamme aufwärts ein freies Spiel verlangt und die Kohlen eine concentrirtere Hitze geben.

Die Flamme von Steinkohlen, Torf, Braunkohlen, erreicht selten die Höhe der Holzflamme. Diese erfordert daher auch einen höheren Feuerraum.

Der Feuerraum hat entweder eine platte oder gewölbte Decke. Ein Gewölbe drängt die Hitzstralen mehr zusammen und bildet einen (bei Längenöfen verlängerten) Hohlspiegel, welcher die sich oben zerstreuenden Hitzstralen wieder sammelt und sie mit vermehrter Dichtigkeit zurückwirft.

Die runde Form der Oefen bewirkt eine gleichseitige Erhitzung. Diese Oefen nennt man Kanonenöfen.

Sie haben den Fehler, daß die Hitze zu schnell aufwärts gejagt wird und daß sich nur ein Aufsatz von wenigem Flächeninhalt darauf anbringen läßt. Man sucht daher einen Theil der Hitze noch durch lange Rauchröhren von Blech zu benutzen. Diese Kanonenöfen würden eine wesentliche Verbesserung dadurch erhalten, daß man ihnen eine ovalrunde Gestalt gäbe, und sie auf diese Weise in Längenöfen verwandelte.

Die schmalen, länglich viereckigen Unteröfen sind zu Stubenöfen die gebräuchlichsten. Sie haben vor den breiten viereckigen Unteröfen einen entschiedenen Vorzug. Hierher gehören die Queröfen, von welchen oben geredet worden ist. Zu Kochöfen sind die unten schmalen, oben breiter auslaufenden Oefen die passendsten.

Die Winkel des Feuerraums der eckigen Oefen haben den Nachtheil, daß ein Theil des entwickelten Dampfs bei dem Brennen der Flamme entweicht, indem er längs der Winkel fortstreicht und sich von der Flamme entfernt. Dieser Dampf oder Rauch stößt hinten gegen das Sternblatt zusammen, und man sieht daher im hinteren Theile des Ofens sich den Rauch anhäufen, ehe er abzieht. Dieser macht, daß gewöhnlich das Holz, wenn es zu weit hinterwärts gelegt wird, hinten nicht ganz vollkommen verbrennt.

Daß die Winkel des Feuerraums die Ursache dieses unvollkommnen Verbrennens sind; dieses beweisen die Erscheinungen, welche ich bei Oefen in der Form einer liegenden Walze beobachtet habe.

Von diesen langrunden Oefen habe ich mehrere verfertigen lassen; und sie waren, wie ich glaube, bisher noch nicht zur Zimmerheizung gebräuchlich. *)

Man sieht bei diesen Oefen, daß sich der Dampf und die Flamme an ihren gewölbten Wänden fortwirbelt und so der Dampf vom Flammenwirbel verzehrt wird, ohne ihm zu entgehen. Die Flamme spielt eben so wirksam noch hinten und noch in der Rauchröhre aufwärts, so daß, wenn auch wirklich etwas Dampf aus dem Feuerraum durch diese unverbrannt aufstiege, der verzehrenden Flamme wenig entgehen kann. Das Holz verbrennt hinten rein und vollkommen, und man nimmt hinten nichts oder selten etwas von Rauch wahr.

Ein so lebhaftes Spielen der Flamme sahe ich noch bei keinem anderen Ofen. Der Rost hat darauf keinen Einfluß, denn es brennt ohne Rost wenigstens eben so gut.

Um diesen Ofen mit einem Roste zu versehen, ließ ich ihm einen platten Herd geben und gab der Wölbung mehr Höhe. S. folgende Figur.

*) Der Prof. Lampadius in Freyberg hat zum Sieden von Flüssigkeiten einen in denselben angebrachten Ofen angegeben, welcher wegen seiner länglich-runden Form mit diesen Aehnlichkeit hat.

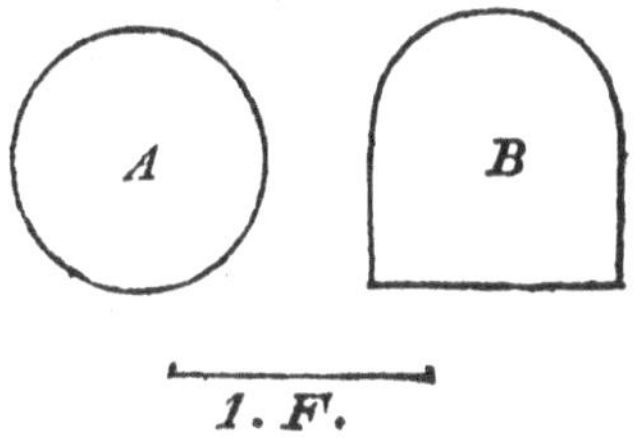

1. F.

A. Querdurchschnitt des Ofens ohne Rost.

B. Querdurchschnitt des Ofens mit Rost.

Ich habe diese Oefen zum Verkohlen des Holzes u. a. eingerichtet. Das zu verkohlende Holz umgiebt nemlich den äußeren Umfang derselben und ist in einem besonderen Raume eingeschlossen. Diese Einrichtung werde ich unten beschreiben. Sie ist fast unter allen die vortheilhafteste zum Verkohlen, aber für das Hauswesen nicht die bequemste.

Diese Oefen würden zwar, einfach oder ohne Verkohlung benutzt, ohne Aufsatz den Kanonenöfen vorzuziehen, aber doch nicht zu empfehlen seyn.

Zur Unterstützung des Aufsatzes muß man sich bei diesen Oefen eines mit Füßen versehenen Rahmens von gegossenem Eisen bedienen.

Der Aufsatz wird, wie andere zweckmäßige Aufsätze, nach gehörigen Regeln angelegt. Ich enthalte mich hier einen solchen Aufsatz zu beschreiben, theils weil es darüber schon eine Menge Anweisungen giebt, theils weil ich von den Ofenaufsätzen noch besonders sprechen werde.

Man kann hier ebenfalls auch einen Kochkasten aufsetzen, obgleich die gewölbte Decke des Feuerkastens nicht dazu benutzt werden kann.

§. 245.

Stellung des Ofens.

Die Hitze bewegt sich in divergirenden Strahlen vom Ofen aus. Je mehr man sich daher dem Ofen nähert, desto stärker oder dichter sind die Hitzstrahlen.

Es ist, wie bereits erwähnt ist, zur Erwärmung des Fußbodens oder eigentlich der untern Luftschicht des Zimmers sehr zuträglich, die untere Platte des Ofens, wo möglich, frei zu legen. Die Ofenwände müssen von allen Seiten frei gestellt seyn. Man stellt daher den Ofen einen Fuß von der Kaminwand ab.

Stellt man den Ofen in eine Scheidewand, um zugleich das Nebenzimmer zu heizen; so wird jede Ofenwand nur alsdann frei ausdünsten können, wenn man den Theil des Ofens, welcher die Scheidewand durchschneidet, mit einem wenigstens 6 Zoll breiten Blechstreifen einfaßt, oder auch, wenn man um den Ofen herum eine Durchsicht läßt.

Die Erde ist zwar an sich ein schlechterer Wärmeleiter als die Luft. Aber wegen ihrer Feuchtigkeit verschluckt sie viel Hitze. Dieserhalb ist es schädlich, den Ofen unmittelbar auf die Erde zu stellen, und nöthig, das Ofengewände von der

Erde durch den breternen Fußboden zu isoliren. Der gypserne Fußboden hält zwar die Feuchtigkeit zurück, leitet aber die Wärme in die Erde. Die untere Ofenplatte muß jedoch von dem Holze einen Fuß entfernt bleiben und das Holz überdieß mit einem Gypsüberzug gedeckt seyn.

Drittes Kapitel.

Von der zweckmäßigen und möglichst vollständigen Benutzungsart der durch das Verbrennen erzeugten Hitze.

§. 246.

Eine dem Hauptzwecke der Feuerung angemessene und möglichst vollständige Benutzung der durch das Verbrennen erzeugten Hitze ist eine der Hauptregeln der Holzsparkunst.

Bei Stubenöfen und anderen kleinen Feuerungen läßt sich die erzeugte Hitze ziemlich vollständig benutzen. Aber bei großen Feuerungen ist es in manchen Fällen gar nicht, in anderen nur zum Theil möglich. Ein jeder Sachverständige, welcher sich nicht bloß mit jenen, sondern auch mit diesen mit Nachdenken und praktisch beschäftigt hat, wird mir hierin gewiß beistimmen. Ich werde aber in der Folge mehrere Beweise beibringen, daß sich bei manchen Feuerungen im Großen die Hitze besser und vollständiger benutzen läßt, als es bisher geschehen ist.

Unter den mancherlei Zwecken, zu welchen das Feuer benutzt wird, ist 1) die Anwendung desselben zum Verkohlen der Hauptgegenstand meiner Bemühungen. 2) Werde ich den Zweck und die Vortheile des Verkohlens mit andern Zwecken der Feuerung in Verbindung zu bringen suchen; als um Zimmer zu heizen, zu kochen und zu braten, Flüssigkeiten zu sieden und zu verdampfen.

Eine möglichst vollständige Benutzung der durch das Verbrennen erzeugten Hitze zu den genannten Zwecken ist derjenige Gesichtspunkt, welchen ich hier zuerst verfolgen werde.

§. 247.

1) Vollständige Benutzung der Hitze zum Heizen der Zimmer.

Zu dieser Absicht ist es wesentlich erforderlich, daß der Unterofen, welchen wir bereits abgehandelt haben, mit einem Aufsatze versehen ist.

Er muß nach dem bekannten Grundsatze angelegt seyn, der im Ofen erzeugten Hitze möglichst viele Oberfläche darzubieten und sie auf diese allmälig abzusetzen. Man theilt zu dem Ende den Aufsatz in mehrere Züge oder Schläuche. Durch Verengerung der Schläuche vermehrt man ihren Flächeninhalt, und es vermehrt ihre Wirkung, wenn sie von allen Seiten frei stehen. Von engen Schläuchen lassen sich mehrere anbringen als von weiten. Die Kachelöfen haben daher gewöhnlich die fehlerhaftesten Aufsätze. Die Weite und Richtung der Schläuche hat auf den Luftzug einen sehr großen Einfluß. Durch Verengerung derselben wird die Bewegung des Rauchs (oder der erhitzten Luft) beschleunigt. In weiten Zügen kühlt sich daher der Rauch mehr ab, als in engen.

Die Schläuche sind entweder liegend (horizontal) oder senkrecht (vertikal). In den letzteren steigt oder fällt die Hitze.

In liegenden Schläuchen verweilt der Rauch länger, als im Aufsteigen. Er setzt in diesen mehr Hitze, aber auch mehr Ruß ab.

Am meisten wird der Abzug des Rauchs erschwert, wenn er herabzusteigen genöthigt wird. Er kühlt sich alsdann am meisten ab. Es ist Regel, ihn nicht tiefer als bis zur Decke des Feuerkastens herabfallen zu lassen. Läßt man ihn tiefer fallen, so bekommt der Ofen einen schwachen Zug. Dieses ist nun aber erforderlich, wenn man einen Hitzschlauch auf den Fußboden, tiefer als den Feuerherd legen will. Hier lasse ich den Schlauch durch den hinteren Theil des Feuerkastens herabsteigen, um dem herabsteigenden Rauche durch neue Erhitzung mehr Geschwindigkeit zu geben.

Den aufsteigenden Hitzzügen ist es angemessen, ihnen mehr Weite, den herabsteigenden hingegen weniger Weite zu geben.

Wenn man den Horizontalzügen mehr Höhe als Tiefe giebt, so ziehen sie besser.

Man bringt sie am besten unten hin, läßt ihnen die Vertikalzüge folgen, welche man oben wieder mit einem Quer- oder Horizontalzuge verbindet. Der erste auf den Querzug folgende Vertikalzug darf nicht fallend, sondern muß aufsteigend seyn.

Die Querzüge haben den Nutzen, daß sie die Haupthitze in der unteren Gegend des Zimmers absetzen.

Ich glaube wahrgenommen zu haben, daß ein Aufsatz, welcher fast aus lauter Querzügen besteht, keinen so wirksamen Luftzug dem Feuer gestattet, als der eben bezeichnete Aufsatz. Man hat Aufsätze, wo sich der Zug schneckenförmig aufwärts drehet. Diese würde ich letzteren vorziehen, wenn ihre Windungen nicht oben und unten verbauet wären. Denn die vielen Winkel, gegen welche sich der Zug abstößt, erschweren dort den Fortgang des Rauchs. Diese Winkel würde man vermeiden, wenn man oben und unten frei stehende cirkelförmige oder elliptische Schläuche über einander brächte, so daß der Rauch aus dem unteren in den oberen durch eine kurze Röhre aufsteigt. Ein ovalrunder Unterofen würde hierzu am passendsten seyn. Eine nähere Ansicht giebt Tab. VI. Fig. 1.

A. Die Ofendecke. Sie bestimmt die ganze Form des Unterofens Fig. 2. A. A.

Die Platten B. C. D. E. sind in Fig. 2. gleichlautend bezeichnet.

Fig. 2. a. c. e. g. sind die kurzen Zugröhren, durch welche die Schläuche verbunden sind. Sie dienen zugleich denselben statt der Füße.

b. d. f. h. die Füße auf der den vorigen Röhren entgegengesetzten schmalen Seite der Schläuche.

Jeder dieser Schläuche ist durch eine senkrecht stehende Zunge, die neben den Röhrenmündungen gestellt ist, geschieden. (S. Fig. 1. B. D. x. x.)

Jeder Schlauch ist nach der Kaminseite hin mit Reinigungslöchern versehen, welche mit Stürzen verwahrt sind.

Die Röhren Fig. 2. a. e. stehen nur wechselsweise senkrecht über einander; weil sich der Zug wechselsweise hinter und vor den Zungen in die Höhe werfen muß. Um aber den Schläuchen D. D. hier die gehörige Auflage zu geben, sind ähnliche Füße wie auf der anderen Seite untergesetzt, die die unteren Röhren nach einer senkrechten Linie durchschneiden. Hinter ihnen sieht man im dunkleren Schatten die Röhren selbst.

Oben ist der Aufsatz zugedeckt, damit die Hitze, welche die inneren Wände der Schläuche ausdünsten, nicht gegen die Decke des Zimmers getrieben wird.

Die Gestalt und Höhe des Aufsatzes muß sich zum Theil nach der Größe und Gestalt des Unterofens, der Höhe des Zimmers u. a. Umständen modelliren. Bei der Erbauung des Ofenaufsatzes scheint es mir überhaupt mehr auf eine gute Beurtheilungsgabe, als auf positive Regeln anzukommen.

Einige rathen an, den Aufsatz so hoch zu führen, daß er nur 1 Fuß von der Decke des Zimmers entfernt bleibt. Allein man muß sich doch hier auch nach dem Durchmesser der vertikalen Schläuche richten, besonders wenn sie von Dachziegeln erbauet sind. Ueberhaupt darf man den Schläuchen niemals so viel Länge geben, daß der Rauch die Abzugsröhre nach dem Kamine hin nicht mehr erwärmt. (Da die irdenen Aufsätze für die Hitze ein schlechterer Wärmeleiter sind als die eisernen; so müssen bei den ersteren die Kanäle auch mehr Länge erhalten, als bei den letzteren. Eben dieses ist erforderlich, wenn der Unterofen nicht von Eisen ist; indem alsdann mehr Hitze in den Aufsatz übergeht.) Denn diese zu weit getriebene Abkühlung des Rauchs veranlaßt einen Niederschlag von Feuchtigkeit in den letzten Schläuchen, und einen schwachen Luftzug; indem der Rauch durch erwärmte Röhren schnell, durch erkaltete langsam oder gar nicht abzieht. Die aus dem Ofen fortzuführenden Gasarten, das kohlensaure und Stickgas, besitzen alsdann zu wenig Expansivkraft, um dem Druck der äußeren Luft hinlänglichen Widerstand zu leisten; so daß diese oft jene mit dem Rauche zurückdruckt. Wenn ein Ofen von einem mittelmäßigen Zuge eine Zeit lang nicht ist geheitzt worden, mithin eine niedrige Temperatur angenommen hat; so sieht man nicht selten, daß er Anfangs gar nicht ziehen will, bald aber in Zug kommt, wenn man einen Strohwisch vor der Abzugröhre anbrennt.

§. 248.

Abzugröhre nach dem Kamin.

Sie darf bei dem Heizen weder kalt bleiben noch heiß werden. Im letzteren Falle geht zu viel Hitze verloren; es sprühen Funken aus der Röhre heraus, und durch diese kann sich der Ruß im Kamine entzünden.

Je höher hinauf sich die Abzugröhre in den Kamin einmündet, desto mehr wird der Rauch und die Ofenluft dem äußeren Luftdruck widerstehen. Daher darf auch dieselbe nicht aus einem fallenden Zuge entstehen. Denn dieses macht wenigstens den Luftzug unsicherer; so daß bei dem Oeffnen der Einheizthür sich jedesmal Rauch herausdrängt. Oft drängt sich auch bei verschlossener Thür schon Rauch hervor. Daher können dergleichen Oefen, bei welchen die Abzugröhre niedrig angebracht ist, äußerst selten von innen geheizt werden, ohne nicht mehr oder weniger durch den Rauch belästigt zu werden. Am ärgsten ist dieses bei Oefen, welche im Uebrigen schon schlecht gebauet sind, z. B. bei den meisten Kachelöfen.

Es läßt sich auch, um den Abzug nach dem Kamine hin zu erleichtern, von der Erweiterung der Abzugröhre nach oben etwas erwarten.

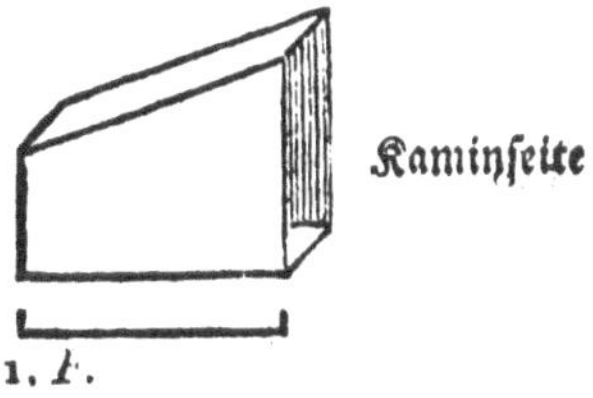

§. 249.

Bei Oefen, bei welchen Blechröhren angebracht sind, ist es des Reinigens wegen sehr bequem, jedem Knie eine Kapsel zu geben, indem man alsdann nicht nöthig hat, die Röhren abzunehmen; wie folgende Figur zeigt:

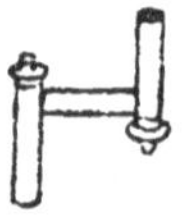

Führt man die Röhre durch die Decke des Zimmers; so läßt man ein weiteres Loch als diese einschneiden und nagelt einen eisernen Ring darauf, der die Röhre genau ausfüllt. Den Raum der Röhre aber läßt man mit Steinen ausfüttern, damit sich das Holzwerk in der Nähe nicht entzünden kann.

Die Abzugröhre versieht man häufig mit einer Klappe oder einem Schieber, um sie nach geendigter Feuerung verschließen zu können, damit die äußere kalte Luft nicht so schnell eindringt und die Wärme im Ofen länger verweilt.

Meistens sind sie aber von Eisenblech, durch welches das Innere des Ofens früher abgekühlt wird, als durch irdene. Daher die letzteren passender sind.

Man schließt gewöhnlich die Röhre zu, sobald das Holz bis zur Kohle abgebrannt ist oder keinen Rauch mehr giebt. Wollte man auch den Luftzug zu den Kohlen abschneiden; so würden diese erlöschen. Da nun aber während des Fortglühens der Kohlen die Erzeugung des kohlensauren und Stickgases fortdauert, und diesen der Abzug fast gänzlich abgeschnitten ist; so werden sie, im Falle daß vom Zimmer aus eingeheizt wird, den Weg ins Zimmer einschlagen und die Zimmerluft verderben. Schließt man die Röhre erst alsdann, wenn die Kohlen abgebrannt sind; so hat dieses viel weniger Nutzen, und die im Ofen angehäuften Gasarten treten zum Theil ins Zimmer über. Die Klappe ist also zu widerrathen, wenn von innen geheizt wird.

Geschieht dieses von außen; so wird auf den Zeitpunkt, wenn man zudrehen kann, selten die genaue Aufmerksamkeit verwandt, welche man allenfalls leichter von innen beobachten könnte. Die Dienstbothen, welche das Heizen besorgen, vergessen aus Mangel an Sorgfalt häufig das Zudrehen; nicht selten auch das Aufdrehen bei dem Einheizen, besonders wenn das Zudrehen nicht immer geschieht; und die Folge davon ist, daß die Fugen des Ofens aus einander getrieben werden. Manchen Leuten ist es sogar schwer, sich die Richtung der Klappe zu merken, in welcher der Zug geschlossen oder offen ist.

Indeß dieser Mangel an Aufmerksamkeit kann allein die gute Sache nicht verwerflich machen. Ich habe mich aber bis jetzt noch nicht überzeugen können, daß der Ofen, wenn man den Luftzug von unten abschneidet, sich nicht so lange warm erhielte, als wenn man oben zuschließt.

§. 250.

Ich erinnere mich, daß mir ein sehr entfernter Bekannter aus W.. vor ein paar Jahren den Vorschlag communizierte: man solle die im Innern des Ofens eingeschlossene Wärme, die nicht gänzlich durch seine Wände durchdünsten könne, nach jedesmaliger Feuerung durch eine Oeffnung im Aufsatze unmittelbar ins Zimmer übertreten lassen. Diese Wärme, setzte derselbe hinzu, sey immer noch bedeutend, wenn auch der Ofen auf seiner äußeren Fläche beinahe schon kalt wäre. Allein die Befolgung dieses Vorschlags würde ich gänzlich widerrathen, weil die Ofenluft die Luft des Zimmers verderben würde.

§. 251.

Abkühlung des Rauchs zur Feuchtigkeit, Ruß.

Kühlt man den Rauch gänzlich ab; so schlägt sich derselbe als ein mit brenzlichen Oeltheilen geschwängertes säuerliches Wasser nieder, welches man fälschlich Rußfeuchtigkeit zu nennen pflegt.

Wenn aus dieser eigentlichen Rauchfeuchtigkeit die Wässerigkeit frei verdunsten kann; so bleibt das Oel im verdickten Zustande zurück und hängt sich pechartig an. Von dieser Beschaffenheit ist der Kaminruß, welchen man daher auch Glanzruß nennt.

Der Ofenruß besteht meistens bloß aus Kohlenstoff, und ist daher fast bloß Flug- oder

Flatterruß, welcher von Kiehnstöcken auch den Namen Kiehnruß führt.

Der Glanzruß des Holzes dient auch, so wie der Kiehnruß, zur Wassermalerfarbe, (indem man ihn mit Wasser geschlemmt und getrocknet hat,) unter dem Namen des Rußbrauns oder Biester.

Den Oel- und Kiehnruß braucht man wegen seiner Schwärze besonders zu Oel- und Pastellfarben, nachdem man ihn in verschlossenen Gefäßen für sich hat durchglühen lassen. Aus dem Ruße des Torfs, der Steinkohlen, läßt sich Ammoniak abscheiden und zur Bereitung des Salmiaks benutzen.

§. 252.

Vormals hielt ich es mit Rumford für möglich, durch Abkühlung des Rauchs zur Feuchtigkeit der Rauchkamine gänzlich zu entbehren.

Ich ließ damals den Rauch in Säulen von 1 Fuß im Durchmesser abwechselnd steigen und bis auf den Fußboden herabfallen, leitete ihn in einem weiten Schlauche auf der Erde fort, aus welchem eine Röhre die Rauchfeuchtigkeit unter dem Fußboden fort durch die Kaminwand führte, welche durch die Küchenrinne weiter fortgeschafft wurde.

Auf diese Art wurde der Rauch vollständig niedergeschlagen.

Da aber der Rauch nach erkalteten Röhren nur mit Schwierigkeit hinzieht; so war es sehr natürlich, daß er sich desto mehr im Ofen anhäufen mußte; daß das Feuer schlecht brannte, vielen Rauch hinterließ und einen schlechten Zug hatte. Ein Theil Feuchtigkeit schlug sich schon in dem untersten Schlauche (auf dem Fußboden) nieder und verursachte Geruch im Zimmer.

Hieraus folgt also, daß die vollständige Benutzung der Hitze für die Zimmererwärmung mit bei weitem größerem Nachtheile für das Verbrennen, für die Quelle der Hitze, unvermeidlich verbunden ist.

Wenn man also mit Grund behauptet, daß der Rauch seine Wärme nicht gänzlich verlieren darf; so heißt dieses mit anderen Worten, der Rauch muß Rauch bleiben. Denn sobald dieser seine Wärme gänzlich verliert, wird er zur Feuchtigkeit, welche die abgekühlten Röhren durchnäßt, Schmutz und Geruch verursacht, die Kaminwand durchweicht und verdirbt.

§. 253.

Ein langsamer Umlauf des Rauchs durch die Schläuche, sein Verweilen in denselben, wirkt abkühlend für den Rauch.

Zu dieser Verzögerung trägt bei: 1) wenn man ihn mehr horizontal als steigend leitet; 2) mehr sich herabzusenken als aufzusteigen zwingt; oder 3) ihn in einen weiten Raum austreten läßt. Dadurch wird nicht allein die Entstehung der Rauchfeuchtigkeit in den abgekühlten Röhren, sondern auch die

Ansammlung des Rußes in den weniger abgekühlten Röhren sehr begünstiget. Dieser Ruß ist die Folge des langsamen Luftzuges, wirkt aber wieder als Ursache desselben zurück, sobald er sich anhäuft, die Schläuche verengt und den Durchgang der Luft erschwert. Dieser Ruß erschwert überdieß auch, als schlechter Wärmeleiter, das Durchdringen der Hitze.

Der Rauch verdichtet sich noch viel eher zur Feuchtigkeit, wenn man die Rauchröhre durch die kalte Luft, durch ein kaltes Zimmer hindurch führt, ehe sie das Kamin erreicht.

Ein schneller Abzug des Rauchs beschleunigt den Luftzug. Er ist nothwendig bei Oefen, die einen hohen Grad von Hitze hervorbringen sollen. Ein mittelmäßig schneller Abzug des Rauchs, die lauwarme Temperatur der Abzugröhre ist für Zimmeröfen das Vortheilhafteste.

§. 254.

Rauchkamine, Rauchkammern.

Das Rauchkamin muß, damit es seinen Zug behält, vor der Abkühlung ebenfalls geschützt seyn. Denn ein völlig erkaltetes Kamin ist nicht im Stande, den Rauch weiter fortzuführen. Man vermeide daher in den Kaminwänden die Thüren oder Klappen von Eisenblech, wenn sie der kalten Luft ausgesetzt sind, oder gebe ihnen wenigstens von außen ein hölzernes Futter.

Das Zulegen der Kamine schützt dieselben vor der Erkältung; sie ziehen besser und sicherer, und die darin aufbewahrten Fleischspeisen sind vor dem Erfrieren gesichert.

Das Zulegen des Rauchschlotts in den Küchen ist sehr zu empfehlen. Erstens sind dieselben vor dem Rauche völlig geschützt; zweitens können sie statt einer Gesindestube zugleich dienen, indem sie sich warm erhalten lassen und keine Kälte belästigt. Welche Wohlthat für das Gesinde, welches in den kalten Küchen mit vielem Wasser zu thun hat, und oft bei dem Scheuern und Abwaschen der Geräthe Hände und Füße erfriert!

Ein Rauchschlott ist ein unentbehrlicher Hausbedarf, um Fleisch und Fische darin vom Rauche durchdringen zu lassen und vor dem Verderben zu verwahren. Zu dieser Absicht sind die Rauchkammern bequemer.

§. 255.

2) Benutzung der Hitze zum Dörren. Malz-, Cichorien-, Tabaks- und Obst-Dörren.

Die Dörren dienen, um feuchte Körper abzutrocknen, (abzuwelken).

Zur Zerstreuung ihrer wässerigen Theile bedient man sich der Hitze eines Feuers entweder so, daß der Rauch und die erhitzte Luft aus dem Feuerraum in Schläuchen fortgeführt sind und durch einzelne Oeffnungen mit dem abzutrocknenden Körper in unmittelbare Berührung kommen (Rauchdörren); oder so, daß die reine Hitze bloß durch die Wände

der

der Kanäle durchdunstet und kein Rauch jene Körper berühren kann.

Die abzutrocknenden Körper liegen entweder auf dräthernen Horden oder auf glasurten gebrannten Steinen, welche von unten erhitzt werden. Die verschloßnen Rauchkanäle sind entweder von gegoßnem Eisen, auch von Eisenblech, und laufen unter den Horden fort; oder man läßt den Rauch in weite Räume austreten, welche mit gebrannten Steinen zugedeckt sind. Da diese aber die Wärme schwerer durchlassen, so geht es mit dem Abtrocknen langsamer, als wenn man sich eiserner Rauchkanäle und der Horden bedient. Zum Abtrocknen des saucirten Tabaks sahe ich Dörren, wo eine über der anderen, auch neben der anderen, durch Ein Feuer geheizt wurde; der Tabak lag auf sogenannten Fließen (oder glasurten Steinen).

Wenn man die verschlossenen Dörren mit den Rauchdörren vergleicht, so hat jede ihrer Art vor der anderen auf einer Seite gewisse Vorzüge voraus, auf der anderen aber auch ihre Mängel. Wir wollen hier beide gegen einander abwägen und darnach ihren relativen Werth bestimmen.

Es ist eine bekannte Erfahrung, daß das Getreidemalz, die Cichorien, von dem Rauche des Holzes keinen Geruch oder Geschmack annehmen; woraus also den Rauchdörren kein Tadel erwachsen kann. Man sagt, daß sie selbst vom Rauche des Torfs und der Steinkohlen nichts annehmen, worüber ich keine eigene Erfahrung habe.

Die durch das Feuer erhitzte Luft und der Rauch, welche hier von unten den feuchten Körper von allen Seiten durchstreichen, zerstreuen die Feuchtigkeit auf eine sehr wirksame Art und treiben vermöge ihrer Elastizität die Dünste in die Höhe. Dieses und der Umstand, daß die Körper einem beständigen Luftzuge von unten ausgesetzt sind, der durch das Feuer hervorgebracht wird, geben den Rauchdörren einen sehr wichtigen Vorzug vor den verschlossenen. Man ist daher auch beinahe durchgängig von diesen wieder zu den vorigen zurück gekehrt. Die Kosten, welche die eisernen Dörren verursachen, die kostbarere Unterhaltung derselben wegen der Zerstörbarkeit des Eisens bei dem heftigen Feuern, haben jedoch schon verhindert, daß ihr Gebrauch eben nicht sehr häufig geworden ist.

Bei dem Bau einer Dörre kommt es am meisten darauf an, den Feuerkanal so anzulegen, daß er einen möglichst starken Luftzug hervorbringt; weil der Abzug des Rauchs durch die Gegenlage von abzutrocknenden Körpern, welche bei dem Getreidemalze am dichtesten ist, und durch ihre Feuchtigkeit selbst, so wie durch die mit feuchten Dünsten beladene Luft über den Horden, sehr erschwert ist.

Hieraus folgt, daß ein schneller Abzug der feuchten Dünste (des Brodems) den Abzug des Rauchs erleichtern und mithin den Luftzug verstärken wird.

Kann der Brodem nicht sogleich nach seinem Entstehen schnell genug abziehen; so schlägt er sich wieder auf das Malz oder die Cichorien zurück;

woraus ein großer Verlust an Zeit und Holz entsteht.

Die Anhäufung des Rauchs in dem Gebäude macht den Arbeitern viel Beschwerde. Oft liegt die Schuld an der Einrichtung des Feuerkanals und der Rauchkanäle selbst, welche an sich keinen wirksamen Luftzug hervorbringen können, oft auch an der zu geringen Höhe des Gebäudes und des Rauchschlotes.

Wann der Arbeiter das Umwenden verrichtet; so ist er unvermeidlich der Wirkung des Rauchs ausgesetzt. Um die Augen davor zu schützen, dient eine aus Uhrgläsern zusammengesetzte Brille, welche einem jeden Arbeiter sehr anzurathen ist.

Eine gleichmäßige Vertheilung der Hitze verdient bei der Anlage einer Dörre eine vorzügliche Rücksicht; denn bei einer ungleichmäßigen Vertheilung der Hitze dörrt es auf einer Horde schneller als auf der anderen, in der Mitte schneller als an den Seiten.

Man legt die Horden gewöhnlich so, daß sie in einem stumpfen Winkel aufwärts gerichtet gegen einander stoßen. Dieses geschieht darum, daß sich die Horden nicht so leicht eindrucken. Ferner nimmt die Dörre, wenn die Horden auf diese Art gestellt sind, weniger Breite ein, als wenn sie platt gelegt sind, und man kann das Malz u. a. besser umwenden.

Wenn z. B. jede Horde 6 Fuß Länge hat, mithin 2 gegen einander stoßende, platt gelegt,

12 Fuß Raum erfordern; so nehmen diese nur 10 Fuß, 4 Zoll ein, sobald sie so gelegt sind, daß sie einen Winkel von 3 Fuß Höhe bilden. S. beistehende Figur.

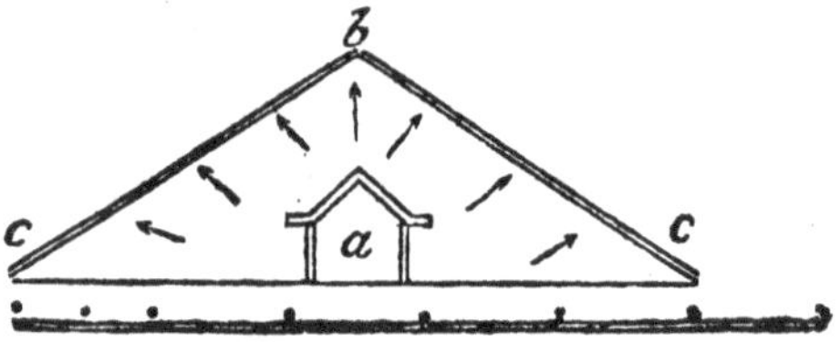

12. *F.*

Da aber die Hitze am liebsten aufwärts steigt; so wird, wenn der Rauchkanal in der Mitte der Rauchkammer liegt, welcher durch lit. a. im Querdurchschnitte mit 2 Rauchlöchern an der Seite angedeutet ist, die Hitze oder der Rauch hauptsächlich nach oben wirken, s. b., an den Seiten c. c. wird es wenig oder gar nicht trocknen, und immer stärker, je höher hinauf.

Bringt man daher den Rauchkanal an die Seiten längs der Backenmauer hin; so wird es hier eben so gut trocknen, als höher hinauf. Aber auf der Seite, wo der Feuerkanal liegt, trocknet es jetzt schneller, auf der entgegengesetzten langsamer.

Eine vorzüglich gute Dörre verdient meiner Ueberzeugung nach folgende im Entwurf mitgetheilte genannt zu werden.

Erläuterungen zu Tab. VII.

Die Einheizöffnung befindet sich an der einen Giebelmaüer der Dörre. S. A. A. Fig. I. II. Ihr gegenüber ist die Oeffnung zum Herausholen des Malzes, s. B., welche mit einem hölzernen Schieber verschlossen ist.

Die Oeffnung A. ist von der Thür nicht gänzlich verschlossen, sondern sie läßt unten einen Theil zur Luftöffnung unbedeckt, s. a. a.

Der Rost dient bloß zum Durchfallen der Asche. C. ist das unter dem Roste befindliche Aschenloch. Der Feuerherd ist 15 Zoll tiefer gelegt als der Herd der Rauchkanäle, D. D.

Die inneren Wände des Feuerkanals sind von Eisen. Jede Wand besteht aus einer vorderen und hinteren Eisenplatte. S. Fig. III. und IV. E. F. und F. G. Sie sind 1 Fuß hoch. Zwischen diesen Platten und dem äußeren steinernen Gewände bleibt ein Zwischenraum von 6 Zoll Breite. S. H. H. Fig. I. und II.

Da wo beide Eisenplatten in einem stumpfen Winkel zusammenstoßen, sind sie mit Rändern versehen, welche auswärts geworfen sind, um sie hier zusammenzuschrauben. S. Fig. III.

Diese Platten erhalten die ganze Seitenhitze des Feuers, und da sie vorne offne Kanäle bilden, so strömt beständig kalte Luft in sie von außen ein, welche hier einen hohen Grad von Erhitzung annimmt. Der Kanal, in welchem sie sich fortbewegt, ist oben mit einem Steine zugelegt und im Lichten 1 Fuß hoch. Sein Boden steigt aber von I. nach K. allmälig 6 Zoll, so daß der Kanal am Ende nur noch 6 Zoll Höhe behält. Seine Decke bleibt sich gleich und liegt mit dem Pflaster der Rauchkammer L. L. und dem Boden der Rauchzüge D. D. in gleicher Wage. Dieser Kanal strömt seine Hitze durch die im Pflaster der Rauchkammer befindlichen Löcher M. aus, (die nur auf einer Seite angedeutet sind).

Damit kein Malz hineinfällt, läßt man 2 dachförmig gegen einander gestellte Steine darüber setzen, deren offne Giebel gegen einander weisen.

Wenn man mit dem Nachfeuern aufhört, setzt man die äußeren Luftlöcher H. H. mit einem Steine zu.

Die Wirkung dieser erhitzten Luftkanäle ist groß; und ich glaube, daß schon dieserwegen die hier entworfene Dörre, sowohl zum Abdörren des Getreidemalzes als der Cichorien, allgemein eingeführt zu werden verdient.

Dem Feuerkanal und den Rauchkanälen lasse ich 18 Zoll Höhe geben und wölben. Durch den Zungenpfeiler N wird das Feuer gleichförmig rechts und links vertheilt. Es steigt nun 15 Zoll über dem Feuerherde aufwärts, indem es an der hinteren Eisenplatte hinauf- und über der schmalen Decke des Hitzkanals hinwegstreicht. Sein Fortgang in den Rauchkanälen ist durch Pfeile angedeutet.

Die Rauchlöcher fangen mit 1 Zoll Weite an und endigen sich zu 3 Zoll. Sie sind so verschoben gerichtet, daß keine Flamme hindurch schlagen kann. Die Flamme spielt oft fast bis ans Ende der Rauchkanäle vor allen Löchern vorbei, ohne daß man sie durchschlagen sieht. Durch diese Richtung der Löcher, so wie durch die breite Ueberdachung derselben, wird der Entzündung des Malzes u. a. vorgebeugt. Der Brand entsteht aber meistentheils von der Saumseligkeit des Arbeiters, wenn nemlich das Umwenden zu selten geschieht, vergessen oder verschlafen wird, oder auch wohl, wenn das Feuer länger fortbrennt, als nöthig ist, und das bereits trockne Gut auf den Horden liegen bleibt.

Die Löcher sind mit ihrem Rauchkanale abgedacht, so daß die Abdachung noch 6 Zoll über die Löcher hervor tritt.

Die Horden ruhen in der Mitte der Dörre auf einem starken Eisenstabe, welcher mit seinen Enden auf den Giebelmauern aufliegt, und außerdem von einigen Pfeilern unterstützt ist. Mit ihrem anderen Ende liegen sie auf den Backenmauern auf, deren Schlußsteine oben zur Hälfte ihrer Länge eine Falzvertiefung haben, gegen welche die Horden sich stützen.

Damit sich die feuchten Dünste und der Rauch nicht im Gebäude verweilen, dient für beide der mit einem Brodemfange versehene Rauchschlot. Je mehr Höhe man letzterem geben kann, desto besser und sicherer wird er ziehen.

§. 256.

3) Benutzung der Hitze zum Kochen und Braten der Speisen, Koch- und Bratöfen.

Wenn man die beträchtliche Hitze, welche in der Küche theils für das Gewände des Herdes, theils für die äußere Luft ungenutzt verloren geht, zur Zimmerheizung benutzt, indem man einen Stubenofen zugleich zum Kochen und Braten einrichtet; so wird die Holzconsumtion dadurch eben so zweckmäßig eingeschränkt, als durch das Einschließen des Feuers des Küchenherdes und das Einschließen der Koch- oder Bratgeschirre.

Es kocht ferner in einem eingeschlossenen Kochraume, (wenn nemlich der Ofen und das Kamin gut zieht), nicht allein bei wenigerem Holze, sondern auch schneller, als bei offnem Feuer; und die Siedehitze dauert nach geendigter Feuerung noch 1½ bis 2 Stunden fort, welche bei offnem Feuer bald nach dieser aufhört. Die Flüssigkeiten sind mehr vor dem Ueberlaufen gesichert, weil sie nicht der jähen Hitze des freien Feuers ausgesetzt sind. Die Geschirre werden von keinem Rauche beschmutzt. Die Speisen können niemals raucherig werden, und mehrere gerathen besser und schmackhafter, als bei offnem Feuer. Ich habe bemerkt, daß besonders Mehlspeisen darin sehr gut gerathen, auch Kuchen und Backwerk.

§. 257.

Koch- und Bratgeschirre.

Die irdenen, eisernen und kupfernen sind die gebräuchlichsten.

In eisernen und kupfernen Gefäßen kocht und bratet es schneller als in irdenen, in Gefäßen von Eisen- oder Kupferblech schneller, als in Gefäßen von gegossenem Eisen.

Die gegossenen sind zum Gebrauch etwas zu lästig; dieserhalb würde ich immer die von Eisenblech vorziehen.

Die letzteren kann man verzinnt oder unverzinnt haben. Da aber die Verzinnung sich nach und nach abscheuert, und das Eisen, wenn sich auch manchmal davon etwas auflösen sollte, der Gesundheit keinen Nachtheil bringt, so kann man sie auch unverzinnt gebrauchen. Ich habe jedoch bemerkt, daß, so lange die innere Oberfläche des Gefäßes noch etwas rauh und durch den Gebrauch noch nicht abgeschliffen ist, einige Speisen, z. B. Reis, Graupen, Hafergrütze, davon ein schwärzlich graues Ansehen und einen etwas tintenartigen Geschmack annahmen, welches sich aber nach und nach verlor; ein Beweis, daß jene Hülsenfrüchte einen in schleimigen Theilen eingehüllten adstringirenden Stoff (Gallussäure) enthalten, der durch das Kochen entwickelt wird.

Diese blechernen Gefäße sind nicht allein wegen des schnelleren Siedens, sondern auch wegen ihrer

Dauer den irdenen vorzuziehen. Aus dem Grunde sind sie die allerwohlfeilsten. In der Blechfabrik zu Suhl kann man sie von jeder Gestalt und Größe zu billigen Preisen erhalten. Die irdenen Gefäße haben wegen ihrer Porosität eine Glasur. Die Bleiglasur ist die häufigste. Sie ist aber nie so dicht, daß keine Feuchtigkeit durchschwitzen könnte. Es ist sehr lobenswerth, daß man die für die Gesundheit bedenkliche Bleiglasur durch unschädliche Glasuren zu ersetzen sucht, wie durch Glasfritte, Kochsalz, Braunstein. Letztere nennt man Sanitätsgeschirre.

Die kupfernen Gefäße sind beträchtlich theurer, als die von Eisenblech. Man hat sie wegen der schädlichen Eigenschaft des Kupfers, im aufgelösten Zustande Uebelkeit, heftiges Erbrechen und Bauchgrimmen zu erregen, inwendig mit Verzinnung. Da aber diese nicht von langer Dauer und schädlicher ist, als das Kupfer; so behalten auch hier die Gefäße von Eisenblech den Vorzug.

Ob sich gleich während des Kochens nichts vom reinen Kupfer auflöset; so ist es doch vielleicht nicht selten der Fall, daß das Gefäß vor dem Gebrauche nicht gänzlich von allem Kupfer-Roste (oder Grünspan) gereinigt worden ist. Das Gesinde beobachtet nicht immer strenge Reinlichkeit, wenigstens kann man es nicht immer so haben, wie man es wünscht. Das völlig reine Gefäß kann, ehe es wieder gebraucht wird, rostig geworden seyn. Läßt man etwas Saures, oder Speisen, die leicht säuern, darin stehen; so wird das Gefäß vom Roste angegriffen, welcher sich auflöset.

Je mehr Bodenfläche die Gefäße dem Feuer nach Verhältniß ihrer Höhe darbieten, desto schneller kocht es darin. Niedrige und breite Gefäße verdienen daher häufiger benutzt zu werden.

In bedeckten Gefäßen kocht es schneller, als in offnen, weil der Deckel sowohl die äußere kältere Luft ab- als die Dünste zurückhält, welche die Hitze fortführen.

Hölzerne Deckel sind den metallenen und irdenen vorzuziehen. Zu Schmor- oder Bratpfannen hat man Deckel, die ihrer Gestalt angemessen und gewölbt sind. Ich habe sie aber nur bei irdenen gesehen. Auch die eisernen kann man damit versehen. Man verklebt sie mit Papier und nennt dieses: Speisen eindämpfen.

Dieses hat besonders seinen Nutzen, wenn Fleisch oder Fische in Wein oder Weinessig gekocht werden sollen, von welchen sich in der Hitze zu viel verflüchtigen würde. Die den Speisen zugesetzten Gewürze verlieren durch Verdunsten vieles von ihrer Kraft und oft gerade ihre angenehmsten Theile. Dieses läßt sich durch das Eindämpfen ebenfalls verhüten. Fette und feste Fleischarten, Schinken, werden, auf solche Weise gebraten, bei weitem kräftiger und schmackhafter als in einer offnen Pfanne. Weiche Fleischarten, z. B. Kalbfleisch, Hüner, zerfallen aber in einer solchen verschlossenen Pfanne, ehe sie braun geworden sind. Bei diesen ist daher eine offne Pfanne nothwendig. Jene ist also ein nicht gut zu entbehrendes Küchengeräthe. Das Fleisch wird in selbiger durch die heißen Dünste erweicht und gebraten. Die Gemüse werden darin ebenfalls sehr schmackhaft.

Bei dem Gebrauche einer offnen Pfanne ist es rathsamer, den Braten nicht unmittelbar in die Flüssigkeit einzutauchen, sondern ihn über derselben auf einen Rost zu legen, so daß er bloß durch die aufsteigenden Dünste gahr gebraten wird.

Auf Braupfannen, Siedepfannen, Kesseln ist eine hölzerne Decke von wesentlichem Nutzen, und es verräth keinen guten Wirth, wenn sie fehlt. Wenn auch in gewissen Fällen die Flüssigkeit zum öfteren während des Siedens umgerührt werden muß; so ist es leicht, einen Theil der Decke zurückzuklappen.

Die Holz- und Zeitersparniß, welche aus dem Zurückhalten der Dünste sowohl, als aus der Benutzung derselben zum Sieden erwächst, ist von großer Bedeutung für die Oekonomie. Die kalte Luft wird von der Oberfläche der Flüssigkeit abgehalten; die Dünste geben ihre Hitze, welche sie sonst der Flüssigkeit entziehen, an diese zurück. Die Flüssigkeit läßt sich daher in kürzerer Zeit und mit wenigerem Holze ins Sieden setzen. Aus der Benutzung dieser Dünste, um wieder andere Flüssigkeiten zu erwärmen oder zu sieden, entspringt eine zweite nicht minder bedeutende Holzersparniß.

Bei Flüssigkeiten nemlich, welche während des Kochens nicht umgerührt werden dürfen, und bloß kochen, nicht verdampfen sollen, darf man sich zu dem Ende nur eines Gefäßes bedienen, welches die Stelle des Deckels für das untere Gefäß vertritt. Von dieser gelegentlichen Benutzung der Wasserdünste zum Sieden werde ich jetzt besonders reden.

§. 258.

Gelegentliche Benutzung der Wasserdünste: A) zum Sieden.

Bei Siedekesseln läßt sich in vielen Fällen eine Siedepfanne auf denselben anbringen und eine beträchtliche Menge Flüssigkeit nebenbey ohne besondern Holzaufwand erhitzen.

In dergleichen Fällen lasse ich auch den oberen um den Kessel herumgeleiteten Zug nicht mit Steinen zudecken, sondern ich benutze die gegen die gewöhnlich angebrachte Decke desselben andringende Hitze, welche für diese doch ohne Nutzen verloren geht, zugleich mit zum Sieden der oberen Flüssigkeit. Die Pfanne greift nemlich alsdann über den Kesselrand 8 — 9 Zoll über, wenn der Zug 6 Zoll breit ist, so daß sie eben so viel Flüssigkeit fassen kann, als der Kessel selbst, und ihr Boden im äußeren Umkreise die Decke des Zuges selbst bildet. Dieses ist aber nur alsdann in Ausführung zu bringen, wenn die Pfanne selten oder nie abgehoben zu werden braucht. Muß sie aber beweglich gelassen werden; so läßt man den Zug, wie gewöhnlich, zudecken und stellt erst alsdann die Pfanne darauf, so daß sie blos durch die Wasserdünste, welche aus dem Kessel aufsteigen, erhitzt wird. Zum bequemeren Abheben werden 3 Ketten an der Pfanne angehängt, welche oben in eine zusammen laufen, welche letztere über eine Rolle gezogen werden kann. Dieses kann besonders in Färbereien und in anderen Fällen großen Vortheil bringen. Muß die Flüssigkeit von Zeit zu Zeit abgelassen und mit neuer ersetzt werden; so muß die Siedepfanne und der Kessel einen Hahn haben. Ist es nöthig, daß die untere Flüssigkeit von Zeit zu Zeit umgerührt oder feste Körper in die Flüssigkeit eingetragen werden; so kann man dieses verrichten, ohne daß die Pfanne zu dieser Absicht abgehoben zu werden braucht.

Auch kann das Reinigen des Kessels, ohne die Pfanne abzuheben, geschehen; für welche Fälle der Boden der Pfanne in seiner Mitte zur Aufnahme eines aufgenieteten Cylinders durchbrochen ist.

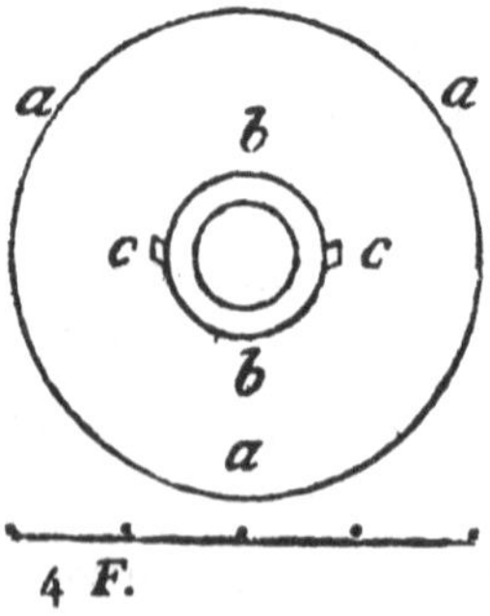

a. a. a. stellt den oberen Rand der Pfanne, b. b. den oberen, 2 Zoll tiefer gelegenen Rand des Cylinders vor. Der untere Rand des Cylinders ist auf dem Boden der Pfanne aufgeniethet. Diese untere Oeffnung des Cylinders hat mit der oberen gleiche Weite. Die Pfanne ist 15 Zoll, der Cylinder also 13 Zoll hoch. Der 2 Zoll breite Rand b. b. dient zur Auflage eines hölzernen mit starkem Tuche oder Filze beschlagenen Deckels, welcher durch einen eisernen Stab angedruckt wird, den man durch die Oesen c. c. durchschiebt. Sie dürfen nicht höher zu stehen kommen, als der Rand der Pfanne, damit die ganze Pfanne von einem hölzernen Deckel bedeckt werden kann. Dieser hat in seiner Mitte ein Loch von derselben Weite, als das des Cylinders, welches durch einen hölzernen Deckel bedeckt werden kann.

Vertikaler Durchschnittsriß: a. a. der Pfanne, b. b. des Cylinders, c. des Kessels.

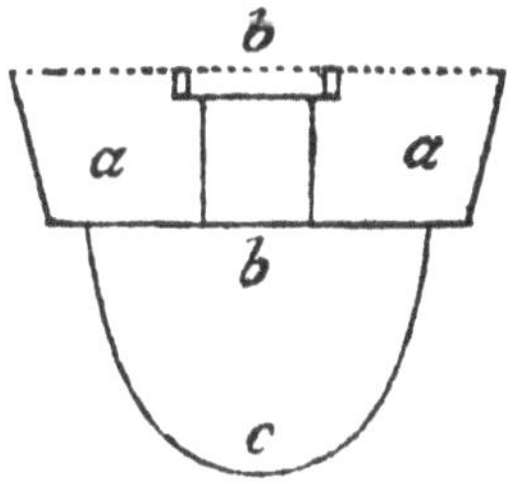

Man hat Kaffeekessel, bei welchen der Boden der Milchkanne die Stelle des Deckels zugleich vertritt, so daß die Milch durch die Wasserdünste von unten ins Sieden gesetzt wird. Die Milch kann hier nicht anbrennen, der Rahm während des Siedens nicht leicht gerinnen, und sie sind mehr vor dem Ueberlaufen gesichert.

§. 259.

B) Benutzung der Wasserdünste zum Erweichen oder Kochen der Speisen.

Wenn bei der Brandweinblasenfeuerung das Gut abgebracht ist; so benutzt man die Nachhitze des Ofens sehr zweckmäßig, um bei den übersteigenden Wasserdünsten Kartoffeln zu erweichen.

Ob ich gleich eine dazu dienliche Einrichtung in vielen Brennereien schon eingeführt gefunden habe; so kennt man sie doch noch nicht überall oder macht wenigstens davon keinen Gebrauch.

In großen Oekonomien, wo täglich eine große Quantität Kartoffeln für das Vieh gekocht werden muß, in großen Brennereien kann oft eine Lutterblase 2 Kartoffelfässer von ziemlicher Größe mit den nöthigen Dünsten speisen.

a. Das Rohr, welches mit dem Schnabel des Helms in Verbindung gebracht wird. Es öffnet sich unten 3 Zoll vom Boden des Fasses.

b. Ein Spund und die Oeffnung zum Einfüllen und Herausfallen der Kartoffeln.

c. Ein

c. Ein Zapfen und Loch, zum Ablassen des Wassers und zum Untersuchen der Kartoffeln.

§. 259.

Das Kochen der Speisen im Wasser hat oft bloß den Zweck, sie zu erweichen, nicht aber, sie auszukochen oder auszuziehen. Denn das Wasser nimmt bei dem Kochen die in ihm auflöslichen oder ausziehbaren Nahrungstheile in sich auf, und die Speisen werden nicht allein erweicht (gahr gekocht), sondern auch wider unseren Willen zu sehr ausgekocht und ausgesogen.

Letzteres wird bei der Anwendung des Wassers in Dünsten vermieden; daher werden die darin bloß erweichten Speisen schmackhafter, kräftiger, nährender. Die Brühe vom Fleische wird genossen, aber die vom Gemüse größtentheils weggeschüttet, ob sie gleich ebenfalls mit Nahrungstheilen geschwängert ist.

Ein anderer bedeutender Vorzug dieser Kochart besteht darin, daß man, weil die Dünste hier eingesperrt sind und die Hitze zusammengehalten wird, dadurch an Zeit und Holz erspart.

Diese Kochart verdient daher vor unsrer gewöhnlichen den Vorzug; und sie ist sowohl auf Fleisch- als auf Mehlspeisen anwendbar.

Einige lassen sich auf die Weise darin kochen, daß man sie in grobe Leinwand einschlägt und in den Dünsten aufhängt.

Fast zu allen Speisen werden aber Töpfe von folgender Einrichtung die brauchbarsten seyn.

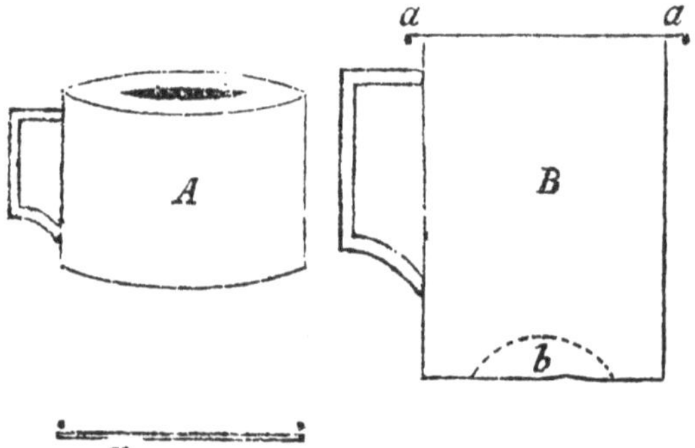

1. F.

A. Das Wassergefäß.

B. Der Kochtopf im vertikalen Durchschnitte. Die Oeffnung desselben ist so weit als der Topf selbst. Wenn das Gemüse oder Fleisch hineingethan worden ist, alsdann legt man einen hölzernen Deckel auf, zu dessen Auflage ein einen Zoll breiter Rand am Gefäße befindlich ist. (S. a. a.) Der

Boden des Gefäßes ist in seiner Mitte durchlöchert und eingedrückt. (S. b.)

Der Topf B. wird auf A. gestellt und auf den Deckel ein Gewicht oder ein Stein aufgelegt.

In großen Haushaltungen bedient man sich oft zum Kochen der Speisen für das Gesinde eines Kessels von der Gestalt eines gewöhnlichen Waschkessels, so auch zum Kochen der Würste, zu den Rumfordschen Suppen und den Knochenbouillons. Von der Kesselfeuerung werde ich unter dem Artikel: Siedegefäße, reden. Ich verweise also dieserhalb dahin.

§. 260.

Koch- und Bratöfen in der Küche.

Die erste Art von Verbesserung unserer Küchen ist das Einschließen des Feuers sowohl von den Seiten, als oberhalb des Feuerherdes.

Man deckt den Feuerraum gewöhnlich mit einer eisernen Platte zu, in welcher verschiedene Löcher befindlich sind, die man durch eiserne Ringe verkleinern kann. In diese Löcher werden die Töpfe hineingehängt, welche das Feuer unterwärts umspielen soll.

Diese durchbrochene Platte nennt man auch eine Menageplatte.

Da bei dieser Platte die Töpfe unmittelbar sowohl im Boden als von allen Seiten vom Feuer umspielt werden, und bei einer undurchbrochenen Platte die Hitze erst diese zu durchdringen hat, dann die Töpfe; da ferner diese hier die Hitze bloß durch den Boden erhalten; so ist es keinem Zweifel unterworfen, daß es in einer durchlöcherten Platte schneller und bei wenigerem Holze kochen wird, als auf einer undurchbrochenen.

Damit die Töpfe die Löcher genau ausfüllen, müssen sie sich nach oben etwas erweitern und die Henkel oben am Rande angebracht seyn. Jenes Wassergefäß (s. vorige Fig. A.) zum Kochen bei Dämpfen würde also folgende Gestalt erhalten müssen.

Die zweite Verbesserung der Kochanstalt in der Küche bestehet in dem Einschließen der Kochgeschirre, um die Wirkung der äußeren Kälte ab- und die Hitze über den Töpfen zurück zu halten.

Die dritte Verbesserung endlich gründet sich auf die Benutzung der mit dem Rauche entweichenden Hitze.

Die Größe des Kochraums richtet sich nach der Größe des Haushalts. Da aber die Menge der zu kochenden Speisen in jedem Hauswesen unbestimmt ist, und zu einer Zeit weniger, zu einer anderen mehr gekocht werden muß; so sieht man sich öfters genöthigt, auf einen oder zwei Töpfe z. B. fast eben so viel Feuer zu verschwenden, als zu mehreren.

Um einen oder zwei Töpfe, einen Thee- oder Kaffeekessel zu erhitzen, ist es allerdings vortheilhafter, eine oder zwei kleine eingeschlossene Feuerungen außer der großen anzulegen und nach Umständen zu benutzen.

Diese und die Scheidung des Feuer- und Kochraums, welche oben schon bei den Stuben-Kochöfen empfohlen worden ist, werden dem Bedarf einer jeden Haushaltung entsprechen.

Für überflüssig halte ich alsdann, Rumfords Vorschlage gemäß, für jeden Topf eine besondere kleine Feuerung anzulegen und jeden einzeln zu erhitzen.

Eine solche aus vielen kleinen Feuerungen zusammengesetzte Anstalt ist nicht allein mühsam zu besorgen, sondern kann auch wenig holzersparend seyn. Denn 1) hat das Gewände dieser einzelnen Feuerungen, welches vergebens erhitzt wird, im Ganzen genommen, beträchtlich mehr Flächeninhalt, als eine gemeinschaftliche Feuerung, welche dieselbe Anzahl von Töpfen versorgt. Es geht also mehr Hitze für die Gewände verloren. Auch läßt sich die abgehende Hitze der vielen Kanäle nicht so bequem und vollständig benutzen. Ob es gleich unmöglich ist, das Feuer durch Nichtleiter zu isoliren, so daß keine Hitze für das Gewände verloren ginge; so finde ich doch etwas Wahrscheinliches in der Annahme, daß eine bestimmte Menge Holz, wenn es in mehrere Abtheilungen zerstreuet und daselbst verbrannt wird, auch schon darum weniger Hitze hervorzubringen vermögend ist, als bei einem an einen Ort concentrirten Feuer, weil im letzteren Falle die wechselseitige Erhitzung des Holzes höher steigen, das Verbrennen vollkommner Statt finden kann.

2) Die erste Viertelstunde der Feuerung geht (wenigstens) allemal für das Erhitzen der Flüssigkeit verloren. Bei 8 kleinen Feuerungen werden also 2 Stunden an Zeit verloren, oder so viel Holz, als eine dieser Feuerungen in 2 Stunden wegnimmt.

3) Die Hitze erleidet durch die äußere Luft eine stärkere Abnahme, weil dieser mehr Inhalt von erhitzter Fläche dargeboten wird.

So z. B. geben 8 Blechthüren zu 8 Feuerungen, jede zu 6 Zoll ins Gevierte angenommen, 2 Kubikfuß Fläche; die eine Thür des gemeinschaftlichen Feuerraums hingegen bietet der äußeren Luft nur den vierten Theil eines Kubikfußes dar.

4) Die engen Rauchlöcher verstopfen sich sehr bald und müssen gar oft mit Mühe gereinigt werden.

5) Das Holz darf nicht länger als 6 Zoll lang gesägt seyn. Es verursacht also mehr Arbeiterlohn.

Als eine vortheilhaftere und bequemere Einrichtung kann ich also, nach den bisherigen Angaben, den auf beistehender Tab. entworfenen Küchenofen empfehlen.

Erklärung der Tab. VIII.

N. 1. Die durchlöcherte Kochplatte, bei dem † aus 2 Stücken zusammengeschoben.

N. 1. und 2. a. a. Der Falz für die Querplatte. b. b. deutet den Ort an, wo sich auf der anderen Seite der Platte der Falz für den Schieber N. 6. befindet.

c. c. Der Falz für die Sternplatte N. 1. und 2. Die Kochplatte steht noch 1 Zoll breiter über den Falz hinaus, welcher zollbreiter Rand zur Auflage der Decksteine dient, welche hier durch Punkte angedeutet sind. Diese Decke schließt den Feuerraum hinten bis auf die Zugöffnung d. N. 1. und 2. ab, durch welche das Feuer aus jenem hinter der Sternplatte in die Höhe steigt.

An den Löchern sind zu bemerken die Randvertiefungen, in welche die Ringe und Deckel zu liegen kommen, damit diese nichts auftragen, sondern mit der Platte dieselbe Fläche bilden.

Die Ringe verkleinern die Löcher, jedes um $1\frac{1}{2}$ Zoll, um in die größeren Löcher auch kleine Töpfe einstellen zu können. Jedes dieser Löcher erhält einen Deckel, um das eine oder andere zuzudecken, wenn es nicht besetzt werden soll.

N. 2. Vertikaler Durchschnittsriß des Küchenofens nach der Schnittlinie x. x. N. 1. 2. 3.

A. A. N. 2. 4. Die Oeffnung des Aschenkastens, über welcher sich der Rost befindet.

B. B. N. 2. 4. Die Einheizöffnung.

N. 2. C. Die vordere Abtheilung des Feuerraums.

N. 2. D. Die hintere Abtheilung. Ihr Herd liegt 3 Zoll höher als der Herd der vorderen.

N. 2. E. Das Scheid und die mittlere Oeffnung desselben, nach der Schnittlinie x. x. N. 5.

N. 3. Aufriß der Seitenansicht des Ofens.

N. 4. Aufriß der vorderen Ansicht des Ofens.

N. 5. Das steinerne Scheid, welches den Feuerraum der Quere nach, durchschneidet.

N. 5. w. w. Querdurchschnitt des Ofengewändes.

N. 5. v. v. Querdurchschnitt des Feuerraums im reinen Lichten.

N. 5. u. u. Die unteren schrägen Backen des Feuerraums im Querdurchschnitt.

Die mittlere Oeffnung befindet sich der Einheizöffnung gerade gegenüber.

N. 6. Der Schieber, welcher dicht hinter dem Scheide N. 5. und N. 2. E. in der hinteren Abtheilung des Feuerraums angebracht ist.

Er läuft oben in einem Falze, welcher auf der unteren Fläche der Kochplatte sich befindet und durch b. b. N. 1. angedeutet ist. Unten läuft derselbe auf dem Feuerherde selbst und läßt sich durch eine Spalte in der vorderen Seitenwand des Ofens, s. E. N. 3. und 7. heraus- und hereinschieben.

Ist er ganz eingeschoben, (s. die Vertikallinien N. 5. 6.,) so ist das Mittelloch offen, die Seitenlöcher geschlossen. Zieht man ihn 3 Zoll heraus, so daß die Einkerbung im Stiel N. 6. außer der Mauer heraustritt; so öffnen sich die Seitenlöcher und jetzt sind alle 3 Löcher zugleich offen. Zieht man ihn 3 Zoll weiter heraus, dann wird bloß die rechte Hälfte des mittleren Lochs verdeckt und bekommt mit den Seitenlöchern gleiche Weite. Zieht man ihn noch 3 Zoll weiter heraus, dann steht der Schieber 4 Zoll aus der Mauer hervor, und die linke Hälfte des Mittellochs wird verdeckt. Hierin kann man nicht fehlen, weil jede Veränderung der Zugöffnungen durch die Einheizöffnung deutlich in die Augen fällt.

Will man die Hitze mehr in der vordern Abtheilung benutzen, als in der hinteren, so schließt man die Seitenlöcher. Zur Heizung der hinteren Abtheilung werden auch diese geöffnet. Verkleinert man die mittlere Oeffnung und bringt sie dadurch aus der Mitte, so kann man nach Umständen das Feuer mehr nach einer oder der anderen Seite hinwerfen. Dadurch gewährt dieser Schieber bei dem Kochen den Vortheil und die Bequemlichkeit, das Feuer gehörig vertheilen und zweckmäßig benutzen zu können. Will man das Feuer gänzlich nach den Seiten hinwirken lassen, so setzt man das Mittelloch mit einem Vorsetzstein zu, den man durch das Einheizloch einbringt.

F. F. N. 2. 3. 7. Der unterste Kochraum, welcher durch eine eiserne Platte, welche senkrecht in dem Falze der Kochplatte steht, in 2 Abtheilungen geschieden ist. (S. a. a N. 1. und 2.) Oben steht diese Querplatte ebenfalls in einem Falze fest, der sich, im Fall daß die Deckplatte Eisen ist, in der Mitte der letzteren befindet. Hinten stößt sie dicht gegen die hintere Ofenwand.

G. G. N. 2. und 3. Die beiden oberen Kochräume, von welchen der eine auch eine Wasserpfanne seyn kann.

Anmerkungen zu F. F. G. G.

Die Kochplatte ruhet an den Seiten und vorne über der Einheizöffnung auf dem steinernen Ofengewände selbst, in der Mitte auf dem Scheid E. E. N. 2. und 5.

Die hintere Seitenwand und die vordere Wand des Kochraums werden also vom Ofengewände selbst gebildet. Damit aber alles dicht schließt, müssen die Steine da, wo sie gegen die Ränder der Platten stoßen, eingeschnitten (eingefalzt) werden oder einen Falz bilden, in welchen die Platten eingeschoben werden.

Die Sternwand des Kochraums N. 2. c. c. ist eine eiserne Platte, für welche der Falz in N. 1. c. c. zu sehen ist. An dieser spielt das Feuer aus dem hinteren Feuerraum in die Höhe. Die Decke des Kochkastens ist ebenfalls Eisen. Jedoch könnte sie auch von Dachziegeln gebildet werden, wiewohl alsdann die Hitze von oben nicht so gut niederwärts durchdringen kann.

Da die oberen Kochkasten G. G. schon weniger Hitze bekommen, als die unteren, so wäre Eisenblech zu denselben passender als Gußeisen. Die hintere Seitenwand dieser Räume wird ebenfalls von dem Ofengewände selbst gebildet. Es sind also nur die rechte und linke Wand, der Boden und die Decke von Eisenblech. Die vordere Seitenwand der Kochräume wird von den Thüren F. F. G. G. N. 3. und 7. gebildet.

Der überflüssige Brodem drängt sich neben den Thüren heraus. Deswegen ist eine Abzugöffnung in der Thür unnöthig. Soll sich aber kein Brodem in der Küche ansammeln; so bringe man eine Brodemröhre an, durch welche der Brodem oder die Wasserdünste mit dem Rauche ins Kamin abziehen.

Da aber mit dem Brodem noch viele Hitze entweicht; so ist es allerdings vortheilhafter, denselben gänzlich einzusperren. Zu diesem Behufe habe ich oben Töpfe empfohlen, in welchen die Speisen bloß durch die Dünste des Wassers gekocht werden.

Diese Kochart macht die Brodemröhre entbehrlich.

Man wird mir zwar dagegen erinnern, daß es schwer halten möchte, diese neue Veränderung im

Hauswesen einzuführen, wenn man auch das Profitable davon einsicht. Die Schwierigkeit liegt aber, meiner Ueberzeugung nach, doch bloß in dem Ungebräuchlichen, Ungewohnten dieser Kochart, nicht in der Sache selbst; und der daraus entspringende Nutzen läßt mich hoffen, daß sie nicht ohne Anwendung bleiben wird.

Ich habe aber schon oben angeführt, daß bei dem Braten weicher Fleischarten der Brodem freien Abzug haben muß. Und denjenigen Personen, welche sich vor der Hand noch nicht entschließen könnten, die Dünste zum Kochen einzusperren, und sie lieber fortschicken, wird es vielleicht angenehm seyn, wenn ich noch folgende Benutzung der Hitze, welche zugleich mit dem Brodem fortgeschickt wird, in Vorschlag bringe. Ich habe nemlich die unteren und oberen Kochräume des eben beschriebenen Küchenofens durch Erhitzungsröhren, welche ich sogleich näher angeben werde, in Verbindung gesetzt. Durch diese Röhren kann man nun die Dünste, welche aus den, wie gewöhnlich, bloß bedeckten Töpfen ungehinderten Abzug haben, ehe sie mit dem Rauche sich vermischen und mit diesem entweichen, in die oberen Kochkasten einleiten, um sie zur unmittelbaren Erhitzung ihres Raums zu benutzen und auf diese Art die Erhitzung derselben von außen durch das Feuer kräftig zu unterstützen.

Wenn weiche Fleischarten in dem unteren Kochraume gebraten werden sollen; so deckt man einige Löcher der Kochplatte mit den dazu bestimmten eisernen Deckeln zu, und benutzt den abgehenden Brodem mit zur Erhitzung der oberen Räume.

Soll das Braten aber in den letzteren geschehen, so fällt natürlich auch diese Benutzung von selber weg.

Beschreibung der Erhitzungsröhren für die oberen Koch- oder Bratkasten.

Wie eben erinnert worden ist, können sie zugleich die Stelle der Brodemröhren mit vertreten, und zwar mit bedeutendem Vortheile.

Zwischen dem unteren und oberen Kochkasten sieht man No. 2. die Erhitzungsröhren. Die beiden vertikalen entstehen gerade aus dem Mittelpunkte der Decke der unteren Kochräume, mit einer offnen etwas erweiterten Mündung, öffnen sich mit ihrer oberen Mündung in die oberen Kochräume, deren Böden sie nur durchbohren, ohne über diese hervor zu treten. Unten sind diese Röhren sogleich auf die Decke angegossen. Man läßt sie aber einen Zoll kürzer gießen, als der Zwischenraum zwischen den beiden Kochräumen hoch ist. Denn die fehlende Höhe eines Zolls wird von dem oberen blechernen Mundstück ergänzt, welches 3 Zoll lang ist, und durch das Loch im Boden des oberen Kochraums von oben durchgesteckt und über das untere 2 Zoll tief herabgeschoben wird. Diese angeschobene Stelle wird alsdann innerhalb der Röhre verstrichen. Um das Loch in dem Boden der oberen Kasten genau durch die blecherne Dille wieder zu verschließen, ist die obere Mündung dieser Dille umrändert.

Beide vertikale Röhren sind durch eine Communikationsröhre verbunden.

Mitten auf der Decke der oberen Kochräume stehen 2 kurze Dillen, die innerhalb derselben etwas weiter anfangen und mit Klappen versehen sind. Sie führen den Brodem ab.

Diese Erhitzungsröhren nun haben den Nutzen, 1) daß man aus einem oder beiden von den unteren Kochräumen die hier überflüssige Hitze wegführen und für die oberen Kochräume benutzen kann; 2) um in einem oder in beiden von den oberen fast eben so schnell zu kochen und zu braten als in den unteren; indem die Hitze aus den unteren Räumen durch die Röhren mit der Hitze in den oberen leicht ins Gleichgewicht gesetzt oder in einem von den beiden oberen zusammengedrängt werden kann. Will man z. B. den oberen und hinteren der Kochkasten mit den untereh zugleich stark erhitzen; so legt man einen passenden Deckel auf die Mündung der Röhre im vorderen Kochkasten und läßt die Hitze aus dem unteren und vorderen Kasten durch die Communikationsröhre in jenen eintreten, in welchem sie mit der Hitze aus dem unter ihm befindlichen Kasten zugleich zusammentrifft.

Will man einen starken Abzug des Brodems bewirken, um Braten schnell zu bräunen; so öffnet man die Klappe der oben in der Decke befindlichen Dillen und zugleich die mit einer kleinen Blechscheibe bedeckten Löcher in den Kochthüren.

Die starke Erhitzung, welche diese Röhren in dem Zuge zwischen den oberen und unteren Kochkasten erleiden, theilt sich den Dünsten und der Luft, welche durch sie fortströmen, mit, so daß sie mit verstärkter Hitze in die oberen Räume ausströmen.

Die blechernen Thüren N. 3. G. G. lasse ich gewöhnlich von außen mit Holz verkleiden, oder ihnen eine Klappthür geben, welche die äußere kältere Luft von dem Bleche abhält. Diese Klappthür, (s. N. 7.) dient zugleich zum Küchentisch, auf welchen die Geschirre sogleich bei dem Herausholen aus der Hand gesetzt und die Speisen zugerichtet werden können.

In der Mitte läßt sich die Thür in 2 Hälften zusammenschlagen. Die Reinigungslöcher sind durch o. o. o. N. 3. 4. 7. angedeutet, welche ein von außen bloß verstrichener Stein mit einem Griff oder Knopf verschließt.

H. N. 2. 3. 7. Aschenmagazin.

Die gestrichenen Linien N. 3. über dem Ofen ein nutzbarer Raum zum Holzabtrocknen oder zu Küchengeräthe.

Bei einer zugewölbten Küche führt man den Rauchschlot des Ofens bis durch das Gewölbe.

Will man die kältere Luft von oben abschieben, so darf man nur einen Dachziegel statt Schieber in den Schlot einlegen lassen.

4) Möglichst vollständige Benutzung der Hitze zum Sieden.

§. 261.

Die Wirkung der Hitze auf die zu siedende Flüssigkeit stehet mit der Größe des Flächeninhalts, welche diese der Hitze darbietet, in einem genauen Verhältnisse. In einem flachen Siedegefäße bietet die Flüssigkeit der Hitze mehr berührende Oberfläche dar, als in einem tiefen. Zu den letzteren gehören die Kessel, Destillirblasen, die Töpfe; zu den ersteren die Pfannen.

Die Feuerung läßt sich auf eine zweifache Art zum Sieden einrichten. Bei der ersten, als der gewöhnlichen, befindet sich das Feuer unter, neben und außerhalb des Siedegefäßes. Die zweite, erst in neueren Zeiten in Anwendung gebrachte Feuerungsart besteht darin, daß man das Feuerungsgefäß (den Ofen) oder die Hitzkanäle innerhalb des Siedegefäßes anbringt, so daß jenes von der Flüssigkeit umgeben ist. Im letzteren Falle geht 1) keine Hitze unnütz für das Ofengewände verloren, wie im ersteren; 2) die Zerstreuung der Hitze wird verhütet; 3) kann man sich hier hölzerner Gefäße zum Sieden bedienen und das beträchtlich größere Kapital, welches zur Anschaffung der kupfernen Pfannen u. a. erforderlich ist, ersparen; 4) wird dadurch das Anbrennen des Guts vermieden.

Indeß

Indeß ist diese Siedeart nicht überall anwendbar und läßt sich nicht immer mit dem Zwecke des Siedens und der Beschaffenheit der in der Flüssigkeit zu behandelnden Körper vereinbaren. Ferner kommt in Betracht, daß in manchen Fällen die bei dieser Einrichtung aus dem Feuerungsgefäße abgehende Hitze sich nicht einmal so vollständig benutzen läßt, als bei der gebräuchlicheren Art der Feuerung, und daß manchmal hieraus mehr Schaden entsteht, der die obengenannten Vortheile überwiegt. Dessen ungeachtet verdient diese Siedeart in Rücksicht jener wichtigen Vortheile, welche damit verbunden sind, häufiger angewendet zu werden, als es bisher geschehen ist.

Der Prof. Lampadius hat in Freiberg seit mehreren Jahren eine solche Anstalt zum Verdampfen eingerichtet, welche man in dessen allgemeiner Hüttenkunde beschrieben findet.

Ich habe zwar im vergangenen Jahre eine solche Einrichtung zu einer Braupfanne entworfen; ich habe aber keine Nachricht nachgehends darüber erhalten, ob sie ausgeführt worden ist.

Obgleich diese Art von Siedeanstalt auf richtigere Grundsätzen begründet ist, welche sich schon durch Einiger Erfahrung bewährt haben; so hegt man doch leider! gegen jede Neuerung ein blindes Mistrauen, stellt Bedenklichkeiten dagegen auf, die oft sehr bald verschwinden, wenn man die Sache in der Ausführung kennt, unter welcher sie allerdings nur erst ihre vollkommne Reife erhalten kann.

Ein zweites Mittel, die Hitze des Feuers möglichst gut zu benutzen, gewähren die Rauch- oder Hitzkanäle, welche um die Wände des Siedegefäßes (des Kessels, der Pfanne) herumgezogen sind und niemals außer Acht gelassen werden sollten; durch deren Verlängerung man die übrige Hitze des Rauchs zum Erwärmen eines 2ten Siedekessels benutzen kann.

Von dem Sieden bei Wasserdünsten insbesondere.

§. 262.

Die einfachste Art, die Wasserdünste zum Sieden anzuwenden, habe ich oben angegeben. Sie betraf nemlich die bloß gelegentliche Benutzung der Wasserdünste bei Siedekesseln, welche gewöhnlich ungenutzt verloren gehen. Von dem Kochen und Braten der Speisen in Wasserdünsten habe ich ebenfalls das Nöthige schon beigebracht. Ich rede daher hier bloß noch von denjenigen Feueranstalten, bei welchen das Wasser absichtlich ins Sieden gesetzt und verdampft wird, um durch dessen Dünste andere Flüssigkeiten wieder ins Sieden zu setzen.

Die Vortheile dieser Siedeart in Vergleich gegen die gewöhnliche sind: 1) daß hier durch ein Feuer mehrere Kessel und Pfannen mit der zum Erwärmen oder Sieden erforderlichen Hitze gespeiset werden, so daß man nicht nöthig hat, mehrere einzelne Feuerungen zu unterhalten. Deswegen ist sie besonders in Färbereien, Zuckersiedereien u. a. anwendbar. 2) Wird dabei das Anhängen und Anbrennen verhütet; 3) die öftere Zerstörung und Ausbesserung der kupfernen, zinnernen u. a. Gefäße gänzlich vermieden. 4) Man erspart bei der Dampfheizung die beträchtliche Hitze, welche für das Ofengewände verloren geht, wann jeder Kessel u. a. eine besondere (gewöhnliche) Feuerung bekommt. In dieser Rücksicht ist sie auch holzersparend.

Ich habe mehrere Dampfheizungen im Großen gesehen und genau auf ihre Wirkungen geachtet; ich habe selbst eigene Versuche darüber angestellt und verschiedene Bemerkungen darüber aufgezeichnet, so daß ich mir schmeichle, Mehreren, die von dieser Sache wenig unterrichtet sind, einen nützlichen Dienst zu erweisen, wenn ich ihnen über diesen Gegenstand meine Bemerkungen zur näheren Beurtheilung und Benutzung vorlege.

Die Gestalt des Dampfgefäßes ist mehrentheils eine liegende Walze. Jedoch sahe ich selbiges auch von kesselförmiger oder einer Destillirblase ähnlicher Gestalt. Die vortheilhafteste Einrichtung scheint mir aber ein länglich viereckiger Bottich von Holz zu seyn, in welchem ein walzenförmiger Ofen liegend in der Flüssigkeit selbst angebracht ist.

Die Haupthitze erhält jedes Gefäß durch den Boden; also um desto mehr, je mehr Bodenfläche selbiges dem Feuer darbietet. Aus diesem Grunde ist ein langes Gefäß vorzuziehen.

Das Verdampfen des Wassers geschieht hier im verschlossenen Raume, es ist also eine Art von Destillation. Da das Wasser nach dem Verdunsten allmälig eine Rinde von Kalkstein im Gefäße absetzt, welche das Durchdringen der Hitze erschwert, so muß diese bisweilen abgestoßen oder ausgekratzt werden. Ist das Gefäß von Eisen, so läßt sich dasselbe, weil es eine trockne Hitze ohne Schaden aushalten kann, ausbrennen, wodurch die Kalkrinde sich mürbe brennt und sich von den Wänden des Gefäßes trennt. Auf diese Art läßt es sich am besten reinigen. Bei einem kupfernen Gefäße darf man dieses aber nicht wagen. Ein eisernes Gefäß ist auch dem letzteren wegen seiner längeren Dauer vorzuziehen. Wegen der schnelleren Erhitzung wäre Eisenblech dem gegossenen Eisen vorzuziehen, wegen der geringeren Kosten und der Dauer aber das letztere; besonders da man selbiges jetzt von sehr geringer Dicke aus den Hütten erhalten kann.

Es ist sehr vortheilhaft, dem Ofen einen lebhaften Zug zu geben und die Flüssigkeit rasch ins Sieden zu setzen.

Das Holz darf bei der Heizung dieses Dampfgefäßes nicht geschont werden. Denn es bedarf zur hinlänglichen Dampfbildung und zur hinlänglichen Dichtigkeit des Dampfstroms einer raschen lebhaften Feuerung. Von dieser Dichtigkeit hängt die Stärke der Expansivkraft, so wie die Intensität der Hitze ab, welche sie besitzen und besitzen müssen.

Die Dämpfe müssen bei der Dampfheizung, so wie bei der Dampfmaschine, den Druck einer Wassersäule überwinden, welche ihrem Strome entgegen gestellt ist. Dazu müssen sie eine starke Elastizität besitzen, die sie nur durch eine hinlänglich starke Feuerung erhalten. Man führt nemlich die Dämpfe gewöhnlich durch eine Röhre an den Seiten des Kessels in die zu erhitzende Flüssigkeit herab, und läßt sie nahe am Boden aus der Röhrenmündung in die Flüssigkeit unmittelbar übergehen, durch welche sie sich durchpressen. Indem sie nun ihren Ausweg durch die Flüssigkeit selbst nehmen, setzen sie ihre Wärme an diese ab, verdichten sich darin wieder zum Wasser, welches sich demselben beimischt. Vermöge ihrer Expansibilität kann ihnen aber nur ein Theil ihrer Wärme entzogen werden. Ein anderer Theil bleibt dunstförmig und erhebt sich über die Oberfläche der Flüssigkeit. Diese fängt daher schon an, ziemlich stark zu dampfen, wann dieselbe kaum lauwarm geworden ist, bei einer Temperatur, in welcher, wenn man sie auf gewöhnliche Art erhitzt, noch kein Dampf sich bildet. Diese Entweichung eines Theils der Dämpfe dauert so lange fort, als das Erwärmen und Sieden der Flüssigkeit unterhalten wird.

Während des Siedens vermischen sich nun zwar die aus der Röhre heraussteigenden Dämpfe mit den Dämpfen der im Sieden begriffenen Flüssigkeit, so daß man die entweichende Menge der ersteren nicht mehr nach dem Augenmaße taxiren kann. Jedoch habe ich immer gesehen, daß während des Siedens die Menge der Dämpfe unvermeidlich beträchtlicher ist, als bei dem mäßigen Sieden ohne Dampfheizung.

Daß die Entweichung während des Siedens ziemlich beträchtlich seyn muß, folgt schon natürlicher Weise daraus, daß die siedende Flüssigkeit den Dämpfen nur so viel Wärme entzieht, als sie zum Sieden erfordert, und daher die zum Sieden überflüssigen Dämpfe in dieser Gestalt entweichen. Eine ersparende Anwendung der Dämpfe in abgemeßner Menge kann hier nicht bewerkstelligt werden, indem sie in der Flüssigkeit zu wenig verweilen, um ihre Hitze an diese vollständig oder nur größtentheils absetzen zu können.

Mit diesen entweichenden Dämpfen ist also ein beträchtlicher Verlust von Wärme, welche durch das Feuer hervorgebracht wurde, unvermeidlich verbunden, welcher vielleicht eben so bedeutend ist als derjenige, welcher bei mehreren einzelnen Feuerungen wegen der Ofenwände Statt findet.

Bei der Heizung des Dampfgefäßes, so wie anderer Siedegefäße, halte ich es für Holzverschwendung, dem Feuerherd eben so viel oder wohl noch mehr Breite zu geben, als der Querdurchmesser des Gefäßes beträgt. Von einer zweckmäßigeren Einrichtung des Feuerraumes zu Siedegefäßen werde ich in der Folge das Nähere angeben.

Vollständiger läßt sich die Hitze der Dämpfe zum Sieden benutzen, wenn man sie in einen eingeschlossenen Raum austreten läßt, dessen Wände mit der Flüssigkeit in Berührung stehen, und durch welche bloß ihre Hitze in die Flüssigkeit übergeht.

Führt man die Dämpfe frei in die Flüssigkeit über; so versetzen sie dieselbe schon vor dem Sieden vermöge ihrer Elastizität in wallende Bewegung, welche oft so heftig ist, daß das Wasser um den Kessel herumsprudelt und manchmal in Stralen mehrere Fuß hoch geworfen wird. Dieses ist die Folge von zu starkem Einströmen der Dämpfe, welches von der Stärke des Feuers abhängt und sich nicht immer vermeiden läßt, wiewohl sich selbiges durch den Hahn an der Röhre sogleich mäßigen läßt. Wenigstens ersieht man hieraus, daß das Sieden bei Dämpfen, wenn man sie frei in die Flüssigkeit überströmen läßt, eine beständige Aufsicht erfordert.

Bedient man sich kupferner oder anderer metallener Siedegefäße, so geschieht das Sieden unter einem heftigen Getöse, welches dem Getöse in einer Mühle ähnlich ist *), oder als wenn mehrere Hämmer gegen die metallenen Wände hart anschlügen. Ein ähnliches Getöse beobachtete Hr. Neuenhahn in Nordhausen, als er die Maische in einer Blase mit einer durchlöcherten Metallplatte belegte. Dieses Getöse ist die Folge des gewaltsamen Durchpressens der Dämpfe durch die Flüssigkeit. Gewohnheit macht selbiges zwar erträglich; es bleibt aber immer dem Gehör nachtheilig, und wünschenswerth, es, wenn

*) Es ist diesem so ähnlich, daß man in einem solchen Gebäude eine Mühle vermuthet und sich nach derselben umsieht, wenn man die Ursache noch nicht weiß. Ich fand es in B... bei Hrn. N. von einem Kessel so stark, daß man sich einige Schritte von diesem nur mit Mühe verstehen konnte.

es möglich wäre, zu entfernen. Diesen Zweck erreicht man durch das Abschließen der Dämpfe von der Flüssigkeit.

Bei jener Benutzungsart der Dämpfe veranlaßt ferner ihr erschwerter Abzug den öfteren Durchbruch der Dämpfe durch die angesetzten Stellen und Fugen der Röhren und auf der Decke des Dampfgefäßes; oder die Gewalt der Dämpfe macht auch wohl die Löthung an einigen Stellen schadhaft, so daß sie sich hier durchpressen. Dieser Umstand macht den Gebrauch dieser Siedeart schwierig und unsicher; und einige kleine falsche Stellen vermindern den Erfolg der Heizung oft auf eine auffallende Art.

Wegen des erschwerten Abzugs verdichten sich die Dämpfe zum Theil wieder während des Aufsteigens, oder rinnen in Tropfen zusammen, die in das Siedegefäß zurückfallen und von neuem verflüchtigt werden müssen.

Beide Umstände lassen sich ebenfalls durch die Abschließung der Dämpfe von der Flüssigkeit beseitigen.

Bei kupfernen Gefäßen geht auch bei dieser Dampfheizung Wärme durch ihr Gewände verloren. Ich würde daher anrathen, sie in Asche einzufüttern, d. h. einen Zwischenraum zwischen ihrem und dem steinernen Gewände zu lassen, welcher mit Asche ausgefüllt wird. Diese Einfütterung und steinerne Einfassung würde aber überflüssig seyn, wenn das Sieden bei abgeschlossenen Dämpfen geschieht, wo das Dampfgefäß ein hölzernes Faß ist, welches die Stelle der Einfassung zugleich vertritt.

Verschlossene Dampfheizung in kupfernen Kesseln.

Man hängt den Kessel in einen hölzernen Bottich, dessen oberer Rand am Kessel oben genau anschließt. Zum sichereren Schließen überziehe man den oberen Rand des Fasses, auf welchem der Kesselrand aufzusitzen kommt, mit einem eben so breiten Streifen Tuch, den man mit kurzen Niethen aufnagelt; eben so überziehe man die innere Seite des Randes des Fasses. Wenn der Kessel nun eingehängt ist; so lege man noch von außen einen mit Mehlkleister bestrichenen Papier- oder Leinwandstreifen herum.

Das Uebrige ist aus der Zeichnung der beigefügten Tab. IX. zu ersehen.

A. A. A. Die Dampfbottiche.

B. B. B. Die Siedekessel.

Anm. Von diesen sind nur 3 dargestellt. Das Hauptrohr ist von der nöthigen Größe angenommen, um noch einen großen Kessel, wie N. 1., vor diesen hingestellt, mit Dampfhitze zu versorgen, und außerdem noch 2 kleinere, wie die N. 2. und 3., welche, wenn es das Lokal erlaubt, auf N. 3. in einer Reihe folgen.

C. C. C. Die Hauptröhre, welche sich unterwärts in mehrere Röhrenzweige vertheilt, welche den Bottichen die Dämpfe zuführen. S. D. D. D.

E. E. Hähne zum Ablassen des niedergeschlagenen Wassers.

Ein wichtiger Umstand verdient bei der Dampfheizung überhaupt in Erwägung gezogen zu werden, nemlich: wenn zu Zeiten weniger effektuirt werden soll, weniger Kessel zu erhitzen sind; so kann dieserhalb die Ursache des Effekts, die Feuerung, nicht damit in Verhältniß gebracht werden. Man sieht sich genöthigt, eine eben so große Wassermasse im Sieden zu erhalten, man mag z. B. 2 oder 6 Kessel heizen, wenn einmal das Ganze zu 6 Kesseln eingerichtet ist.

Eine Dampfanstalt ist also nur von wirklichem Nutzen, wenn die Größe der Anwendung unveränderlich dieselbe ist, für welche die Anlage berechnet ist. Befindet man sich aber nicht in der Lage; so thut man ohne Zweifel besser, entweder bei der gewöhlichen Art der Feuerung zu bleiben oder die Dampfheizung nur zu der Zeit zu benutzen, wo Alles geheitzt werden soll, und zu einer anderen Zeit, wo nur ein oder der andere Kessel zu heizen ist, jeden einzeln durch ein besonderes Feuer zu erhitzen. Man würde alsdann zugleich die gewöhnliche Einrichtung der Kesselfeuerung beibehalten und sie mit der freien Dampfheizung verbinden müssen.

Pfannenheizung durch abgeschlossene Dämpfe.

Diese würde sich nach meinem Erachten auf zweierlei Weise bewerkstelligen lassen: einmal dadurch, daß man einen zusammengespundeten, der Pfanne angepaßten Bottich zum Dampfgefäße nimmt, dessen Rand mit dem Rande der Pfanne genau und auf eben die Art verbunden wird, wie bei der Kesselheizung angegeben ist; oder aber dadurch, daß man auf jeder Seite der Pfanne innerhalb der Flüssigkeit und nahe am Boden eine Dampfröhre durchführt, welche, wenn die Zuleitungsröhre auf jeder Seite 2 Zoll weit ist, 6 Zoll Weite erhalten muß.

Von den Röhren.

Die Röhren, welche die Dämpfe herbeiführen, setzen, ehe sie den Ort ihrer Bestimmung erreichen, viele Hitze ab. In dieser Rücksicht kann ich die Dampfheizung, wenn bloß von Holzersparniß die Rede ist, gar nicht so vortheilhaft finden, als sie gepriesen ist; und am wenigsten diejenige, bei welcher eine Menge Dämpfe durch die Flüssigkeit selbst verloren gehen.

Ich war selbst Augenzeuge bei einer Dampfheizung, wo ich mit dem Feuer, welches zur Erzeugung der Dämpfe unterhalten wurde, weniger effektuirt sahe, als auf gewöhnliche Art benutzt. Indeß sahe ich wohl ein, daß dieses nicht der Sache selbst, sondern der noch mangelhaften Ausführung zugeschrieben werden durfte. Dahin gehörte unter anderen auch der Verlust an Hitze, welche durch die Röhren selbst verdunstete.

Das Einfüttern der Röhren ist also wesentlich nothwendig. Wenigstens macht es den Verlust an Wärme bei weitem geringer. Um das Durchdringen der Wärme möglichst zu verhindern, würde ich anrathen, das Hauptrohr in seinem horizontalen Laufe mit einem viereckigen, wie eine Rinne gestalteten, Futter von Holz zu umgeben, welches einige Zoll rings von der Röhre ab- und oben übersteht; ferner den Zwischenraum mit Asche auszufüllen und zuletzt die oben offne Rinne mit einem schmalen Brete zuzudecken.

Die vertikalen Röhren aber lasse man der Länge nach mit Pfeifenstielen belegen und über diese vorher durchgeglüheten Eisendrath umwinden, und dann dem Ganzen einen Ueberzug von Lehm geben, der mit gesiebter Asche vorher durchknetet ist, so daß nur die Hähne frei bleiben. Jenes Einfüttern in Holz und Asche ist zwar vortheilhafter, es läßt sich aber bei diesen Röhren nicht gut anbringen.

Wegen der Richtung der Röhren bemerke ich, daß das Herabsteigen der Dämpfe in vertikalen Röhren den Fortgang derselben sehr erschwert, welches die Verdichtung derselben zur Feuchtigkeit begünstigt. Man suche also den Fall so viel als möglich zu vermindern, indem man den Dämpfen Anfangs so wenig Steigung als möglich giebt.

Die Röhren sind gewöhnlich von Kupfer und mit Kupferschlagloth gelöthet. Ich gebe den Röhren von weißem Eisenblech den Vorzug. Denn 1) kann man das Kupferblech nicht überall von der gehörigen Geschmeidigkeit haben, welche zur Verarbeitung desselben zu dünnen Röhren erforderlich ist. Seine Sprödigkeit unter dem Hammer erschwert alsdann nicht allein die Bearbeitung, sondern es werden auch leicht unter dem Hämmern falsche Stellen hervorgebracht, welche während des Gebrauchs durch Ausdehnung des Blechs zum Vorschein kommen und sich verschlimmern. Das nachherige Abnehmen und Dichten der fehlerhaften Röhrenstücke ist sehr beschwerlich und verdrießlich. 2) Wegen der Strengflüssigkeit des Kupferschlagloths ist es sehr mißlich, daß die Röhren in der Löthung überall dampfdicht gerathen. Mit dem dünnflüssigeren Zinnlothe hingegen lassen sich die Röhren leichter und sicherer verlöthen, leichter nachbessern, ohne sie abnehmen zu dürfen. 3) Sind die weißen Blechröhren sowohl im Material als in der Arbeit beträchtlich wohlfeiler als die kupfernen.

In Badehäusern findet man gewöhnlich auch die Röhren von Kupfer. Daher werden diese Bemerkungen auch für diese bei neuen Anlagen eine nützliche Anwendung erlauben; obgleich diese Röhren gewöhnlich nur dienen, den Badewannen heißes Wasser zuzuführen.

Anwendung der Wasserdämpfe zu Dampfbädern, zum Erwärmen der Wasserbäder und der Badezimmer.

Das Wasser zu Bädern wird gewöhnlich durch Zumischung von heißem Wasser erwärmt, welches man durch Röhren den Badewannen zuführt.

Mit mehrerem Vortheile würde sich dieser Zweck durch Wasserdünste erreichen lassen, und zwar aus folgenden Rücksichten: 1) würde man bei weitem seltner dem Siedegefäße frisches Wasser zuzuführen nöthig haben, oder dessen sparsameren Abgang mit einer geringeren Menge ersetzen können, und man würde seinen Zweck mit einem geringeren Holzaufwande erreichen; 2) lassen sich diese Wasserdünste mit noch wichtigeren Vortheilen zu gleicher Zeit theils zu Dampfbädern, theils zum Erwärmen der Badezimmer benutzen.

In unseren bisherigen Badehäusern findet man das Wasser unter dreierlei Gestalten zum Baden angewandt, als zum Wasser-, Tropf- und Spritzbade. Es läßt sich aber noch unter einer 4ten Gestalt zum Baden anwenden, nemlich als Dampfbad, welches, wie ich glaube, in mehrerem Betrachte in Anregung gebracht und dem gewöhnlichen Baden im warmen Wasser vorgezogen zu werden verdient.

Es ist eine auf eine Menge bekannter Erfahrungen gegründete Wahrheit, daß jeder Körper, welcher eine Dampfgestalt anzunehmen geeignet ist, in dieser Gestalt auf thierische Wesen einen höheren Grad von Wirksamkeit äußert als in fester oder flüssiger Gestalt; und daß sich mithin von der Anwendung der arzneilichen Körper in Dampfgestalt oder von medizinischen Dampfbädern eine ausgezeichnete Wirksamkeit erwarten läßt.

Obgleich diese Art von Bädern eine ausführliche Abhandlung verdient; so erlauben mir doch meine gegenwärtigen Geschäfte nur einen kurz gefaßten Entwurf darüber mitzutheilen.

Man badet entweder nur einzelne Theile des Körpers, oder sie sind fast alle von Wasser umgeben. Nach dieser ausgedehnteren oder beschränkteren Anwendung des Wassers unterscheidet man gemeinhin die örtlichen oder (passender) partiellen Bäder von den allgemeinen. Zu den ersteren gehören die Bähungen. Eben so lassen sich auch die Wasserdämpfe als partielles und allgemeines Bad anwenden.

Die partiellen Dampfbäder sind schon längst im Gebrauche gewesen. Zur Besänftigung rheumatischer und gichtischer Kreuzschmerzen, des Stuhlzwangs bei der Ruhr u. a. setzt sich der Kranke über das heiße Wasser einer Wanne und läßt sich den Dampf an den Hinteren gehen. Bei der krampfigen Engbrüstigkeit, dem rheumatischen oder katarrhalischen Brustschmerze erleichtert oder stillt oft der Brodem des heißen Wassers, wenn man ihn mit der Luft einathmet, den Schmerz und Krampf.

Das allgemeine Dampfbad, in welchem sich der Badende gänzlich in Dämpfe eingehüllt befindet, hat nicht allein eine durchdringendere, sondern auch eine ausgedehntere, allgemeinere Wirksamkeit als das Wasserbad. Denn in diesem befindet sich der Kopf außer dem Bade. Bei dem Dampfbade wirken die Dämpfe ununterbrochen auf die Theile des Kopfs sowohl als auf die Lungen unmittelbar. Man badet hier nicht allein die Haut, sondern auch die Lungen in gleichem Maße. Bei katarrhalischen Beschwerden der Luftwege, bei rheumatischen und gichtischen Uebeln, sowohl bei allgemeinen als partiellen, z. B. der Augen, der Ohren, bei Kopfschmerzen u. s. w. läßt sich von diesem allgemeinen Dampfbade bei weitem mehr erwarten, als vom Wasserbade; welches nicht allein die Ausdünstung der Haut, sondern auch der Lungen gleichmäßig und gleichzeitig befördert. Bei Ohren- und Augenkrankheiten kann man diese Theile nicht mit dem Wasser des Bades in Berührung erhalten; bei der Anwendung der Dämpfe sind sie diesen ununterbrochen, und alle Theile des Körpers einer gleichmäßigen Temperatur ausgesetzt, welches bei dem Wasserbade nicht der Fall seyn kann.

Der ungewohnte Druck, welchen das Wasser auf die Haut des Badenden äußert, fällt hier weg; und ich glaube daher, daß man im Dampfbade mit größerer Behaglichkeit und länger verweilen kann, als im Wasserbade.

§. 263.

Das Wasser zu Bädern ist das Auflösungsmittel oder flüssige Vehikel, um heilsame Substanzen mit der Haut in hinlängliche Berührung zu setzen. In wie fern lassen sich nun die medizinischen Kräfte künstlich zubereiteter Wasserbäder

mit

mit den Dampfbädern vereinigen? und die Anwendung der Dampfbäder dadurch vervielfältigen?

Wenn wir erwägen, daß die arzneilichen Bestandtheile, in Dämpfen aufgelöset, der Hauptoberfläche mehrere und feinere Berührungspunkte darbieten, als im Badewasser aufgelöset; wenn ihre Einsaugung dadurch erleichtert und ihre Wirksamkeit erhöhet wird; so erleidet es keinen Zweifel, daß die Arzneien, welche dazu geeignet sind, eine Dampfgestalt anzunehmen, in dieser Gestalt bei weitem wirksamer sind als in flüssiger Gestalt.

Man kann die arzneilichen Substanzen oder ihre wirksamen Bestandtheile in gröbere und feinere, in der Hitze beständigere und flüchtige eintheilen. Die letzteren sind zu Dampfbädern passender als zu Wasserbädern; so wie hingegen die ersteren bloß zu Wasserbädern tauglich sind. Bei Substanzen, welche aus beiderlei Bestandtheilen gemischt sind, wäre es oft zu wünschen, die letzteren von den ersteren getrennt anwenden zu können, indem diese nicht selten eine nicht beabsichtigte oder schädliche Nebenwirkung hervorbringen, und indem Fälle eintreten, in welchen der Arzt bloß um dieser willen von der Anwendung des übrigens angezeigten Mittels abstehen muß.

Die Abscheidung der feineren Bestandtheile von den gröberen durch Verdampfung setzt uns in den Stand, die ersteren allein ohne letztere anwenden zu können.

Unter denjenigen Mitteln nemlich, welche in

Bädern mit Nutzen anwendbar sind, giebt es mehrere, deren heilsame Bestandtheile in der Siedehitze des Wassers flüchtig sind, oder mit anderen Worten: welche mehr die Wasserdämpfe als das Wasser selbst anschwängern und sich mit ihnen verflüchtigen; welche ferner ihrer Natur nach in den Wasserdämpfen sich vollkommner und in größerer Menge auflösen als im warmen Wasser. Bei solchen Mitteln wird man den Dampfbädern ohne Bedenken vor den Wasserbädern den Vorzug zugestehen.

Zu diesen Mitteln gehören unter andern:

A) Die Schwefelleber, deren wirksamer und flüchtiger Bestandtheil in dem geschwefelten Wasserstoffe (der Basis des hepatischen Gases) besteht, welcher, wenn man die Schwefelleber im warmen Wasser auflöset, sich von seinem Kali trennt, in Gaszustand versetzt wird und als hepatisches Gas (Schwefelleberluft) das warme Wasser anschwängert, allmälig aber daraus sich verflüchtigt. Da also dieses Gas mehr geeignet ist, sich in Wasserdämpfen als im Wasser aufzulösen; so verdient das Schwefeldampfbad den gewöhnlichen Schwefelbädern vorgezogen zu werden.

B) Die gewürzten Mittel, Kräuter, Wein u. a.

Daß der Wein in Dampfgestalt sich vorzüglich wirksam zeigt, läßt sich wohl eben so wenig bezweifeln, als daß sich auf diese Art mit einer geringeren Menge mehr effektuiren läßt, als im tropfbarflüssigen Zustande angewandt.

Der ätherische Oeldunst der gewürzten Kräuter

löset sich, wie bei der Destillation, in dem Wasserdampfe auf, welcher die Kraft des davon destillirten Wassers enthält, hier aber unabgekühlt als ätherisch - öliges Dampfbad eine vortheilhaftere Anwendung gestattet.

Die China gehört ebenfalls zu den aromatischen Mitteln. Denn ihre Wirksamkeit beruht vorzüglich auf einem flüchtigen Gewürzstoffe, außerdem auf einem adstringirend bittern Stoffe, welcher zwar weniger als jener, aber doch zum Theil flüchtig ist. Die China ließe sich also ebenfalls in einem Dampfbade mit Nutzen anwenden.

C) Die Mittel mit einem flüchtig scharfen Princip, wie der Senf, Zwiebeln, Meerrettig, die Wohlverlei - oder Fallkraut - Blüthen (flores arnicae), u. a. Von diesen flüchtig scharfen Dampfbädern ließe sich in hartnäckigen Lähmungen, im veralteten Stockschnupfen, in Wassersuchten, u. s. f. eine ausgezeichnete Wirksamkeit erwarten.

D) Die narkotischen Mittel, die Belladonna, das Bilsenkraut, die Krähenaugen, der Stechapfel u. a.

Vielleicht ist gerade das narkotische Dampfbad das vorzügliche Mittel, den oft unbezwinglichen Starrkrampf zu heben. Das von Stütz empfohlene Verfahren, das Opium und Kali wechselsweise anzuwenden, war in zwei Fällen, in welchen ich es befolgte, ohne Erfolg. Vielleicht würde ich glücklicher gewesen seyn, wenn ich wechselsweise das narkotische und ammoniakalische Dampfbad hätte anwenden können.

In der Hundswuth, welche so häufig mit der Wasserscheu begleitet ist, darf man es wegen dieses Zufalls selten wagen, den Kranken in ein Bad von warmem Wasser zu setzen, weil schon der bloße Anblick des Wassers dem Kranken die heftigsten Zuckungen verursacht, welche einen hohen Grad von Verschlimmerung andeuten. Die Anwendung des Bades muß daher gewöhnlich unterbleiben; wiewohl der Charakter dieser Krankheit und die Erfahrungen über die Wirksamkeit des warmen Bades als eines Nerven besänftigenden Mittels es sehr wahrscheinlich machen, daß gerade ein warmes Bad in diesem Zustande am wohlthätigsten seyn würde. Wir wissen aber, daß der Kranke nicht eigentlich das Wasser an sich, sondern nur dessen glänzende Oberfläche verabscheuet, weil er den Glanz eines Spiegels, einer Metallplatte, des Glases, eben so wenig verträgt, welcher die überspannte Empfindlichkeit seiner Sehnervenhaut zu heftig erregt. Es läßt sich also nicht denken, daß die alles Glanzes beraubten Wasserdämpfe ebenfalls Abscheu erregen sollten. Ich halte sie vielmehr in der Wasserscheu als Bad von großem Nutzen, wo das warme Wasserbad zwar angezeigt, aber nicht anwendbar ist. Sehr ersprießlich für den Kranken ist hier auch der Umstand, daß er sich lange Zeit in diesem Bade ohne Beschwerde verweilen kann; dessen Wirksamkeit man erhöhen kann, indem man es mit narkotischen Dünsten anschwängert.

Die Dämpfe schwächen ferner die Durchsichtigkeit der Luft oder die Erhellung derselben durch die Lichtstrahlen, wodurch sie den für das Sensorium des Kranken nachtheiligen Reitz des Lichtes dämpfen.

Diese kurzen Winke werden wenigstens hinreichen, um daraus zu ersehen, daß sich durch die Anwendung der Arzneimittel in Dampfgestalt dem Arzte ein in mehrerem Betrachte neuer und wichtiger Weg eröffnet, um den krankhaften Zustand des thierischen Organismus in den gesunden zurück zu führen; und daß das Dampfbad dem Arzte ein vielumfassendes Mittel an die Hand giebt, um ein noch größerer Wohlthäter der leidenden Menschheit zu werden. Auf diesem Wege lassen sich die feineren arzneilichen Stoffe, von ihrem gröberen Körper enthüllt, anwenden, und können ihre Wirkung freier, ohne von der Nebenwirkung der letzteren gestört zu werden, ausüben.

Da aber die medizinischen Dampfbäder sich auf solche Mittel einschränken, welche entweder ihrer ganzen Substanz nach flüchtig sind, oder deren Wirksamkeit auf flüchtigen Bestandtheilen beruhet; so machen selbige die medizinischen Wasserbäder zwar zum Theil, aber nicht gänzlich entbehrlich. Indeß ist die Zahl derjenigen in Bädern anwendbaren Mittel, welche sich nicht in Dämpfe, sondern bloß im Wasser auflösen, viel geringer, als die Zahl der ersteren. Dahin gehören z. B. die fetten Seifen, die Stahlmittel, die gröberen Nahrungsstoffe und andere.

Wirksamer und in gewissen Fällen passender, als die fetten Seifen, sind die ätherischen. Von diesen unterscheide ich zweierlei Arten: die einen bestehen aus einer Verbindung des ätherischen Oels mit den feuerbeständigeren Laugensalzen, (dem Kali und Natrum); die anderen aus einer Verbindung desselben mit dem flüchtigen Laugensalze (Ammoniak). Jene nennt man Starkeyische Seifen, welche in Dämpfen nicht anwendbar sind, weil nur das ätherische Oel daraus in Dampfzustand übergehen würde. Diese letzteren aber sind ihrer ganzen Substanz nach flüchtig. Nach Verschiedenheit des ätherischen Oels sind einige derselben, wiewohl in wässeriger Auflösung, unter den Namen: Fenchel-, Anis- oder Terpentinhaltiger Salmiakspiritus (Spiritus salis ammoniaci foeniculatus, anisatus, therebintinatus) im Gebrauche. Diese gänzlich flüchtigen Seifen nun sind diejenigen, von welchen sich, wenn man Wasserdämpfe damit anschwängert, und sie als Dampfbad anwendet, nicht wenig Wirksamkeit erwarten läßt.

Unter der Menge von ätherischen Oelen kann man die passenden wählen. Es würde aber theils zu kostbar, theils gänzlich unnöthig seyn, sie in diesem abgesonderten Zustande zum Seifenbade anzuwenden. Man darf nur die Kräuter, Samen, Wurzeln u. a., aus welchen sie durch Destillation gewonnen werden, mit einem, wenn auch ungereinigten, kaustischen urinösen Spiritus übergießen und Wasser zuschütten, um die Wasserdämpfe mit ätherischem Seifendunste zu schwängern. Denn während des Verdampfens geht ihr ätherisch-öliger Dunst mit dem ammoniakalischen die seifenartige Verbindung ein, welche in Wasserdampf aufgelöset unmittelbar zum ätherischen Seifendampfbade angewandt werden können.

Zum ammoniakalischen Terpentindampfbade würde ich statt des Terpentinöls die jungen Fichten-, Tannen- oder Lerchenknospen (turiones) nehmen; so wie zum einfachen Terpentindampfbade eben dieselben.

Das mit ätherisch-ammoniakalischer Seife geschwängerte Dampfbad scheint bei hartnäckigen Hautkrankheiten, Gichtknoten u. a. nicht wenig zu versprechen.

§. 264.

Ich bitte meine Mitärzte, diese nur hingeworfenen Bruchstücke eines neuen therapeutischen Verfahrens derjenigen Aufmerksamkeit zu würdigen, welche selbiges verdient, und dasjenige an ihm zu ergänzen, was hier übergangen werden mußte, weil es mich von dem Hauptzwecke dieser Schrift zu weit entfernen würde.

§. 265.

Wenn ich also nach dem geringen Maße meiner ärztlichen Einsichten und Erfahrungen hier das

Urtheil fälle: daß eine Dampfanstalt für alle öffentliche Badeanstalten und Krankenhäuser, zum Theil auch für Irrenhäuser ein nothwendiges Bedürfniß ist; so darf ich diejenigen meiner Mitärzte, welche mit mir hierin übereinstimmen, nicht erst auffordern, wenn ihnen Umstände und Gelegenheit dazu günstig sind, eine Dampfanstalt anzulegen und in Anwendung zu bringen.

§. 266.

Diese Dampfanstalt muß einem doppelten Zwecke angemessen seyn: erstens zum einfachen Dampfbade, zweitens zum medizinischen.

Mit diesen Zwecken würde ich vorschlagen in Badehäusern die Erwärmung der Zimmer und des Wasserbades durch Wasserdämpfe zu verbinden. Denn dieses läßt sich nach meinem Erachten sehr zweckmäßig hier vereinbaren. Ehe nemlich gebadet wird, und bis zur Zeit des Badens, benutzt man die Wasserdämpfe, so wie die überflüssige Menge oder Wärme derselben während des Badens, in einem verschlossenen blechernen Ofen zum Erwärmen der Zimmer, leitet diese durch dasselbe oder ein anderes Rohr in das Wasser der Wanne zum Erwärmen desselben, und ein anderes Rohr führt die Dämpfe in ein anderes Zimmer, um selbiges theils zu erwärmen, theils hier zum Dampfbade zu dienen. Das Gefäß zum Dampfbade würde ein Häuschen von Wachsleinwand in der Gestalt einer Senfte oder eines Schilderhäuschens vertreten, welches zu hepatischen und ammoniakalischen Dampfbädern mit Luftlöchern versorgt ist, die ein Flor bedeckt. Oder man läßt den Badenden, um ihm eine reine Luft während des Badens zuzuführen, durch ein Rohr die Luft einathmen.

Ein aus Spundbretern zusammengespundeter, genau verwahrter, länglich viereckiger Verdampfungsbottich, inwendig mit einem walzenförmigen Feuerkanal versehen, würde die Wasserdämpfe liefern, welche zum einfachen Dampfbade, zum Erwärmen des Badewassers und der Badezimmer dienen sollen.

Außer diesem Verdampfungsgefäße würde man nun noch zu medizinischen Dampfbädern zwei oder mehrere kleine Verdampfungsgefäße (kleine Destillirblasen) haben müssen, welche die medizinischen Ingredienzien zum Dampfbade enthalten, und die medizinischen Dämpfe durch 1 Zoll weite Röhren zu dem Dampfbadehäuschen hinführen, welche mit einem Hahn versehen sind, um die Menge der Dämpfe nach Erforderniß zu mindern. Sobald ein Dampfbad von anderer Art bereitet werden soll, muß das Gefäß rein ausgeleert werden, damit sich nichts von dem ersten Bade diesem beimischt.

5) Möglichst vollständige Benutzung der Hitze zum Verdampfen.

§. 267.

Das Verdampfen geschieht entweder in offenen oder verschlossenen Gefäßen. Im ersteren Falle nennt man es Abdampfen, im letzteren Destilliren, und die dazu bestimmten Gefäße Destillirgefäße.

Je nachdem sich die zu destillirenden Körper im flüssigen Zustande und trockne Körper in Flüssigkeiten eingetaucht, oder aber im trocknen Zustande befinden, unterscheidet man die Destillation auf nassem und trocknem Wege.

Zur trocknen Destillation gehören: die Sublimation und die Verkohlung. Die dazu bestimmten Gefäße nennt man Sublimir- und Verkohlungsgefäße.

Ich werde hier von der Verdampfung bloß im Allgemeinen sprechen. Eine ausführliche Abhandlung über die Verkohlungsgefäße insbesondere wird alsdann diese Schrift beschließen.

Der gegenwärtigen Betrachtung über das Verdampfungsgeschäft überhaupt liegen folgende Rücksichten zum Grunde: 1) die vortheilhaftere Benutzung der Hitze des Feuers zum Verdampfen durch Beschleunigung des Abzugs der Dämpfe; 2) die mögliche Benutzung der entweichenden Dampfhitze.

Bei dem Verdampfen hat man die Absicht, die flüchtigeren Theile eines Körpers oder eines künstlichen Gemisches von den in der Hitze weniger oder gar nicht flüchtigen zu trennen; und jene oder diese allein oder auch beide im abgesonderten Zustande zu benutzen. Bei dem Abdampfen schickt man die flüchtigeren Theile in die Luft, um die in der Hitze beständigen zu gewinnen. Bei dem Destilliren sucht man entweder jene allein oder beide abgesondert zu gewinnen oder zu benutzen.

Es giebt aber keinen Körper in der Natur, welcher nicht mehr oder weniger flüchtig wäre, oder keinen absolut feuerbeständigen Körper. Daher erleidet man bei dem Abdampfen eines (relativ) feuerbeständigeren Körpers jedesmal mehr oder weniger Verlust; wie bei dem Abdampfen der Kali-Lauge zur Pottasche, der Neutralsalze, der erdigen und metallischen Salze. Bei dem Abdampfen des Holzes (dem Verkohlen) verflüchtigt sich eine beträchtliche Menge des feuerbeständigeren Kohlenstoffs.

Körper, die an sich (relativ genommen) nicht flüchtig sind, verflüchtigen sich in Verbindung mit anderen flüchtigen Körpern (Mitverflüchtigung).

Die Feuerbeständigkeit der Körper ist also nur als das minus der Flüchtigkeit zu betrachten. Nach dem Mehr oder Weniger der Flüchtigkeit des abzudampfenden Körpers muß nun der Grad der Hitze gehörig abgemessen werden, indem man durch Verabsäumung dieser Regel sich einen großen Verlust an dem erzweckten Rückstande zuziehen wird, wiewohl man zuweilen diesen Verlust gegen den Zeitverlust bei der langsameren Abdampfung abzuwägen hat.

Einiger Verlust ist unter allen Umständen unvermeidlich, selbst bei der ganz gelinden Abdunstung der Salze an der bloßen Luft. Dann kommt bei der allmäligen Abdampfung nicht allein der Verlust an Zeit, sondern auch an Holz in Betracht; so daß man nicht selten besser auf seine Rechnung kommt, wenn man ungeachtet des beträchtlicheren Verlustes an Körper die Flüssigkeit unter beständigem Aufwallen im Sieden und starken Verdampfen erhält.

Die Beförderung des Abzugs der Dämpfe *) gewährt Ersparniß an Holz und Zeit. Dieser Abgang wird befördert: 1) durch Vermehrung der Oberfläche der zu verdampfenden Flüssigkeit, 2) durch Anbringung eines Luftzugs auf ihrer Oberfläche, 3) durch Umrühren derselben, 4) durch Verdampfung in verschlossenen Gefäßen.

Denn in offnen Gefäßen wird die Verdampfung durch den Druck der Luft erschwert; bei verschlossenen oder Destillirgefäßen würde daher die Verdampfung schneller geschehen, wenn die Flüssigkeit zum Verdampfen eine eben so große Oberfläche erhielte als in offnen, und man sich statt der Kessel und Blasen der Pfannen bediente. Ferner wird der Abzug der Dämpfe oder die Verdampfung durch das Rohr des Helms (den Schnabel) erschwert, welches im Verhältniß zur Größe der Blase nicht selten zu eng angenommen ist. Herr Neuenhahn in Nordhausen hat über das richtigere Verhältniß des Helms und des Dampfrohrs zur Größe der Blase sehr interessante Erfahrungen mitgetheilt, die allen Dank verdienen. Da sich die Dämpfe, wenn sie aus einem weiteren Raum in einen engeren zu treten gezwungen sind,

*) Auf welche Weise die Bildung der Dämpfe begünstigt wird, davon ist oben schon bei dem Sieden gesprochen worden.

zum Theil comprimiren und dadurch wieder zur tropfbaren Flüssigkeit zusammenrinnen, welches hier zu früh, nämlich im Helme selbst geschieht; so hat man dem Helme ein doppeltes Dampfrohr und eine Tropfrinne gegeben, damit die Tropfen nicht wieder in die Blase zurückfallen. Ein wie ein Zuckerhut gestalteter Helm ist dem Zwecke der Tropfrinne angemeßner als ein plan-convexer Hut, weil sich bei diesem besorgen läßt, daß ein Theil der Tropfen nicht abfließen wird, sondern aus der Mitte des Huts sogleich wieder in die Blase zurückfällt.

Bei dem Verdampfen an der freien Luft oder in offenen Gefäßen ist es leichter, die Verdampfung durch einen Luftzug auf der Oberfläche und durch Umrühren zu befördern; aber in verschlossenen Gefäßen ist dieses schwieriger und bei manchen Körpern nicht anwendbar. Man hat aber diese Vortheile bei der Verdampfung in verschlossenen Gefäßen bisher fast gänzlich vernachlässigt, ob sie sich gleich in mehrern Fällen erreichen lassen.

Bei der Verdampfung von Flüssigkeiten in verschlossenen Gefäßen, bei der Dampfanstalt und bei anderen Destillationen läßt sich nemlich eben so wohl als in offenen Gefäßen ein künstlicher Luftzug und zugleich ein Mechanismus anbringen, welcher die Flüssigkeit in der Oberfläche umschaufelt. Bei der Verdampfung von entzündlichen Körpern (bei der Verkohlung) darf die Luft keinen Zutritt haben und die Anbringung eines Luftzuges fällt also von selber weg. Bei diesen ist aber das Umrühren durch einen Mechanismus zur Beschleunigung der Verdampfung nicht minder vortheilhaft als bei Flüssigkeiten. Bei der Verdampfung der letztern wird durch denselben eine gleichmäßige Verkohlung und Glühung *) bewirkt, bei den erstern das Anbrennen des Guts, der Maische, verhütet. Für den letztern Zweck findet man im 1sten Bande der allgem. Annalen der Gewerbskunde, herausgeg. von J. C. Hoffmann, einen Mechanismus beschrieben, welcher Aufsatz auch unter dem Titel: Mancherlei neue Bemerkungen über die Branntweinblasen, Leipz. 1803. bei F. E. Richter, besonders abgedruckt zu haben ist.

Das Abdampfen von salzigen Auflösungen u. a. würde sich nach meinem Erachten in einigen Fällen ebenfalls in verschlossenen Gefäßen bewerkstelligen lassen. Dadurch kann man sich erstens den Vortheil verschaffen, die Verdampfung schneller als in offenen Gefäßen zu bewirken, und zweitens die Dämpfe zum Erwärmen anderer Flüssigkeiten anwenden zu können.

Zu der Absicht, die Verdampfung von Flüssigkeiten in verschlossenen Gefäßen durch einen Luftzug zu beschleunigen, dient eine im Feuerkanal angebrachte Erhitzungsbüchse, welche unten offen steht, um reine Luft von außen anzuziehen. Aus dieser wird die durch das Feuer erhitzte Luft mittelst einer Röhre mitten durch die Flüssigkeit aufwärts geleitet und strömt über derselben aus, um sich mit Dämpfen zu schwän-

*) Ein solcher Mechanismus wird unten zur Gewinnung der Farbekohle in Berlinerblaufabriken beschrieben werden.

gern. Der durch die Erhitzung hervorgebrachte Luftzug nöthigt die Dämpfe zu einem schnellen Abzuge; und die erhitzte Röhre trägt zugleich, indem die Hitze des Feuers die Axe der Flüssigkeit durchstreichen kann, zum schnelleren Sieden und Verdampfen das Ihrige bei.

Da ich aber die hier aufgestellten Vorschläge in Betreff des Versiedens von Flüssigkeiten nicht durch eigne Versuche zu erproben Gelegenheit gehabt habe, und ich es auch nicht für den schicklichen Ort halte, in dieser Schrift ausführliche Entwürfe diesen Vorschlägen gemäß mitzutheilen; so überlasse ich die nähern Angaben und Erörterungen andern Sach- und Kunstverständigen.

§. 268.

Die Verkohlung hat den Zweck, die in der Hitze flüchtigern Theile von den feuerbeständigen zu trennen, mit der Verdampfung überhaupt gemein.

Bei dem Gebrauche von Gefäßen, welche nicht ganz dampfdicht schließen, gehen die flüchtigeren Theile großentheils, bei der Verkohlung in Meilern aber gänzlich und eben so ungenutzt verloren, wie bei dem Abdampfen von Flüssigkeiten; und es bleibet bloß die feuerbeständigere Kohle für die Benutzung übrig.

Zum Verkohlen des Holzes, der Steinkohlen, hat man verschiedene ältere Angaben. Einige derselben verbinden mit dem Verkohlen die Absicht, die Flüssigkeiten, das Oel und den Holzessig, aufzufangen. Allein ich vermisse an diesen Oefen die Vollkommenheit des Luft- und Dampfdichten, so daß vom Oele und Essig in Dämpfen noch mehr verloren geht als gewonnen wird, und das brennbare Gas, welches noch leichter entweicht, nicht eingeschlossen und zum Heizen angewandt wird. Zudem ist ihre übrige Einrichtung so wenig vortheilhaft, daß sie, um den verschwenderischen Aufwand von äußerem Brennmaterial, welchen sie zum Verkohlen erfordern, einzuschränken, einer wesentlichen Verbesserung bedürften.

Verdampft man aber in luftdicht schließenden Gefäßen, nach Art der Destillation; so kann man die flüchtigeren Theile gänzlich auffangen und besonders benutzen. Von den verschiedenen Benutzungsarten der dabei zu gewinnenden Flüssigkeiten habe ich im ersten Abschnitte ausführlich geredet. Von der Benutzungsart der rohen und gereinigten Dämpfe zum Heizen und Erleuchten habe ich ebendaselbst im Allgemeinen gesprochen; und ich gehe nun zur näheren Beschreibung von Verkohlungsgefäßen und Verkohlungsöfen über, deren ökonomischer und technischer Werth sich erst aus dem nächstfolgenden Abschnitte mit Vollständigkeit ergeben wird.

Dritter Abschnitt.

Ausführliche Beschreibung von Verkohlungsöfen zu verschiedenen häuslichen und technischen Zwecken.

§. 269.

Die mehresten der hier folgenden Verkohlungsöfen sind das Resultat einer Reihe von Versuchen, welche ich über die zweckmäßigste Einrichtung derselben angestellt habe, worunter ich diejenige verstehe, bei welcher die Hitze des Feuers zum Verkohlen und andern zugleich beabsichtigten Zwecken so gut als möglich genutzt ist.

Man feuert entweder bloß in der Absicht, um brennbare Körper zu verkohlen, z. B. die Knochen, Horn u. a. thierische Substanzen, und ihre Kohle, als Beinschwarz oder zur Farbekohle, in Berlinerblaufabriken, so wie den ammoniakalischen Spiritus, in Hirschhornspiritus- und Salmiak-Fabriken, die Holzsäure in Färbereien, oder Holzkohlen zu gewinnen, oder Steinkohlen und Torf zu verkohlen, oder Reißkohle, Tousche zu fabriziren u. s. w.; oder aber man feuert bloß wegen ökonomischer Absichten, um die Zimmer zu erwärmen, Speisen zu kochen und zu braten, Flüssigkeiten zu erwärmen, zu sieden und zu verdampfen u. s. w.

Zu der ersteren Absicht werde ich eine vortheilhaftere Einrichtung beschreiben, um auf eine bequemere, zeit- und holzersparende Art zu verkohlen, die Kohle von vorzüglicherer Güte zu gewinnen und die durch das Feuer erzeugte Hitze vollständiger zu benutzen.

In der letzteren Hinsicht werde ich zeigen, in wie fern sich die Feuerung außer jenen Absichten zugleich und nebenbei zum Verkohlen benutzen läßt, ohne zu der letzteren Absicht besonders zu feuern und ohne jene Absichten dadurch zu stören; dann werde ich einzeln darzuthun suchen, in wie fern und in welchen Fällen sich die Feuerung auf eine vortheilhaftere und bequemere Art durch Verkohlungseinrichtungen unterhalten läßt.

Erstes Kapitel.

Verkohlungsöfen zur Heizung der Wohn- und Trockenstuben u. a.

§. 270.

Man kann den Verkohlungsofen entweder zur Heizung eines oder mehrerer Zimmer einrichten, oder auch so, daß zu einer Zeit nur das eine Zimmer, in welchem der Verkohlungsofen steht, zu einer anderen zugleich noch ein zweites oder drittes durch denselben geheitzt werden kann.

§. 271.

Das Anfüllen des Verkohlungsgefäßes mit

Holz und das Entleeren desselben von der Kohle geschah bei meiner ersten Anlage vom Zimmer aus, weil ich es für bequemer hielt, als von außen. Allein der brandige Geruch, welcher bei dem Oeffnen des Gefäßes aus diesem hervorstieg, wenn die Verkohlung vor ihrer gänzlichen Beendigung unterbrochen worden war, der Geruch, welchen alsdann die nicht völlig ausgedampfte Kohle*) ebenfalls noch von sich gab, bewogen mich, bei den ferneren Anlagen das Gefäß so einzurichten, daß selbiges von außen gefüllt und entleert werden konnte.

Um das Herausholen der Kohlen überhoben zu seyn, ließ ich mir nach eigner Idee eine Verkohlungsbombe verfertigen, welche in ihrer Mitte einen stehenden Cylinder enthielt, von welchem das untere Stück, (s. Tab. II. Fig. 2.) A. A. über das obere hinaufgeschoben werden konnte.

Die ein- und übergreifenden Ränder waren abgeschmirgelt.

Schob man das untere Stück hinauf; so fielen alsdann die Kohlen heraus und auf den Feuerherd C. C. herab. Nachdem das Gefäß auf diese Art ausgeleert war, wurde das hinaufgeschobene Cylinderstück wieder herabgezogen, welches jetzt die Bombe wieder völlig verschloß. Dieses Cylinderstück hatte nemlich einen Stiel, B. welcher durch den Feuerherd herabging und sich unter demselben in einen angeschrobenen Handgriff endigte, um den

*) Das völlige Ausmerzen der Kohle ist nicht rathsam.

Stiel durch die Hülse D. von oben durchzustecken, welche den Stiel in egaler Richtung erhielt, so daß das Entleeren der Bombe auf eine sehr leichte Art geschah. Allein der Cylinder rieb sich, da er nicht verstählt war, bald ab, und schloß nicht mehr luftdicht. Der Zug des Feuers ging durch den Cylinder hindurch und es verkohlte daher sehr wirksam und gleichmäßig.

E. Die Oeffnung, wo vom Zimmer aus das Holz hineingeworfen wurde.

F. F. Das Dampfrohr.

Ich verkittete nachgehends das Cylinderstück und machte es unbeweglich. Nun schloß es luftdicht. Aber wegen des nöthigen Anfüllens dieses Gefäßes vom Zimmer aus kann ich es für Wohnzimmer nicht ganz empfehlen; wiewohl Professionisten u. a., welche den Geruch des Rauchs u. a. üble Gerüche gewohnt sind, nicht darauf achten würden. So würde auch in Trockenstuben und andern großen Räumen jener Geruch bei dem Oeffnen keine Rücksicht verdienen. Ich glaube aber, daß die angegebene Einrichtung zu einigen chemischen und andern technischen Arbeiten brauchbar und vortheilhaft ist.

§. 272.

Das Feuer muß bei den V· kohlungsöfen immer regelmäßig unterhalten werden.

Dieser Umstand ist hinlänglich geeignet, die Einführung dieser Oefen zur Heizung der Wohnzimmer zu erschweren. Die erforderliche Aufsicht über das Feuer macht ihren Gebrauch als Zimmeröfen schwierig. Dann hat schon das Nachlegen das Ueble, daß es die Gleichmäßigkeit der Verkohlung stört. Die Hitze, welche bei dem jedesmaligen Oeffnen der Ofenthür verloren geht, das Eindringen von kalter Luft macht es nöthig, auf Mittel zu denken, welche das Nachlegen und Oeffnen seltner machen.

Was die Aufsicht oder die gehörige Besorgung des Feuers betrifft, so läßt sie sich leicht anwenden, wenn der Ofen von innen geheitzt wird, ferner bei einigen Arbeiten, z. B. der Klempner, welche beständig vor dem Feuer zu thun haben, bei dem Kochen, Braten, Sieden, Verdampfen u. a.

Wenn aber bloß darum geheizt wird, um das Zimmer zu erwärmen; alsdann ist es, um die Aufsicht zu erleichtern, zuträglich, von innen zu heizen, und um das Nachlegen seltner zu machen, die Verkohlung mit dicken Stücken, besonders von einer festen Holzart zu unterhalten. Wenn man mit Kohlen feuert, so kann man auch einen sogenannten faulen Heinzen (oder Kohlen-Athanor) anbringen, oder auch den Feuerraum auf einmal mit Kohlen oder Torf anfüllen, und das Verbrennen durch den Luftschieber zweckmäßig verstärken oder verzögern; wiewohl man bei der Anlegung eines Ofens oftmals wichtigere Rücksichten zu verfolgen hat, welche nur bisweilen erlauben, jene Bequemlichkeit zugleich anzubringen.

Außer diesem sich selbst bedienenden Ofen (oder Verkohlungsathanor) würde es noch ein zweites Mittel geben, das Nachlegen seltner zu machen, nemlich, das Holz durch die Flammenhitze seiner eignen Dämpfe zu verkohlen. Ich nenne diesen noch unbekannten Ofen einen Heiz=Automat, oder eigentlicher, einen gasverzehrenden Verkohlungsofen.

Dieser Ofen paßt für diejenigen Haushaltungen, wo gewöhnlich ein Zimmer zur Erwärmung hinreicht. Er ist auf die Erfahrung gegründet, daß die Dämpfe des Holzes u. a., sobald die Feuchtigkeit desselben großentheils ausgetrieben ist, hinlängliche Entzündlichkeit besitzen, um ein lebhaftes Flammenfeuer damit zu unterhalten; wenn man ihnen nemlich keine Gelegenheit darbietet, sich unter der Siedehitze abzukühlen; und daß sie eine hinlängliche Hitze geben, um dabei zu verkohlen.

Die Verkohlung wird nemlich durch ein äußeres Brennmaterial in Gang gesetzt. Ein Rohr leitet die erzeugten Dämpfe aus dem verschlossenen Behälter in den Feuer= oder Flammenraum zurück, wo sie sich, als der Nahrungsstoff der Flamme, zur Flamme entzünden, welche durch ihre Hitze die Verkohlung unterhält. Auf solche Weise lassen sich das Holz, Horn und Knochen durch ihre eigenen Dämpfe verkohlen. Ich habe jedoch beobachtet, daß die Verkohlung zwar so lange fortdauert, als die Flamme zu brennen fortfährt, daß sie aber dabei abnimmt und allmälig ins Stocken geräth, so daß das äußere Brennmaterial nicht gänzlich entbehrt werden kann. Indeß fand ich, daß wenigstens die Hälfte des äußeren Brennmaterials erspart und das Nachlegen um eben so viel seltner gemacht wurde.

Ich habe diesen gasverzehrenden Verkohlungsofen sowohl zur Zimmerheizung als zu anderen Zwecken mit Erfolg angewandt.

Ich werde jenen zuerst beschreiben.

Erklärung der Zeichnung Tab. X.

N. 1. Die untere Platte des Verkohlungskastens, welche auf jeder Seite und hinterwärts 8 Zoll vor diesem hervorsteht. Dieser hervorstehende Theil dient zur Auflage von Steinen, (s. A. A. A. A.) welche die Züge um den Kasten herum bilden, indem sie einen Zwischenraum von 6 Zoll zwischen sich und dem Verkohlungskasten übrig lassen. (S. A. B. B. A.)

a. b. deutet das Gewände an, welches vor der Platte vorgelegt und vom Fußboden in die Höhe geführt ist. (S. N. 1. 5. 6.)

Hinter der Stirnplatte dieses Kastens sieht man das Zugloch (s. C. C.) in dem hinten überstehenden Theile der unteren Platte, welche zugleich die Decke des Feuerraums bildet, dessen Größe durch B. B. B. B. bestimmt wird.

Die beiden Züge sind durch eine Zunge getrennt, die zur Seite des Zuglochs 6. im Grundriß zu sehen ist.

D. Der Ort, wo das Dampfrohr N. 2. angegossen ist. Es steht gerade aufwärts und ist durchlöchert. Die Löcher sind $\frac{1}{8}$ Zoll weit und etwas schräg abwärts gebohrt. Dieses Rohr reicht noch 1 Zoll durch die Platte tiefer herab.

Die punktirten Linien bei D. zeigen den Lauf der unter der entgegen gesetzten Fläche der Platte fortlaufenden Dampfröhre (s. N. 9.) an, welche über den hervorragenden Theil der oberen Röhre aufgeschoben wird. Damit diese eine Auflage hat, sind 2 Oesen an die Platte angegossen, durch welche ein Stift geschoben wird.

N. 3. D. D. Die Deckplatte des Verkohlungskastens, deren Größe mit dem Kasten selbst übereinstimmt. Sie ist von der steinernen Decke der Züge seitwärts und hinterwärts umgeben.

In letzterer befinden sich 3 Zuglöcher.

N. 4. Durchschnittsriß des Ofens nach der Schnittlinie x. x. N. 1. 3. 5.

D. D. Die untere Platte des Verkohlungskastens.

E. Der Verkohlungsraum.

F. Der Feuerraum, welcher sich nach dem Herde herab verschmälert.

G. G. Die Züge an den Seiten.

H. der Querzug über der oberen Platte.

N. 5. Aufriß der vorderen Ansicht des Ofens, von der Kaminwand angesehen.

Man sieht hier, wie vor dem Feuerraum F. N. 4. eine volle Wand vorgezogen ist, in welcher sich die Einheizöffnung und die vordere Stirnplatte des Verkohlungskastens mit dem Schürloche befindet.

Die doppelt punktirten Linien zeigen den oberen Theil des Ofenhalses an, welcher aus 3 eisernen Platten besteht. Die Seitenplatten ruhen auf den steinernen Seitenwänden des Ofenhalses, deren Verbindung mit der Mauer des Ofens durch I. I. angedeutet ist.

N. 6. Aufriß der Seitenansicht des Ofens.

F. F. Der Feuerkasten.

f. f. Die Pfeiler, auf welchen der äußere Rand der unteren Platte des Verkohlungskastens ruhet. Sie verbergen die hinter ihnen stehenden niedrigeren Pfeiler, auf welchen der Feuerkasten ruhet.

G. G. Die äußeren Züge um den Verkohlungskasten.

H. Der Querzug über dem Verkohlungskasten.

K. Eine eiserne Platte des Ofenhalses.

L. Der untere Theil desselben von Steinen.

Nähere Erläuterungen.

Die eisernen Platten des Verkohlungskastens müssen in den Fugen genau in einander greifen. Die gewöhnliche Art, sie an einander zu fügen, entspricht diesem Zwecke nur unvollkommen. Damit also die Fugen dicht schließen, lasse man sie nach folgender Art einrichten. (S. N. 7.) Die Ränder sind hier zusammen geplattet und zusammen geschroben. Der auf der unteren Platte (s. N. 1.) gezeichnete Falzrand bleibt alsdann weg. Jede Schraube erhält eine Gegenschraube und ihr Kopf eine Einkerbung von ½ Zoll zum Festschrauben. (S. a. a.) Durch b. b. sind die Falzränder angedeutet, welche an der unteren Fläche des Bodens des Verkohlungskastens (oder der Decke des Feuerkastens) fortlaufen und welche über die oberen Ränder des Feuerkastens übergreifen.

Man überpinsele, ehe man die Platten zusammenschraubt, die zusammengeplatteten Flächen der Ränder mit rothem Bolus, den man mit Essig zu einem dünnen Brei angemacht und vorher durch ein feines Haarsieb durchgesiebt hat, und lasse es zusammenrosten. Dann mache man sich einen Kitt von fein gesiebtem Bolus und schwarz gebranntem Hirschhorn, welche man mit Rindsblut zu einem dicken Brei zusammenknetet. Man nehme z. B. ein Nößel Blut, mische eine Hand voll Bolus darunter, arbeite es mit einer Mauerkelle durch einander, bis es nicht mehr klümperig ist. Nun setze man von neuem eine kleine Portion Bolus zu, und fahre mit dem Zusetzen und Durcharbeiten so lange fort, bis es ein noch flüssiger Brei geworden ist, der sich wie Leim ziehen läßt. Jetzt mische man allmälig 4 Loth von gebranntem Hirschhorn und 4 Loth fein gesiebten Sand dazu und arbeite Alles genau durch einander. Mit diesem Kitte überstreiche man nun die Flächen der Ränder. Sind die Platten zusammen gesetzt und zusammengeschroben; so läßt man den Kitt an der Luft im Schatten austrocknen. Im Winter muß man einige glühende Kohlen in den Kasten werfen, um ihn auszutrocknen.

An dem vorderen Stirnblatte des Kastens läßt man einen 4 Zoll langen und runden Hals angießen, (s. N. 8.) dessen äußere 6 Zoll weite Oeffnung mit einem auswärts geworfenen angegossenen Rande umgeben ist. (S. N. 5. und N. 8. a. b.) An diesen sind zwei Oesen mit scharf viereckigen Löchern angegossen. (S. b.) Ueber diese Oesen wird der bewegliche und auf der einen Fläche abgeschliffene Ring c. c. auf den Rand b. b. aufgeschoben, nachdem man dessen andere rauhe Fläche vorher mit wenigem Kitt überstrichen hat. Um nun die Oeffnung, welche der Ring c. c. übrig läßt und die 6 Zoll weit ist, genau zu verschließen, dient ein abgeschliffener eiserner Teller, der gerade zwischen den Oesen einpaßt und gegen den abgeschliffenen Ring c. durch einen Querriegel festgedruckt wird, welchen man durch die viereckigen Löcher der Oesen durchschiebt. (S. N. 8. a.) Der Riegel und die Oesen sind hier von oben nach unten dargestellt, ob sie gleich in der Quere angebracht seyn müssen. Der Teller hat einen Knopf zum Anfassen.

Ehe man den Kasten zusammensetzt, schiebe man die Röhre N. 9. auf der unteren Fläche der unteren Platte an, verkitte diese Stelle und lasse sie auf dem durch die Oesen geschobenen Stift aufruhen. Sie ist beweglich gelegt, um sie nöthigenfalls abnehmen zu können.

Die Dämpfe strömen durch die obere Oeffnung

und die Löcher der Röhre N. 2. ein, und durch die vordere Mündung der Röhre N. 9., welche etwas nach hinten gerichtet ist, in den Feuerkasten aus, wo sie sich zur Flamme entzünden.

Der Feuerkasten besteht aus den 2 Seitenplatten, der Herdplatte und der hinteren Stirnplatte; dem vorderen Theil, welcher von Steinen gebildet ist, (s. N. 5. a. b.) Zur Deckplatte dient die untere Platte des Verkohlungskastens (s. N. 1. u. 4). Diese Seitenplatten haben eben die Länge als die letztere; die hintere Stirnplatte kommt also frei im Zimmer zu stehen, und kann ihre Hitze, so wie jene und die Herdplatte, frei ausdunsten.

Der Luftzug tritt außerhalb des Zimmers durch das Gitter der Einheizthüre N. 10. Will man die Vortheile des Luftzugs von innen mit diesem Ofen verbinden, so muß die Herdplatte einen Rost und einen Aschenkasten von Eisenblech erhalten, wie durch Punkte N. 6. unter F. angedeutet ist. Das Gitter befindet sich oben und der Schieber läuft von der linken nach der rechten Seite. Unter dem Schieber und Gitter ist eine blecherne Schublade zum Herausnehmen der Asche.

Der Luftzug nimmt seinen Ausweg aus dem Feuerkasten durch die in der Decke N. 1. befindliche, der Einheizöffnung entgegengesetzte Oeffnung C. C. Die ihr rechts stehende Zunge nöthigt den Zug, den Weg 1. zu nehmen. Vorne findet er in der Decke N. 3. die Oeffnung 2., durchzieht den Querzug H. N. 3. 4. 5. 6., fällt aus diesem durch die Oeffnung 3. N. 3. unter die Decke des anderen Seitenkanals herab, (s. N. 4.) und steigt aus diesem durch die Oeffnung 4. (s. N. 3.) wieder auf, durchstreicht den 2ten Querzug 6. (s. N. 6.) und steigt aus diesem durch eine in dessen Decke befindliche Oeffnung in die vertikale Röhre 7. aufwärts und in die entgegenstehende hier verdeckte Röhre 8., welche oben mit jener durch einen Querzug verbunden ist, abwärts. Der Hals 9. führt ihn nun aus dem unteren Theile der Röhre 8. in die mittlere Röhre 10., in welcher er aufsteigt. Aus dem Capital tritt er in die Röhre 11. N. 5. u. 6., fällt in dieser herab, geht aus dieser durch den Hals 9. in die Röhre 12. und aus dieser nach dem Kamine durch den Hals 13. N. 6.

Der Ofenhals wird von außen mit einer hölzernen Thüre verschlossen. Die Hitze, welche durch die vordere Stirnplatte des Verkohlungskastens und durch die Ofenthüre ausdunstet, geht alsdann nicht für die Benutzung verloren, und theilt sich der Zimmerluft durch die eisernen Platten des Ofenhalses mit.

Das Holz, mit welchem der Verkohlungskasten gefüllt wird, kann hier 16 Zoll lang seyn. Man legt es der Quere und füllt den Kasten bis ohngefähr auf den vierten Theil damit an, damit es Freiheit behält sich auszudehnen.

Zuletzt erinnere ich, daß, um auch mit Holz, oder einem schlechtern Rauch gebenden Brennmaterial das äußere Feuer unterhalten zu können, der Ofen an den nöthigen Orten Reinigungslöcher bekommen muß, die mit einem markirten Steine zugesetzt und von außen bloß verstrichen sind.

Heizung mehrerer Zimmer durch einen Verkohlungsofen.

§. 273.

Durch ein Feuer mehrere einzelne Feuerungen entbehrlich zu machen, ist eben sowohl bequem als unter Umständen vortheilhaft.

Dieses sind Vorzüge, welche die Verkohlungsöfen vor gewöhnlichen zum voraus, aber mit der Dampfheizung gemein haben.

Es ist aber für die Heizung mit Verkohlungsdämpfen eben sowohl als für die mit Wasserdämpfen ein günstiger Umstand, wenn die Größe der Anwendung von den Umständen wenig und selten eingeschränkt zu werden braucht. Jedoch ist es mir gelungen, bei der Zimmerheizung durch einen Verkohlungsofen nach den Zeitumständen bald ein bald mehrere Zimmer mit Vortheil zu heizen; nemlich durch Zurückführung der Dämpfe in den Verkohlungsofen und Benutzung derselben zum Verkohlen ihres Materials. Inzwischen läßt sich dieses auch dadurch bewirken, daß, wenn nur ein Zimmer zu heizen ist, man das Verkohlungsgefäß nicht füllt und ein gewöhnliches Feuer unterhält.

Die Heizung mehrerer Oefen durch die Verkohlungsdämpfe hat vor der Dampfheizung den wichtigen Vorzug, daß das Feuer nicht bloß zur Hervorbringung der Dämpfe unterhalten zu werden braucht, wie bei der Heizung mit Wasserdämpfen, sondern zu anderen Absichten zugleich sich benutzen läßt.

Liegt das Zimmer, welches durch die Flamme der Verkohlungsdämpfe geheizt werden soll, über dem unteren, in welchem der Verkohlungsofen stehet; so darf man nur die Röhre, welche bei dem auf der vorigen Tab. X. gezeichneten Ofen die Dämpfe zum Feuerherde zurückführt, (s. N. 9. und N. 1. D.) weglassen, und ein anderes gerades Rohr auf der Decke des Verkohlungskastens aufsetzen, und nach der punktirten Linie N. 6., welche gleich weit von den Seitenwänden des Ofens absteht, durch die Decke der vertikalen Züge durchführen, durch die Decke des Zimmers treten und in einen ofenförmigen Behälter einströmen lassen, welchen ich zum Unterschiede von dem Verkohlungsofen oder von einem gewöhnlichen den Flammenofen nenne.

Dieser muß fast nach eben denselben Regeln erbauet seyn, als ein gewöhnlicher, um die Hitze zweckmäßig und möglichst vollständig zu benutzen. Man muß ihn immer so anlegen, daß auch auf gewöhnliche Art mit Holz u. a. darin gefeuert werden kann, wenn nach dem veränderlichen Bedürfniß der Heizung mehrerer Zimmer das untere Zimmer, in welchem verkohlt wird, nicht geheizt werden soll.

Soll einmal bloß das untere, ein andermal zugleich das obere geheizt werden können; so behält man das Dampfrohr (s. Tab. X. N. 9.) im untern Ofen bei, und verschließt dessen Mündung mit einem eingeriebenen Metallstöpsel, um die Dämpfe zum Heizen des obern Zimmers zu benutzen.

Soll ein Nebenzimmer zugleich mit geheizt werden können, oder auch nur zu gewissen Zeiten, so bringt man ein drittes Dampfrohr an, welches aus einer Seitenwand des Verkohlungskastens heraustritt, und in etwas abwärts geneigter Richtung die Dämpfe zu dem Flammenofen des Nebenzimmers hinführt. Es muß an seinem bis auf 2 Zoll verengerten Ende, um es abschließen zu können, mit einem Hahne versehen seyn, so wie das obere.

Wenn der Flammenofen ohne Rost ist, so lasse ich die Röhre gewöhnlich durch eine Seitenwand des Feuerraums, wenigstens 6 Zoll von der Einheizthüre entfernt, eintreten. Sie muß 2, 3 Zoll in den Feuerraum hineinragen, weil, wenn die Röhrenmündung sich von der Seitenwand nicht entfernt, die Dämpfe und ihre Flamme an dieser fortstreichen, ohne sich gehörig im Feuerraume zu vertheilen. Ferner muß man dafür Sorge tragen, daß keine Kohle, keine Asche in die Röhre hineinfallen kann. Man lege sie daher 3 Zoll über den Feuerherd.

Ist der Ofen mit einem Roste versehen, so kann man die Dämpfe außerdem auch unter dem Roste eintreten lassen. Ich lasse alsdann ein kleines Dampfkästchen von Eisenblech vor dem Roste vorlegen, in welches die Röhre eingemündet ist.

Ich habe zwar diese Flammenöfen bisher von gebrannten Steinen erbauen lassen; ich finde es aber für vortheilhafter, sie von Eisen gießen zu

lassen,

lassen, wenn die Zeitumstände einen Aufschub erlauben.

§. 274.

Wenn man die genannten Flammenöfen ebenfalls mit Verkohlungsgefäßen versieht, so können diese wieder andere Oefen mit Flammenfeuer versorgen. Man lasse zu dem Ende den Flammenstoff oder die Dämpfe aus dem ersten Verkohlungsofen in einen zweiten, den vom zweiten in einen dritten, den vom dritten in einen vierten u. s. f. einströmen und daselbst anzünden.

Diese an einander hängende Reihe von Oefen würde ich eine Ofenbatterie nennen. Diese Batterie scheint mir für große Gebäude mit Vortheil und Bequemlichkeit anwendbar zu seyn.

Hierbei kommt aber in Betracht, daß die Verkohlung im 2ten Ofen $\frac{1}{2}$ Stunde später anfängt als im ersten, und immer später, je mehr die Zahl steigt, so daß z. B. der 10te Ofen schon $4\frac{1}{2}$ Stunde später die Dämpfe zu treiben anfängt, als der erste, und der eine immer früher die Verkohlung endigt, als der nachfolgende. Indeß läßt sich sowohl in den Zeitpunkten des Anfangs als des Endes der Verkohlung unter diesen Oefen einiges Gleichgewicht herstellen, wenn man z. B. den 3ten und 6ten mit dem 1sten durch ein halbstündiges Feuer zu gleicher Zeit in Gang setzt.

Benutzung der Verkohlungs- und Flammenöfen zum Kochen und Braten der Speisen.

§. 275.

Bei dem beschriebenen Verkohlungsofen zur Heizung eines Zimmers läßt sich die Deckplatte des Verkohlungskastens und die untere Durchsicht zum Kochen und Braten benutzen, indem man diesen Raum einschließt. Jedoch erhält hier der Kochraum weniger Hitze als der Verkohlungskasten, welcher dem Feuer am nächsten ist.

Die Flammenöfen lassen sich besser zum Kochen und Braten nutzen, indem die Flamme der Dämpfe das Holzfeuer ersetzt. Den Winter hindurch habe ich fast immer bei dieser Flamme kochen und braten lassen.

Einen Küchenofen zum Verkohlen für den Gebrauch im Sommer einrichten zu lassen, habe ich noch nicht in Ausführung gebracht. Der Vortheil des Heizens der äußeren Luft im Küchenraum wird hier gewöhnlich nicht berücksichtigt; es fällt hier also die für einen Kochofen passendste Benutzung der Hitze weg, welche bei Stuben-Kochöfen Statt findet. Jedoch läßt sich dieser Vortheil auch in einer zugewölbten Küche erreichen. Allein die Benutzung der Haupthitze zum Kochen macht in den Küchen das Anbringen eines Verkohlungskastens schon schwieriger.

Zweites Kapitel.

Verkohlungsöfen zur Feuerung der Siedekessel, Destillirblasen und Siedepfannen.

§. 276.

Die regelmäßige Besorgung des Feuers, welche das Sieden und Destilliren nöthig macht, kommt der Brauchbarkeit eines Verkohlungsofens in diesen Fällen sehr zu Statten.

Der Vortheil, einen jeden Kessel erforderlichen Falls in gleichem Grade erhitzen und über die Vertheilung der Dämpfe und ihrer Flammenhitze mit Leichtigkeit disponiren, die Flamme durch das Stellen des Hahnes augenblicklich verkleinern, und die Bequemlichkeit, durch die gehörige Besorgung eines einzigen Feuers mehrere einzelne Feuerungen unterhalten zu können, geben der Feuerungsart mit Verkohlungsdämpfen vor der gewöhnlichen einen unverkennbaren Vorzug, z. B. in Färbereien, Zuckersiedereien und a. O. Die Vortheile, welche dieselbe vor der Heizung mit Wasserdämpfen voraus hat, und die ihr eigenthümlich sind, findet man schon im ersten Abschnitte dieses Buchs größtentheils bezeichnet; ich darf sie daher hier nicht wiederholen. Die vollständige Uebersicht derselben wird sich aber erst noch weiter unten ergeben.

Diese Benutzung der Verkohlungsdämpfe verdient aber wegen ihres bedeutenden Umfanges einzeln und vollständig beschrieben zu werden, welches der enge begränzte Umfang dieser Schrift nicht erlaubt.

Ich fühle mich daher gezwungen, die nähere Erörterung dieser und einiger anderer zweckmäßiger Benutzungsarten der Verkohlungsdämpfe bei Seite zu legen, und gehe zu den Destillirblasen über.

§. 277.

Unter diesen wähle ich die Brandtweinblasen, um zu zeigen, auf welche Weise sich die Vortheile dieser Feuerungsart auch auf diese anwenden lassen. (S. Tab. XI.)

Ich habe bei diesem Entwurf für eine gewisse Brennerei mich nach der Lokalität und der Form und Gestalt der vorhandenen Blasen gerichtet, und will demselben noch die näheren Erläuterungen beifügen.

Die Seitenhitze des Feuers, welche sonst für das Ofengewände verloren geht, wird hier zum Verkohlen benutzt, indem an ihrer Stelle 2 Verkohlungsschläuche angebracht sind, welche von vorn durch die Oeffnungen A. A. Fig. I. IV. V. mit dem zu verkohlenden Brennmaterial gefüllt werden. Diese sind mit einem einwärts stehenden Rande umgeben, um einen Vorsatz von Eisen einzupassen, welcher mit einem übergreifenden und eingreifenden Rande versehen ist. Er wird vorher mit Lehm gehörig bestrichen und von außen verstrichen. Alsdann setzt man einen schweren Stein gegen den Vorsatz, damit er nicht der Ausdehnung der Hitze weichen kann. Ein irdener gebrannter Vorsatz vor der Oeffnung in der Brandmauer hält die Hitze in den Schläuchen zurück.

Die Dämpfe aus dem rechter Seits befindlichen Schlauche gehen durch den Querzug Fig. I. u. V. N. 2. in den linker Seits befindlichen Seitenkanal, (s. Fig. I. N. 1. 2. 3.)

Aus dem linker Seits befindlichen Schlauche strömen die Dämpfe durch die gegitterte Stelle N. 4. in den Seitenkanal über und gehen gemeinschaftlich mit den Dämpfen, welche von der anderen Seite herüber kommen, in die Röhre N. 5. Fig. I. u. IV. über.

Jene Dampfröhre ist an der Mündung des Kanals außer der Mauer angesetzt. Ihre Mündung ist nemlich mit einem auswärts geworfenen Rande versehen, und jene des Kanals ebenfalls. Beide Ränder werden auf einander geschroben, indem man zuvor ein Stückchen Hutfilz dazwischen legt.

Diese Röhre ist von verzinntem Eisenblech und endigt sich in den Blechboden des Kastens Fig. III. Dieser Boden giebt demselben 2 Abtheilungen. Die obere wird mit kaltem Wasser angefüllt, die untere dient zur Dampfvorlage und zugleich zum Auffangen des theerartigen Oels, um die für eine große Oekonomie erforderliche Wagenschmiere zu gewinnen. Die Dämpfe kühlen sich durch den Blechboden ab, gegen welchen ihr Antrieb am stärksten ist, und nachdem sie ihre schwerern Theile abgesetzt haben, nehmen sie ihren Weg durch die Röhre N. 7. (von weißem Bleche) nach dem vor dem Roste vorgelegten Dampfkästchen, N. 8. (von schwarzem

Eisenbleche) und strömen unter dem Roste aus. Ueber dem Roste zündet man sie an und erhält mit ihrer Flamme die kleinere Blase in Gang. Soll bloß die große Blase geheizt werden; so schließt man die Röhre N. 7. ab und öffnet die Röhre N. 6., welche ebenfalls in ein Dampfkästchen N. 8. eingemündet ist. Die ausströmenden Dämpfe werden hier, über dem Roste angezündet, eine Flamme unterhalten, welche neben einem rathsamen Kohlenfeuer die erforderliche Hitze hervorbringt, und weder Rauch noch Ruß hinterläßt.

Was aber die Dämpfe selbst betrifft; so wird sich allmälig in dem Querzuge eine kohlige Rinde, in dem Seitenkanal etwas pechartiges Harz anlegen. Daher müssen sie nöthigen Falls davon gereinigt werden können. Dieses kann dadurch geschehen, daß man einige glühende Kohlen in die Schläuche hineinwirft und die Kanäle auf diese Weise ausbrennt. Die zurückbleibende unbedeutende Asche kann von mehrmaligem Ausbrennen darin liegen bleiben, ehe sie herausgeholt zu werden braucht. Zum Reinigen lasse man eine Oeffnung in der Ecke x. Fig. 1., in welche ein eiserner Deckel genau eingepaßt ist, den man einkittet.

Das Feuer wirkt unmittelbar auf die inneren Seitenwände und die Decke der Schläuche, und umzieht den obern Theil der Blasen in einem um diesen herumgeführten Zuge, der durch die Brandmauer seinen Ausweg nimmt. S. die oberen Oeffnungen 9 und 10. bis Fig. IV.

Verkohlungsöfen zur Heizung der Siedepfannen.

§. 278.

Ich theile auf beigefügter Tab. XII. einen Entwurf für Pottaschsiedereien mit, welchen ich auch auf Braupfannen u. a. für anwendbar halte, wiewohl alsdann die Pfanne mehr Tiefe erhalten muß.

Die Vortheile, welche sich von dieser Pfannenheizung erwarten lassen, sind:

1) In Rücksicht der Erhaltung des Siedegefäßes.

Der Boden desselben ist vor der zerstörenden Wirkung des Feuers geschützt, indem derselbe von den Dämpfen des in Verkohlung begriffenen Brennzeuges erhitzt wird, welche bei dem ausgeschlossenen Zutritte der Luft das Metall nicht angreifen.

2) In Rücksicht der Ersparniß des Brennzeuges.

Die abgetriebenen Dämpfe strömen in den Feuerraum aus und verbrennen hier vollkommen, ohne Rauch oder Ruß zu hinterlassen.

Die auf dem Roste glühenden Kohlen werden von jenen hindurchstreichenden Dämpfen zur größeren Gluth angefacht und verbrennen dessen ungeachtet langsamer als in gewöhnlichen Fällen. Die Flamme der Dämpfe macht einen großen Theil des äußeren Brennzeuges entbehrlich und man braucht von demselben seltner nachzulegen.

Man veredelt das Brennzeug, weil selbiges im Kohlenzustande zurückbleibt.

Drittes Kapitel.

Beschreibung eines Verkohlungs- und Calcinirofens zum vortheilhaften und bequemen Gebrauche für Berlinerblaufabriken; nebst einer theoretisch-praktischen Prüfung der bisherigen Verfahrungsarten in denselben.

§. 279.

Vorerinnerung.

Ich theile hier eine neue Anwendung von meinen bisherigen Erfahrungen über Verkohlungsöfen mit. Sie ist eine der Folgen meiner zeitherigen Bemühungen, diese Oefen nicht allein für das Hauswesen, sondern auch für verschiedene Zweige der Industrie mit Vortheil anwendbar zu machen.

Der in diesem Kapitel zu beschreibende Ofen ist für folgende Zwecke berechnet:

1) Die Kosten der irdenen Calcinirtöpfe zu ersparen, welche bei dem jedesmaligen Gebrauche großentheils zerspringen; wiewohl sie nicht in allen Fabriken gebräuchlich sind.

2) Den lästigen Gestank der Horndämpfe zu verhüten.

3) Die Horndämpfe, roh oder gereinigt, zur Unterhaltung des Feuers, zum Verkohlen des Horns selbst oder auch zu einem anderen Behufe

statt des Holzes mit zu benutzen und dadurch eine verhältnißmäßige Menge Holz zu ersparen.

4) Die Hitze des Feuers in ihrer Ausdehnung, d. i. möglichst vollständig zu benutzen, wenn es irgend die Umstände zulassen.

5) Nicht allein mit Ersparniß an Brennmaterial, sondern auch an Zeit und Arbeit zu verkohlen und zu calciniren.

6) Wenn man von dem thierischen Oele und dem ammoniakalischen Spiritus bei dieser Fabrik Gebrauch machen kann; so darf man nur, um diese zu erzielen, die Dämpfe durch kaltes Wasser abkühlen und den Ofen mit einer Kühlanstalt verbinden.

7) Eine gleichförmigere Verkohlung und innigere Verbindung der Pottasche mit der thierischen Kohle, welche man Farbekohle oder Blutkohle zu nennen pflegt, mittelst eines quirlförmigen Mechanismus zu bezwecken.

Ehe ich aber zur Beschreibung dieses Ofens selbst übergehen kann, halte ich es für eben so nothig als nützlich, die gebräuchlichen Verfahrungsarten zur Gewinnung der Farbekohle näher zu untersuchen. Dieser Beschreibung werde ich eine nähere Prüfung der gewöhnlichen Arten, die blaue Farbe mittelst der Farbekohle zu bereiten, folgen lassen und darüber manche neue und nützliche Bemerkungen mittheilen.

Erste Abtheilung.

Ueber die Farbekohle (Blutkohle) und ihre Bereitung.

§. 280.

Wenn man die entzündlichen Körper des Thier- und Gewächsreichs bei dem erschwerten oder verhinderten Zugange der Luft erhitzt; so werden sie bis zum kohligen Rückstande in ihre Grundstoffe zerlegt, welche aber zum Theil wieder neue Verbindungen eingehen und neue Produkte liefern. Die flüchtigeren Theile, welche unter dem Zutritte der Luft die Flamme bilden, entweichen unter der Gestalt der Dämpfe, und die weniger flüchtigen oder feuerbeständigeren Theile bleiben als Kohle zurück.

Zu den flüchtigeren (als solche angenommenen) Grundstoffen der Mischungstheile entzündlicher Körper gehören: der Schwefel, der Phosphor, Wasser- und Stickstoff; zu den feuerbeständigeren der Kohlenstoff. Bei dem letzteren kommt aber in Betracht, daß ein Theil desselben durch die Elastizität der Luftarten mechanisch mit fortgerissen wird oder sich mit verflüchtigt, ein Theil eine chemische Verbindung mit dem Wasserstoff eingeht und mit diesem verbunden gasförmig entweicht. Die feuerbeständigeren Alkalien*) besitzen die Eigenschaft, zwischen diesen flüchtigeren Stoffen und dem Kohlenstoffe ein wirksames Bindungsmittel

*) Diese sind: das Gewächs-Alkali oder Kali, und das Mineral-Alkali oder Natrum.

abzugeben, sich selbst mit ihnen zu verbinden und sie dadurch feuerbeständiger zu machen.

Hierauf gründet sich die Bereitung der Farbekohle, der Schwefelleber, des Luftzunders (Pyrophor).

Diese verdienen hier aus dem Grunde neben einander gestellt zu werden, weil die Farbekohle theils als Schwefelleber, theils auch als Luftzünder zu betrachten ist, wie ich jetzt näher darthun werde.

Aus der chemischen Analyse der Blutlauge und des Berlinerblaus hat sich ergeben, daß Phosphor, Wasser-, Stick- und Kohlenstoff in der Farbekohle enthalten sind.

Der Phosphor hat die Eigenschaft, sich bei der bloßen Berührung der Luft zu erhitzen und zu entzünden. Alle phosphorhaltige entzündliche Körper haben daher dieselbe Eigenschaft, nur in einem schwächeren Grade. Dahin gehört die Farbekohle. Der Pyrophor hat die Eigenschaft, sich bei der bloßen Berührung der Luft zu erhitzen und zu entzünden, mit dem Phosphor gemein. Nicht allein aus der thierischen, sondern auch vegetabilischen Kohle kann man Phosphor erhalten. Daher können auch vegetabilische Substanzen eine Farbekohle*) liefern; so wie auch die Farbekohle aus thierischen Substanzen bald mehr, bald weniger die Eigenschaft eines Luftzünders zeigt. Der eigentlich ge-

*) Die Grundstoffe der Farbekohle, Phosphor-, Kohlenstoff, Wasser- und Stickstoff, sind in der Eiweißmaterie, so wie in anderen, enthalten; eine Materie, deren ausge-

nannte Pyrophor, dessen Bereitung ich hier als bekannt voraussetze, läßt sich sowohl aus vegetabilischen als thierischen Substanzen bereiten. Man hat ihn zwar als eine gekohlte Schwefelleber anzusehen, in welcher Mischung der Schwefel eine so starke Ziehkraft zum Sauerstoff und der Feuchtigkeit der atmosphärischen Luft besitzt, daß diese hinlänglich ist, seine Entzündung zu bewirken; aber mit Unrecht hat man wohl dessen Selbstentzündung dem daraus sich entbindenden hepatischen Gase zugeschrieben, von welchem wir wissen, daß sich dasselbe nicht von selbst entzündet und wenig Entzündlichkeit besitzt.

Der Pyrophor ist gekohlte Schwefelleber, die Farbekohle zum Theil auch. Daher der hepatische (den faulen Eiern ähnliche) Geruch der Farbekohle, wenn man sie stark durchglühet. Die Bildung des Schwefels beruhet bei der Bereitung des ersteren sowohl als der letzteren auf einerlei Grund, nemlich auf der Reduktion der Schwefelsäure durch den Kohlenstoff in Schwefel.

Da also beide Substanzen gemeinsame Eigenschaften und Bestandtheile besitzen, und die Farbekohle bald mehr bald weniger die Eigenschaft eines Luftzünders zeigt; so halte ich es für eben so wichtig als nöthig, die Fabrikanten auf diesen Umstand aufmerksam zu machen; indem die Farbekohle vermöge dieser Eigenschaft leicht zu Feuersbrünsten Anlaß

breitete Existenz sowohl in thierischen als Pflanzenkörpern erwiesen ist.

geben kann und (ich will nur sagen:) vielleicht bereits manche Feuersbrünste veranlaßt hat.

Ich halte es dem gemäß für rathsam:

1) Die eben gedachte Kohle, sobald sie aus den Gefäßen genommen wird, in welchen sie ist gebrannt worden, sogleich in das Wasser zu versenken oder auszulaugen. Dieser Rath wird um so leichter befolgt werden können, da das Verweilen der Kohle an der Luft ihrer Güte nachtheilig ist, indem sie sich mit Sauerstoff und Luftsäure schwängert.

2) Den ausgelaugten oder ausgekochten Kohlenrückstand, welchen man gewöhnlich wegwirft, nicht auf den Mist oder an einen Ort hinzuwerfen, wo dessen (wenigstens als möglich gedenkbare) Selbstentzündung Gefahr bringen könnte.

3) Das Stroh, die Matten, die Tücher, auf welchen die Kohle ausgelaugt und durch welche die Lauge filtrirt worden ist, nach jedesmaligem Gebrauche im Wasser aufzubewahren oder tüchtig mit Wasser auszuspülen.

4) Sind diese zum ferneren Gebrauche untauglich geworden; so verbrenne oder vergrabe man sie. Denn es ist vielleicht schon manche Feuersbrunst daraus entstanden, daß man das gebrauchte Stroh dem Vieh zur Streu, oder die Tücher dem Lumpenhändler überliefert hat.

5) Ein vorsichtiges Aufbewahren des thierischen Oels vor der Luft ist wegen seines Phosphorgehalts vielleicht nicht minder rathsam.

§. 281.

Die Asche der vegetabilischen Kohle enthält schwefelsaures Kali (oder vitriolisirten Weinstein), die der thierischen (oder damit verwandten) phosphorsaure Kalkerde.

Während des Glühens und Einäscherns beider Kohlenarten wird der Schwefelsäure sowohl als der Phosphorsäure durch den Kohlenstoff ein Theil Sauerstoff entzogen. Erstere wird dadurch in schwefeligte, letztere in phosphorigte Säure verwandelt und als Dampf verflüchtigt. Der von seiner Säure verlassene Theil des Kali und der Kalkerde schwängert sich mit Kohlensäure. Daher enthält die Pflanzenasche außer dem schwefelsauren Kali noch eine verhältnißmäßig größere Menge kohlensaures Kali, die thierische Asche außer der phosphorsauren Kalkerde noch eine verhältnißmäßig geringere Menge kohlensaure Kalkerde. Hier wird also weniger Säure reducirt als dort. Dieses läßt sich wohl daraus erklären, daß in der Phosphorsäure der Sauerstoff fester, in der Schwefelsäure lockerer gebunden ist; aus welcher Ursache sich jene schwerer, diese leichter reduciren läßt.

Da diese Reduktion durch den Kohlenstoff bewirkt wird; so ist es einleuchtend, daß dieselbe bei dem Einäschern der Kohle, bei welcher der Kohlenstoff verbrannt wird, nur unvollständig und unvollkommen Statt finden kann. Daher wird, wenn man die Kohle ohne den Zutritt der Luft durchglühet, unter welchem das Verbrennen des Kohlenstoffs allein möglich ist, die Reduktion jener Säuren vollständiger und vollkommner Statt finden. So fand ich, wenn ich die vegetabilische Kohle der Sublimirhitze unterwarf, im Gewölbe des Sublimirgefäßes noch etwas Schwefel, so auch im Verkohlungsgefäße selbst. Ob sich aus der thierischen Kohle noch Phosphor durch Sublimirhitze ausscheiden läßt, weiß ich nicht. Daß aber die Phosphorsäure während der Verkohlung thierischer Substanzen in Phosphor reducirt werden muß, beweiset das Daseyn desselben in den öligen und ammoniakalischen Dämpfen. Daher kann man aus Dippels thierischem Oele eine Blutlauge bereiten, und Clouet erhielt Blausäure (Färbewesen) aus dem ätzenden Ammoniak, indem er dieses durch ein glühendes porcellänenes Rohr trieb, welches mit Pflanzenkohle gefüllt war. Scheele erhielt aus 2 Theilen Pflanzenkohle und 1 Theil Kali, mit einem Stückchen Salmiak geglühet, durch Auslaugen mit heißem Wasser eine Blutlauge.

Derjenige Antheil der Kalkerde (oder des Kali), welcher von seiner Phosphor- (oder Schwefel-) Säure entblößt ist, zieht sogleich statt dieser Kohlensäure an, welche den gebildeten Phosphor (oder Schwefel) verhindert, sich mit der Kalkerde zur Phosphorleber (oder mit dem Kali zur Schwefelleber) zu verbinden. *) Da also der

*) Jedoch scheint am Ende der Verkohlung etwas weniges Kalkerde, von ihrer Kohlensäure entblößt, mit dem

Phosphor kein Bindungsmittel antrifft; so wird er, ehe noch die Kohlensäure die Kalkerde verlassen hat, theils sich zu verflüchtigen, theils durch jene wieder in Phosphorsäure überzugehen Gelegenheit finden, indem der Phosphor während des Glühens die Kohlensäure in Kohlenstoff reducirt und sich dabei wieder säuert.

Die Phosphorsäure der Kalkerde kann aber durch den Kohlenstoff nicht anders in Phosphor reducirt werden, als wenn vorher dieselbe von der Kalkerde auf dem Wege der doppelten Wahlverwandtschaft getrennt worden ist, weil sie zu festgebunden ist. Diese, wiewohl sehr unvollständige Trennung geschieht nun, wie ich vermuthe, durch das kohlensaure Ammoniak, welches sich während der Verkohlung der thierischen Substanz erzeugt. Wenigstens scheint mir hier kein anderes Trennungsmittel gedenkbar. Da aber dieses Salz im Feuer flüchtig ist; so läßt sich auch nur eine geringfügige Zersetzung der phosphorsauren Kalkerde und Reduktion der Phosphorsäure durch dieses Zwischenmittel erwarten.

§. 282.

Ich habe im Vorhergehenden den Phosphor und Schwefel zusammen gestellt, theils weil sich zwischen beiden in ihrem Verhalten gegen andere Körper,

Phosphor durch die Dazwischenkunft des Kohlenstoffs sich zu verbinden. Denn man bemerkt manchmal an der Kohle (ohne Kali) fertiges Berlinerblau und einen schwachen Pfirsichbluthengeruch.

z. B. gegen Alkalien (Laugensalze) und Metalle eine große Aehnlichkeit zeigt, theils weil beide, wenn man die Farbekohle mit gewöhnlicher Pottasche bereitet, mit einander in Verbindung vorkommen. Beide verbinden sich mit dem Wasserstoffe durch die Dazwischenkunft der Alkalien sowohl auf nassem als trocknem Wege zur Schwefel- oder Phosphorleber. Durch die Berührung des Wassers werden beider Verbindungen mit dem Alkali aufgehoben; der Schwefel- oder Phosphorwasserstoff entweicht dem Alkali in Gasgestalt (als hepatisches und gephosphortes Gas).

Mit den regulinischen und verkalkten Metallen gehet sowohl der Schwefel- als Phosphorwasserstoff häufige Verbindungen ein, von welchen die mit den regulinischen Metallen als Vererzungen anzusehen sind.

§. 283.

Wenn man die thierische Kohle mit reinem, oder unreinem Kali (sal tartari, oder Pottasche) durchglühet; so schmelzt sie damit zusammen und verbindet sich damit zu einem gleichmäßigen Gemische, welches man Blut- oder (passender) Farbekohle nennt, und welches sich zum Theil im Wasser auflöset. Diese Auflösung nennt man Blutlauge oder (passender) Farbelauge.

Denjenigen Bestandtheil, welchen das Kali während des Glühens aus der thierischen Kohle in sich genommen hat, und der das färbende Wesen der

Blutlauge bildet, nennt man Blausäure. Jene Lauge ist also eine Auflösung von blausaurem Kali.

Die Blausäure läßt sich im getrennten Zustande als Gas (Scheele's blausaure Luft) darstellen; man hat sie daher auch einer chemischen Zerlegung unterwerfen können. Aus dieser, so wie aus der Zerlegung des Berlinerblaus selbst, hat sich ergeben, daß die Blausäure aus Phosphor-, Kohlen-, Wasser- und Stickstoff zusammengesetzt ist.

Jene blausaure Kali-Auflösung besitzt die Eigenschaft, das Eisen aus seinen Auflösungen in Säuren zu einer schönen blauen Farbe niederzuschlagen, welche man (mit Alaunerde verbunden) Berlinerblau oder preußisches Blau nennt.

Bei der Vermischung beider Auflösungen nimmt der Eisenkalk die am Kali gebundene Blausäure, und das Kali die Säure des Eisenkalks auf.

§. 284.

Das Kali ist das wirksame Bildungs- und Bindungsmittel der Blausäure, und der Zusatz desselben zur thierischen Kohle daher nothwendig.

Dieses blausaure Kali ist im Wasser auflöslich und kann auf diese Weise von dem zur blauen Farbe untauglichen Ueberreste der Kohle getrennt werden. Es würde dem zu Folge kein solches Bindungsmittel die Stelle des Kali vertreten können, welches von der Art ist, daß es sich mit der Blausäure zu einem im Wasser unauflöslichen

Körper verbindet. Wenn man z. B. der thierischen Substanz statt des Kali salzsaures Eisen zusetzt; so verbindet sich das Eisen mit der Blausäure zum fertigen Berlinerblau, welches aber nur in geringer Menge durch die Dazwischenkunft des Kali im Wasser auflöslich ist. Das salzsaure Eisen darf daher nur in geringer Menge zugesetzt werden und kann nur eine eben so geringe Menge Kali entbehrlich machen.

§. 285.

Die Bildung der Blausäure, die Entstehung der Farbekohle durch das Zusammenschmelzen der thierischen Kohle mit Kali gehört unstreitig zu den verwickeltsten Operationen der technischen Chemie. Die Kenntniß der Stoffe, aus welchen die thierischen Substanzen, welche die Blausäure liefern, gemischt sind, giebt uns jedoch hierüber ein ziemlich helles Licht.

Wiewohl wir über diesen chemischen Prozeß viele gründliche Belehrungen besitzen; so sind sie doch nicht auf alle die kleineren Umstände genau berechnet, welche bei der fabrikmäßigen Bereitung des Berlinerblaus eintreten, und für diese in mancher Hinsicht mangelhaft. Ich enthalte mich aber jeder Kritik des wissenschaftlichen und technischen Werths dieser meiner eigenen Abhandlung.

§. 286.

Das Kali wirkt bei der Entstehung der Farbekohle theils als kohlensaures, theils als luftleeres

Kali. Als kohlensaures Kali erleichtert es durch doppelte Wahlanziehung die Reduktion der Phosphorsäure, indem selbiges die phosphorsaure Kalkerde zerlegt, sich mit dieser Säure zum phosphorsauren Kali verbindet und der Kalkerde seine Kohlensäure überläßt. Die Phosphorsäure geht aber mit dem Kali eine lockerere Verbindung ein, als mit der Kalkerde, so daß dieselbe durch den Kohlenstoff leichter in Phosphor reduzirt werden kann. Dieser Phosphor löset sich in den Grundstoffen des Ammoniaks, dem Wasser- und Stickstoff auf, ehe sie sich zum Ammoniak verbinden, deren wechselseitige Ziehkraft er durch seine Dazwischenkunft schwächt.

Das Kali nun, welches theils während des Uebergangs seiner Phosphorsäure in Phosphor, theils durch das Feuer selbst luftleer geworden ist, schmelzt mit dem Phosphor und Kohlenstoffe durch die aneignende Dazwischenkunft des Wasser- und Stickstoffs zum blausauren Kali zusammen, indem ein anderer Theil des luftleeren Kali auf die Einsaugung von Kohlensäure verwandt wird. Dieses blausaure Kali ist im Wasser auflöslich und kann auf diese Weise von dem zur blauen Farbe untauglichen Ueberreste der Kohle getrennt werden. Jedoch ist eine verhältnißmäßig geringe Menge von blausaurem Eisen durch Hülfe des Kali zugleich im Wasser auflöslich.

Man bemerkt an der Farbekohle oft schon fertig gebildetes Berlinerblau oder blausaures Eisen. Die gewöhnliche Blutlauge enthält etwas blausauren Eisenkalk, welcher theils aus der thierischen Substanz selbst, theils aus der eisenschüssigen Pottasche abzuleiten ist. Setzt man der thierischen Kohle vor dem Calciniren etwas Eisen zu; so wird man mehr fertiges Blau erhalten. Es läßt sich von diesem Zusatze nicht allein der Vortheil erwarten, daß das Eisen eine verhältnißmäßige Menge Blausäure in sich nimmt, sondern daß auch letztere durch ersteres feuerbeständiger gemacht wird, und das Kali vollkommner sättigen kann. Da ferner das Eisen als Bindungsmittel des Farbewesens eine verhältnißmäßige Menge Kali entbehrlich macht; so fällt die Farbe in eben dem Maße auch dunkler aus.

Ich halte daher den Zusatz von salzsaurem Eisen für sehr zweckmäßig.

Bei der Anwendung desselben wird sich die Salzsäure mit dem Kali verbinden, welches zugleich den Eisenkalk in sich nimmt. Dieses eisenhaltige salzsaure Kali wird die phosphorsaure Kalkerde nach dem Gesetz der doppelten Wahlverwandtschaft noch wirksamer zersetzen, als das kohlensaure Kali der Pottasche. Die Phosphorsäure wird sich mit dem Kali und Eisenkalk verbinden, sich in Phosphor reduziren, und die Blausäure mit dem Eisenkalke zum Berlinerblau zusammentreten. Die Erfahrung lehrt, daß sich die Phosphorsäure in Verbindung mit metallischen Kalken leichter reduziren läßt, als wenn sie mit Alkalien und Erden verbunden ist. Die Reduktion wird hier durch den Eisenkalk begünstigt. Man findet schon das salzsaure Eisen von Winterl unter dem Namen: Vitriol als Zusatz zum Blute empfohlen, welcher anräth, 1 Pfund in 100 Nößel flüssigem Blut aufzulösen.

§. 287.

Daß gallussaures Eisen in dem Blute enthalten sey, scheinen die sinnlichen Merkmale dieses Salzes, der tintenartige Geruch und Geschmack des Bluts zu beweisen; und nach Winterl soll in der Blausäure außer dem Eisenkalke auch Gallussäure enthalten seyn, welche derselbe theils aus dem Blute, theils aus der Pottasche ableitet, von welcher die (großentheils) aus der Asche von Eichenholz gewonnene nach seinen Versuchen mit gallussaurem Kali ganz erfüllt war.

Wenn sich die neuerdings (ich erinnere mich aber nicht mehr, an welchem Orte) bekannt gemachten Beobachtungen mit einer Abkochung von Eichenrinde, nach welchen diese das Eisen zum Theil zum Berlinerblau fällen soll, bestätigen sollten; so sind sie gewiß sehr lehrreich.

§. 288.

Außer dem blausauren Kali enthält die Blutlauge noch eine beträchtliche Menge freies Kali, welches durch die Kohlensäure, mit welcher es angeschwängert ist, verhindert wurde, Blausäure in sich zu nehmen.

§. 289.

Die mäßig durchgeglühete Farbekohle hat noch einen ammoniakalischen (urinösen) Geruch und die daraus bereitete Lauge daher ebenfalls. Auch ist die hinlänglich geglühete Kohle nie ganz frei von (kohlensaurem) Ammoniak.

Dieses verdunstet zwar, wenn man die Lauge an der Luft ein paar Tage stehen läßt; allein es ist aus anderen Ursachen rathsamer, die Lauge frisch zu verbrauchen. Da aber dieses Ammoniak eine verhältnißmäßige Menge Säure zur Sättigung wegnimmt und man desto weniger und schlechteres Blau erhält, je mehr Säure die Lauge zur Sättigung erfordert; so suche man das Ammoniak auf eine andere Weise vorher zu entfernen. Diese Absicht erreicht man dadurch, daß man dem Wasser, welches zur Auflösung der Farbekohle bestimmt ist, etwas Kalkwasser zumischt, welches noch in anderen Rücksichten zu empfehlen ist.

§. 290.

Ob also gleich das kohlensaure Ammoniak durch das Glühen aus der Kohle nicht gänzlich ausgetrieben wird, so ist es doch, wenn es auch vorher aus der Lauge nicht entfernt wird, nicht wohl gedenkbar, daß selbiges wenigstens in dieser Gestalt mit in die blaue Farbe übergehen könne, weil es sich mit der Schwefelsäure des der Lauge zugesetzten Alauns zum schwefelsauren Ammoniak verbinden wird, welches im Aussüßwasser aufgelöset zurückbleibt. Daraus folgt, daß das kohlensaure Ammoniak, welches man bei der trocknen Destillation des Berlinerblaus erhält, als ein Produkt der Zerstörung des Farbewesens zu betrachten sey; und daß nur die Grundstoffe des Ammoniaks, Wasser- und Stickstoff, die Mischung des Farbewesens bilden, welches eine Auflösung des Kohlen- und Phosphorstoffs in jenen Grundstoffen darstellt.

§. 291.

Die Grundlage des preußischen Blaus ist die thierische Kohle von Hörnern, (von Hornspänen der Kammmacher und Horndreher), von Klauen, von Pferdehufspänen der Hufschmiede, von Häuteabschnitzeln der Riemer, Weißgärber, Schuhmacher u. a., von Knochen, Blut.

Vom Blute erhält man das meiste und beste Blau. Diesem folgen die durchscheinenden Hörner, die Klauen. Weniger tauglich sind die Häute. Die Knochen und knochenähnlichen Substanzen geben das schlechteste und wenigste Blau. Der fadenartige Theil, der Hauptbestandtheil des Bluts, ist ein vorzüglicher Bestandtheil der durchscheinenden Hörner, der Klauen, der frischen Häute. Da aber die Häute durch das lange Verweilen im Wasser, durch Einkalken, Beizen und faule Gährung, theils von ihrem fadenartigen Bestandtheile und ihrer Gallerte durch Auflösung und Zerstörung verlieren, theils bei dem Gerben fremdartige Stoffe einsaugen; so werden das Blut, Hörner und Klauen vor den Abgängen von zugerichteten Häuten immer den Vorzug behaupten.

Die Knochen enthalten den gallertartigen Theil in großer Menge, welcher in seinem kohligen Rückstande reich an Phosphorstoff ist.

Wegen ihres Fettes sind sie aber wenig brauchbar, weil dieses während der Verkohlung in Fettsäure übergeht, welches für die Bildung des Farbewesens nachtheilig ist. Durch das Auskochen verlieren sie zwar das Fett, zugleich aber auch an gallertartigen Theilen.

Die Hornspäne liegen sehr locker auf einander, nehmen dadurch einen unnützen Raum weg, und schwinden daher im Feuer sehr zusammen. Hieraus erwächst wenigstens der Nachtheil, daß ein Theil des Brennmaterials für jenen Raum ungenutzt verschwendet wird. Da aber auch ihre Kohle in eben dem Verhältnisse viel Umfang einnimmt, oder locker auf einander liegt; so muß daraus ein anderer erheblicherer Nachtheil entstehen, nemlich in Rücksicht ihrer Verbindung mit dem Kali, welchem sie weniger Berührungspunkte darbietet, als eine Kohle, welche einen gleich großen Raum mit mehr Masse einnimmt, wovon eine unvollständigere Verbindung beider Stoffe die Folge ist. Es wäre daher rathsam, die Hornspäne vorher mit einem hölzernen Schlägel in einem eisernen Mörser zusammenzuschlagen. Zerstückelte Hörner und Klauen füllen den Raum besser aus, als

Hornspäne, (so auch Häuteabschnitte), indem sie weniger als die Hälfte Raum wegnehmen. Wenn man diese aber nicht in Menge haben kann, und sich mit Hornspänen behelfen muß, so ist es, um den Verkohlungsraum besser zu benutzen und die Pottasche mit der Kohle in engere Berührung zu bringen, zuträglich, die lockeren Späne erst bis zur Hälfte zu verkohlen, und dann erst, gröblich zerstoßen, mit Pottasche zu vermengen.

Das getrocknete Blut füllt den Raum besser aus; man kann selbiges daher sogleich mit der gehörigen Menge Pottasche vermischen.

§. 292.

Zur Bereitung der Farbekohle nimmt man aus ökonomischer Rücksicht nicht das reine Kali (sal tartari), sondern Pottasche.

Man verfährt hierbei auf zweierlei Weise.

Erstes Verfahren. Man verkohlt in einem Kessel das Horn, das getrocknete Blut u. a. erst bis zur Hälfte, d. i. bis es, auch heiß herausgenommen, sich noch schmierig oder fettig anfühlt, und sogleich zwischen den Fingern schnell ausdörrt und sich zerdrücken läßt. Man stößt es noch warm *) in kleine Stückchen und sondert das feinere Pulver durch ein grobes Sieb davon ab. Gewöhnlich sind auch noch Stücke unverkohltes Horn darunter oder so wenig verkohlte, daß sie sich noch nicht stoßen lassen, welche ebenfalls abgesondert

*) Es läßt sich alsdann leichter stoßen.

werden müssen. Besser ist es daher, die Hornstücke vor dem Gebrauche zu verkleinern. Auch fällt gewöhnlich die Verkohlung, selbst der kleineren Stücke, sehr ungleich aus. Um nicht Gefahr zu laufen, den Zeitpunkt zu verfehlen, wo die Kohle herausgenommen und der Pottasche zugesetzt werden muß, nimmt der Arbeiter, welcher das Horn von Zeit zu Zeit durchrühren muß, etwas von demselben heraus und probirt, ob sie sich zerdrücken läßt. Aber wegen der ungleichförmigen Verkohlung läßt sich einiges zerdrücken, das andere noch nicht. Er taxirt also nach einem gewissen Ohngefähr.

Nun schüttet man die Pottasche auf die gröblich zerstoßene Kohle, oder besser, vermengt sie damit, wovon das Nähere nachher gesagt werden wird, und setzt das Verkohlen und Calciniren bis zum Glühen der Masse fort. Zu dieser Arbeit bedient man sich entweder eines Kessels oder auch wohl mehrerer irdener hoher Töpfe. Da aber diese niemals von gleicher Dicke und gleich stark gebrannt sind, und einige dem Feuer näher stehen, als die andern; so erhalten sie keine gleich starke Hitze. Daher die Masse ungleich an Güte ausfallen muß.

Sicherer als jenes erstere ist das zweite Verfahren, dem rohen Horne u. a. die Pottasche sogleich zuzusetzen, so daß Verkohlen, Calciniren und Glühen eine ununterbrochene Arbeit ist.

Es ist einleuchtend, daß dieses Verfahren weniger Arbeit nöthig macht. Dagegen verdient aber erwogen zu werden: erstens, daß selbiges zwar bei dem Blute ohne Bedenken anwendbar ist, weil sich dieses vorher mit der Pottasche genau vermengen läßt. Dieses ist aber mit dem rohen Horne und Klauen nicht der Fall. Zweitens erspart man, wenn man letztere erst zur Hälfte verkohlt, an Gefäßen und Feuerung. Denn ein Kessel, welcher von rohem Horne einen Centner faßt, wird die Halbkohle von 2 Centnern Horn aufnehmen können. Man kann also hier in demselben Gefäße und bei demselben Feuer noch einmal so viel Farbekohle bereiten, als dort.

Diesem glaube ich die Bemerkung hinzufügen zu müssen, daß nach meinen Versuchen der größere Theil der Kohlensäure während der ersten Hälfte der Verkohlung ausgetrieben wird, so daß die Pottasche, wenn man sie erst nachher zusetzt, leichter ätzend und früher wirksam werden kann.

§. 293.

Die Bereitung der Farbekohle durch das Glühen oder Zusammenschmelzen der thierischen Kohle mit Pottasche hat eine große Unvollkommenheit, welche darin bestehet, daß die Pottasche nicht vollkommen, sondern nur zum Theil mit Farbewesen gesättigt erhalten werden kann.

Die Ursachen sind:

§. 294.

Erstens: die Kohlensäure der Pottasche.

Das Kali derselben kann den Kohlen- und Phosphorstoff nur in dem Maße auflösen, in sich nehmen und zum Farbewesen verbinden, in welchem selbiges luftleer (oder ätzend) geworden ist, und die Kohle kann sich nicht eher mit dem Kali verbinden, als bis ihm der letzte Rückhalt von Kohlensäure durch eine andere Portion von geätztem Kali entzogen ist. Weder die Kohle, noch das Kali, lassen sich durch anhaltendes Glühen von aller Kohlensäure befreien. Da nun das Glühen der Masse wegen der Flüchtigkeit und Zerstörbarkeit des Farbewesens nicht lange fortgesetzt werden darf; da ferner während des Glühens ein Theil Kohle durch die Phosphorsäure in Kohlensäure verwandelt, und ein Theil ätzend gewordenes Kali bloß darauf verwandt wird, der Kohle die Luftsäure vollends zu entziehen, oder die Stelle des fortgesetzten Calcinirens derselben vertreten muß; so wird die Masse jedesmal mehr kohlensaures als blausaures Kali enthalten, indem sich dieses nach dem starken Aufbrausen und der Menge der Säure taxiren läßt, welche das kohlensaure Kali zur Sättigung erfordert.

Um daher die Menge des luftleeren Kali im Verhältnisse zum kohlensauren zu vermehren, scheint es vortheilhafter, eine größere Menge Pottasche dem Horne zuzusetzen. Allein diese macht die Farbe theurer und schlechter, indem man überdieß auch desto mehr Alaun oder Schwefelsäure nehmen muß, je mehr freies Kali in der Blutlauge enthalten ist, um selbiges zu sättigen. Nimmt man bloß Alaun zur

Sättigung; so wird des Blau mit Alaunerde übersetzt und man erhält daher ein um so helleres Blau. Es ist also unläugbar um so vortheilhafter, je weniger Pottasche man nöthig hat. Zu dem Ende setze man der Kohle etwas gebrannten Kalk zu, indem dieser die Stelle derjenigen Kali-Menge vertritt, welche bloß darauf verwandt wird, der Kohle die Kohlensäure zu entziehen.

Die kohlensaure Kalkerde ist unauflöslich im Wasser, und gehet daher nicht mit in die Blutlauge über, und man erspart mithin diejenige Menge von Schwefelsäure oder Alaun, welche eben so viel freies Kali zur Sättigung erfordert haben würde.

§. 295.

Zweitens: die Armuth der thierischen Kohle an Kohlenstoff.

Der Kohlenstoff ist ein wesentlicher Bestandtheil der Blausäure. Bei der Bereitung der Farbekohle wird eine beträchtliche Menge des Kohlenstoffs auf die Reduktion der Phosphorsäure verwandt, und es bleibt daher zur Bildung der Blausäure zu wenig Kohlenstoff übrig. Die Pflanzenkohle ist beträchtlich reicher an Kohlenstoff, als die thierische. Ich halte daher den Zusatz der wohl ausgeglühten Pflanzenkohle zur thierischen für sehr zweckmäßig, um die Bildung der Blausäure zu begünstigen; und zwar um so mehr, da der Kohlenstoff in der thierischen Kohle fester gebunden ist, als in der Pflanzenkohle.

§. 296.

Drittens: das Schwefelsaure Kali, (oder der vitriolisirte Weinstein), mit welchem die Pottasche verunreinigt ist.

Die Schwefelsäure des Kali erleidet während des Glühens eine ähnliche Veränderung als die Phosphorsäure der thierischen Kohle. Ihr Sauerstoff verbindet sich nemlich mit einer verhältnißmäßigen Menge Kohlenstoff zur Kohlensäure und die Schwefelsäure wird in Schwefel reduzirt. Dieser verbindet sich wieder mit einem Theil des geätzten Kali zur Schwefelleber, welcher daher für die Bindung der Blausäure verloren geht, und die Kohlensäure mit einem andern zum kohlensauren Kali. Die Menge des letztern wird also durch die Schwefelsäure in eben dem Maße vermehrt, als die Menge des Kohlenstoffs vermindert.

Der Nachtheil des schwefelsauren Kali bei der Bereitung der Farbekohle läßt sich also auf die erste und zweite Ursache der unvollkommnen Sättigung des Kali mit Farbewesen reduziren.

Das Daseyn der Schwefelleber in der Farbekohle beweiset der den faulen Eiern ähnliche Geruch, welchen man sowohl während des Glühens, als nach demselben an ihr wahrnimmt. Dieser Geruch deutet den höchsten Zeitpunkt der Glühung an, indem er sowohl anzeigt, daß die Pottasche schon in Fluß gekommen ist, als daß die Zersetzung der Schwefelleber anfängt; ein Zeitpunkt, welcher auch für das blausaure Kali als zerstörend zu betrachten ist.

Die Schwefelleber wird bekanntlich durch Feuchtigkeit, noch schneller aber durch Säuren zersetzt, welche daraus den geschwefelten Wasserstoff als (hepatisches) Gas entbinden. Daher der hepatische Geruch, wenn man die mit Pottasche bereitete Farbekohle im Wasser auflöst, welcher sich verstärkt, wenn Alaunauflösung oder Schwefelsäure zugesetzt wird. Ist aber die Farbekohle schwächer geglühet; so konnte sich noch keine Schwefelleber bilden, und sie zeigt alsdann, so wie ihre Auflösung, bloß einen eigenen widrig branstigen ammoniakalischen Geruch. Die Glühung war alsdann nicht stark genug.

Da die mit reinem Kali (sal tartari) bereitete Farbekohle keinen hepatischen Geruch zeigt; so erleidet es keinen Zweifel, daß die Schwefelsäure der Pottasche den Grund seines Entstehens enthält, welcher Geruch die Arbeit nicht wenig beschwerlich macht.

Je mehr Schwefelleber die Kohle enthält, desto mehr wird auch die daraus bereitete Lauge enthalten, desto mehr Alaun oder Schwefelsäure wird verschwendet, um jene zu zersetzen und ihr Kali zu sättigen. Dadurch verursacht die mit schwefelsaurem Kali verunreinigte Pottasche dem Fabrikanten einen neuen Schaden.

Die aufgelöste Schwefelleber läßt bei dem Zusatze des Alauns den Schwefel fallen, welcher den Farbesatz verunreinigt, und ihm ein schmutzig grünliches Ansehen giebt, welches nur mehr oder weniger von dem reinen Blau gedeckt wird.

Für

Für die Bildung und Bindung des Farbewesens ist das reine Kali der allein wirksame Bestandtheil der Pottasche; das schwefelsaure Kali derselben ist dagegen, wie ich hinlänglich gezeigt zu haben glaube, eben so schädlich; und dennoch muß man dieses mit jenem kaufen und bezahlen.

Den hieraus entspringenden Nachtheil scheint man schon längst eingesehen zu haben und man hat ihn auf mancherlei Weise zu verbessern gesucht. Darauf reduzire ich:

I.

Die Verbesserung der Farbelauge durch das Ausstellen derselben an der Luft, indem diese, von der Feuchtigkeit unterstützt, die Schwefelleber allmälig zersetzt, wobei der Schwefel theils als hepatisches Gas verdunstet, theils sich aus der Auflösung niederschlägt, theils in Schwefelsäure übergeht, welche mit dem Kali sich verbindet, und in der Auflösung zurückbleibt. Folglich braucht man nicht alles vom Schwefel getrennte Kali durch Zusatz von Schwefelsäure zu sättigen. Das Verweilen der Lauge an der Luft ist also von wesentlichem Nutzen.

Es versteht sich von selbst, daß diese in der Luft gereinigte Lauge vor dem Gebrauche von dem Schwefelniederschlage abgeseihet werden muß.

Dieses Ausstellen an der Luft hat zugleich den Nutzen, daß das kohlensaure Ammoniak, welches der Lauge mehr oder weniger beigemischt ist, mit verdunstet, wiewohl es in der Hinsicht durch ein anderes oben angegebenes Mittel entbehrt werden kann.

Soll sich aber der Schwefel rein abscheiden; so ist eine Zeit von einigen Wochen kaum hinlänglich, welches selten praktikabel ist. Ich habe ferner oben schon erinnert, daß dieses Ausstellen der Lauge an der Luft in anderer Hinsicht, nemlich in Hinsicht des Farbewesens, wieder Nachtheil bringt, indem ein Theil desselben dabei ebenfalls verflüchtigt und zerstört wird. Dieser Verlust an Farbewesen ist für die Farbenausbeute nicht minder bedeutend, als der Nachtheil des schwefelhaltigen Kali. In dieser Rücksicht würde ich, anstatt die Lauge der zerstörenden Wirkung der Luft Preis zu geben, es dennoch als vortheilhafter empfehlen, das Schwefel-Kali durch allmälig zugetröpfelte Schwefelsäure zu zerlegen und das Kali zu sättigen, damit der Schwefel sich theils verflüchtigt, theils zu Boden fällt. Der Sättigungspunkt ist erreicht, wenn die Schwefelsäure keinen Schwefel mehr aus der Auflösung niederschlägt und keinen hepatischen Geruch mehr hervorbringt. Dieses Zutröpfeln muß geschehen, wenn die Lauge noch warm ist; indem die Wärme derselben das Verdunsten des hepatischen Gases beschleunigt. Nachdem sich die Lauge wieder abgeklärt hat, seihe oder zapfe man sie ab und verbrauche sie nun sogleich frisch, ehe sie noch Zeit hat zu erkalten und sich an der Luft zu schwängern.

II.

Die Verbesserung der Pottasche durch Zusatz von reinem Kali.

Durch diesen Zusatz wird das Verhältniß des reinen Kali zum schwefelsauren vermehrt. Da nun der Weinstein das reinste Kali enthält; so ersieht man hieraus, warum einige Fabrikanten der Pottasche alkalisirten Weinstein (sal tartari) zusetzen. Ein reines Kali ist auch der sogenannte weiße Fluß, den Woodwart (s. Philosoph. Transact. 1724.) empfohlen hat.

Statt dieser kostspieligen Zusätze zur Pottasche ist es ohne Zweifel vortheilhafter, das schwefelsaure Kali daraus zu entfernen. Man löse nemlich die Pottasche in wenigem kalten Wasser auf, indem alsdann das schwefelsaure Kali großentheils unaufgelöst zurückbleibt, und entferne das Wasser wieder von der Pottasche durch Verdampfen. Die Pottaschensieder können aber dieses Salz schon ziemlich rein von schwefelsaurem Kali liefern, wenn sie die Aschenlauge nur so weit einkochen, bis sich letzteres in der Kälte daraus krystallisirt, die über den Krystallen befindliche Lauge abzapfen und nun erst völlig verdampfen. Eine solche reine Pottasche würde sich auch verhältnißmäßig besser bezahlt machen. Denn der Preis derselben wird allerdings durch Entfernung des schwefelsauern Kali erhöhet, wiewohl man bloß die Entfernung der Schwefelsäure beabsichtigt.

Dieser Theil des Kali würde also nicht verloren

gehen, wenn sich die Schwefelsäure auf eine leichte und wenig kostspielige Art davon trennen ließe.

Dieser Zweck würde sich am besten bei der Verfertigung der Pottasche selbst auf folgende Art erreichen lassen. Man lauge die Asche mit erhitztem Kalkwasser aus, und setze die Lauge auf die gewöhnliche Art ins Sieden. Man werfe unter beständigem Sieden und unter Umrühren gebrannten Kalk hinein. Dieses wiederhole man, so oft neue Lauge zur ersten gesetzt wird.

Die Aschenlauge ist eine Auflösung von Kali, mit Kohlensäure und Schwefelsäure (auch gewöhnlich etwas Salzsäure) verbunden. Bei dem Zusatze von Kalk verbindet sich die Schwefelsäure mit der Kalkerde, da sie näher mit dieser verwandt ist als die Kohlensäure, zum Gypse, der sich in der siedenden Lauge nur in geringer Menge aufgelöst erhalten kann und daraus bei dem weiteren Versieden gänzlich zu Boden fällt.

Hat man das schwefelsaure Kali durch Auflösen der Pottasche in wenigem Wasser oder durch Krystallisiren aus der Aschenlauge selbst abgeschieden; so kann man dieses als vitriolisirten Weinstein verkaufen. Vortheilhafter aber wäre es vielleicht, wenn man die Schwefelsäure durch Kohlenpulver daraus reducirte und ihn solchermaßen alkalisirte.

Die rohe Pottasche ist mit brenzlichen Oeltheilen verunreinigt, die ihr ein braunes Ansehen geben. Durch das Kalciniren wird sie davon befreiet und weiß. Gewöhnlich ist diese calcinirte Pottasche von bläulich weißer Farbe. *) Die bläuliche oder grünliche Farbe der Pottasche rührt nach Scheele von Braunstein her.

Die der Pottasche beigemischte Kieselerde ist theils aus der Asche abzuleiten, indem sie durch Hülfe des Kali im Wasser auflöslich ist, theils manchmal eine absichtliche Verfälschung, indem man ihr während des Calcinirens Sand zusetzt.

Durch das Calciniren wird die Pottasche zugleich großentheils von ihrer Kohlensäure befreit.

Man nimmt zum Berlinerblau die calcinirte Pottasche, weil die brenzlichöligen Theile der rohen während des Calcinirens mit der thierischen Kohle Holzessig entwickeln, welcher nachtheilig wirken kann.

Jene mit Kalk behandelte Pottasche könnte man zum Unterschiede von der gewöhnlichen alkalisirte nennen. Bei der Anwendung dieses Salzes, welches dem reinen Kali (sal tartari) an Wirksamkeit gleich kommt, fallen alle die Nachtheile weg, welche die Reduktion der Schwefelsäure in der gewöhnlichen Pottasche durch die thierische Kohle selbst begleiten. Sie würde auch in Färbereien einen großen Vorzug vor der letzteren haben.

In Fabriken, in welchen der vitriolisirte Weinstein in großer Menge als Abgang gewonnen wird, könnte man selbigen mit Nutzen wegen seines wohlfeilen Preises alkalisiren, um ein reines Kali zu ge-

*) Bisweilen schielt die Farbe des Berlinerblaus auf dem Bruche ins Violette. Sollte dieses nicht von einer braunsteinhaltigen Pottasche herrühren?

winnen. Man vermenge zu dem Ende dieses fein zerstoßene Salz mit dem sechsten Theil Kohlenpulver und schütte dieses Gemenge entweder in mehrere irdene große Schmelztiegel oder in einen mit Kohlenstaub und Lehm ausgefütterten eisernen Kessel, decke das Gefäß zu und setze es in ein mäßiges Glühen und erhalte es darin eine Stunde lang oder länger. Nachdem die Masse erkaltet ist, wird sie heraus genommen und einige Wochen der Luft an einem feuchten Orte ausgesetzt, wo sie Kohlensäure und Feuchtigkeit einsaugt und zerfließt.

Die Schwefelsäure ist nemlich durch die Kohle während des Glühens in Schwefel reducirt worden, welcher sich mit einem Theil des Kali zur Schwefelleber verbunden hat. Ein Theil des Schwefels hat sich schon durch das anhaltende Glühen verflüchtigt. An der Luft saugt das Kali mehr Kohlensäure ein, der Schwefel trennt sich vom Kali und entweicht zum Theil als hepatisches Gas. Wenn sich kein hepatischer Geruch mehr entwickelt, laugt man die zergangene Masse mit heißem Wasser aus, wo der getrennte Schwefel theils im Seihtuch zurückbleibt, theils noch vollends an der Luft als Gas entweicht.

Die Lauge wird nun bis zur Trockne verdampft.

Jedoch ist das erhaltene Salz nicht ganz frei von Schwefelsäure. Denn ein Theil des Schwefels wird an der Luft zugleich gesäuert und bildet von neuem etwas schwefelsaures Kali, dessen Entstehung sich verhüten läßt, wenn man, statt der langweiligen Procedur der Zersetzung der Schwefelleber an der Luft, dieselbe sogleich durch Auflösung derselben in kohlensaurem Wasser zersetzt. Dieses Verfahren halte ich für nöthig, wenn man das Alkalisiren im Großen mit Nutzen und Bequemlichkeit betreiben will.

Das Salz ist zwar von Kohle noch etwas unrein. Diese Verunreinigung ist aber seiner Anwendung zum Berlinerblau nicht nachtheilig. Dieserhalb wäre es weder nöthig, selbiges durch nochmaliges Auflösen, Filtriren und Verdampfen, noch durch das Calciniren davon zu befreien. Da es ferner keine brenzlichen Oeltheile enthält, wie die rohe Pottasche; so würde das Calciniren bloß darum nöthig seyn, um selbiges von der Kohlensäure großentheils zu befreien.

In einer Blaufabrik würde das Calciniren dieses Salzes daher entbehrlich gemacht werden, wenn man, um die Kohlensäure wegzunehmen, der vom Schwefel geschiedenen Lauge unter Umrühren so lange gebrannten Kalk zusetzt, bis sie das Kalkwasser nicht mehr trübt. Durch diese Behandlung wird sie auch zugleich frei von der Schwefelsäure, wenn sie noch einige enthalten sollte, und in Aetzlauge verwandelt. Nachdem man diese filtrirt und den rückständigen Kalk mit heißem Wasser ausgelaugt hat, verdampfe man sie in einem Gefäße, welches mit einem Deckel dampfdicht verschlossen und bloß mit einer Abzugröhre für die Dämpfe versehen ist. Dieses vollkommen geätzte (luftleere) Kali übertrifft an Wirksamkeit die calcinirte Pottasche, so wie jedes andere durch das Feuer geätzte Kali, und liefert daher die beste und meiste Farbenausbeute.

§. 297.

Die vierte Ursache der unvollkommnen Sättigung des Kali mit Blausäure liegt in der Flüchtigkeit und Zerstörbarkeit der letzteren, vorzüglich in der Glühhitze.

Diese Verflüchtigung bemerkt man, wenn die Farbekohle mit reinem Kali bereitet worden ist, an dem ihr eigenthümlichen, dem bittern Mandelaufguß oder den Pfirsichblüthen ähnlichen Geruche; welchen ich auch, wiewohl im schwächeren Grade, an der ohne Kali geglüheten thierischen Kohle wahrgenommen habe.

Hat man aber statt des reinen Kali käufliche Pottasche angewandt; so wird dieser Geruch durch den Schwefellebergeruch versteckt.

Die Kohle sowohl als das Kali müssen erst ins Glühen gesetzt werden, ehe sie sich mit einander zur Farbekohle verbinden können. Das Kali blähet sich dabei auf und schmelzt. Um zu erfahren, ob sich die Masse im Flusse befinde, stößt man ein kaltes Eisen ein, an welchem sie sich anhängen wird.

Die Phosphorsäure der thierischen Substanz kann sich nur in der Glühhitze mit der Kohle zum Phosphor reduciren. Die Glühhitze ist also sowohl zur Bildung als zur Bindung des Farbewesens wesentlich erforderlich. Wird das Glühen zu lange fortgesetzt; so wird das Farbewesen theils wieder verflüchtigt, theils zerstört. Der Phosphor wird nemlich durch die Kohlensäure wieder gesäuert, und die Kohlensäure wieder in Kohle reducirt. Die entstandene phosphorigte Säure verflüchtigt sich, welches sich durch den aufsteigenden säuerlichen Geruch zu erkennen giebt. Der gute Erfolg hängt daher vorzüglich von der gehörigen Regierung des Feuers und der sorgfältigen Wahrnehmung des Zeitpunkts ab, wann das Glühen unterbrochen werden muß.

Man verkohle daher das Horn, Blut oder andere Substanzen, bei einem langsamen gleichmäßigem Feuer. Dazu ist ein festes Holz in dicken Stücken, Torf, Steinkohlen oder Holzkohlen das passendste Brennmaterial. Denn bei einem raschen lebhaften Flammenfeuer (Reverberirfeuer) wird der Kohle zu viel Kohlen- und Wasserstoff entrissen, welche zur Bildung des Farbewesens nöthig sind.

Zur Calcination aber gehört ein lebhaftes Flammenfeuer, um die Pottasche mit der Kohle früher in gleichmäßigen Fluß zu bringen.

Außer den gegebenen Merkmalen in Rücksicht des Zeitpunkts, wenn die Calcination unterbrochen werden muß, ist dieser auch an der Beschaffenheit der Dämpfe und ihrer Flamme wahrzunehmen; wovon ich nachher reden werde.

Die Masse wird um so leichter zusammen schmelzen, je reiner und ätzender das angewandte Kali war; desto mehr Farbewesen wird es in sich zu nehmen, und desto fester das Farbewesen zu binden im Stande seyn; wodurch, so wie durch einen Zusatz von Eisen, die Zerstörung und Verflüchtigung des Farbewesens in der Glühhitze schwieriger gemacht wird.

§. 298.

Die fünfte und letzte Ursache der unvollkommnen Sättigung des Kali mit Farbewesen liegt in der ungleichmäßigen Verkohlung, Glühung und Verbindung der Stoffe.

Um die gleichmäßige Verbindung des Kali mit der Kohle oder ihrer rohen Substanz vorzubereiten, muß man beide möglichst gleichmäßig vermengen.

Man setzt entweder sogleich das Kali der unverkohlten Substanz zu, oder verkohlt sie vorher bis zur Hälfte.

Das Blut bringt man vorher zum Gerinnen, setzt alsdann die gehörige Menge Salz zu, welches das Blut wieder auflöset. Man rührt es durch einander und trocknet die Mischung in der Wärme schnell aus, damit das Salz nicht wieder Kohlensäure einsaugt.

Die Hornspäne, Klauenstückchen, lassen sich nicht so gleichmäßig mit dem Salze vermengen. Um dieses jedoch einigermaßen zu erlangen, schütte man die Pottasche auf das Horn, feuchte dieselbe mit wenigem Wasser an und verschließe das Gefäß. Die voluminösen Hornspäne bieten aber dem Kali zu wenig Masse, zu wenig Berührungspunkte dar.

Mit dem halb verkohlten Horne läßt sich die Pottasche genauer in Berührung bringen. Die gröblich zerstoßene Halbkohle von jeder Substanz läßt sich gleichmäßiger mit dem Salze vermengen und mit diesem in engere Berührung bringen, als die rohe Substanz.

Indeß halte ich es für zuträglich, etwas Pottasche zugleich oben aufzuwerfen. Die Kohle blähet sich nemlich stark auf und läßt zwischen sich hohle Zwischenräume. Das Nachsinken der schwereren Pottasche von oben macht, daß die Kohle besser wieder zusammensinkt, die Masse sowohl unter einander wieder in nähere Berührung kommt, als daß sich die obere Kohlenschicht der unteren mehr nähert.

Um eine gleichförmige Verkohlung vorzubereiten, darf man nicht zweierlei thierische Substanzen zusammenbringen, z. B. Horn und getrocknetes Blut. Denn das letztere verkohlt sich rascher als das erstere.

Ferner muß die rohe Substanz ziemlich gleichförmig verkleinert seyn. Die kleineren Stücke werden schneller verkohlen als die größeren. Aus den Hornspänen müssen daher die festen und größeren Stücke ausgelesen, die großen Stücke des Horns und der Klauen vorher zerhackt werden. Geschieht dieses nicht, so trifft man unter der Halbkohle diese Stücke noch unverkohlt oder so wenig verkohlt wieder an, daß sie jetzt noch aussortirt oder durch Stoßen und Sieben abgesondert werden müssen.

Die Hornspäne werden schneller und leichter verkohlen als die Klauen und Hornstücke. Es ist daher rathsam, zu einem Brande Hornspäne allein, zum andern Horn- und Klauenstücke allein zu nehmen.

Glühet man die Masse in mehreren Gefäßen, so wird sie in dem einen etwas früher, in dem anderen etwas später in Fluß kommen; indem es nicht möglich ist, allen gleiche Hitze zu geben. Nimmt man dazu irdene hohe Töpfe oder Schmelztiegel, so hat man darauf zu sehen, daß selbige von gleicher Stärke, gleich stark gebrannt sind und keine verglaseten Stellen haben.

Die irdenen Gefäße sind unsicher im Gebrauche, weil sie oft im Feuer Risse bekommen und zerspringen.

Diesen Mängeln wird durch ein eisernes oder zwei eiserne Gefäße abgeholfen.

Damit das Horn, Blut u. a. gleichförmiger verkohlen, wird selbiges von Zeit zu Zeit durch einander gerührt. Während der Calcination ist dieses eben so nothwendig. Dieses ist aber nicht ausführbar, wenn das Calciniren in mehreren Gefäßen vorgenommen wird; es sey denn, daß man sie über dem Feuer in besonderen Löchern einsetzt.

Geschieht das Calciniren in einem eisernen Kessel, so muß der Arbeiter gemeiniglich die Masse von Zeit zu Zeit mit einer langstieligen eisernen Schaufel durch einander rühren, indem er den

Deckel des Kessels wegschiebt oder zurück schlägt. Während dieses Umrührens steigen die Dämpfe in dichten Massen mit dem ärgsten Gestanke hervor und brechen durch den Zutritt der Luft schnell in Flamme aus. Damit nicht alles verbrennt, muß der Arbeiter selbige durch Ueberschütten mit einer neuen Portion von vorräthig verkohltem Horne ersticken. Bei dieser Arbeit lauft sowohl der Arbeiter Gefahr, sich zu verbrennen, als die Masse, durch die Einwirkung der Luft mitunter gänzlich zerstört zu werden. Wenigstens wird die obere Kohlenlage hierbei unvermeidlicher Weise zu Asche verbrannt.

Bisher hat man das Verkohlen, zum Theil auch das Calciniren unter dem bloß erschwerten Zutritt der Luft veranstaltet.

Zu Anfange der Verkohlung und so lange die Dämpfe noch in hinlänglich dichter Menge sich entbinden, schützen sie die Kohle vor dem Andrange der äußeren Luft und bilden für die Kohle eine Hülle, welche die zerstörende Wirkung der Luft abhält. Sobald aber die Dichtigkeit der Dämpfe abnimmt, können sie dem Drucke und der chemischen Annäherung der Luft nur mangelhaft widerstehen. Die Dämpfe, welche sich vorher in der Luft zerstreueten, entzünden sich jetzt und verschwinden entweder gänzlich oder nur zum Theil unter der Gestalt der Flamme.

Hieraus ergiebt sich also, wie nachtheilig es seyn müsse, der Masse mehr Luftöffnung zu lassen, als zum Abgange der Dämpfe unumgänglich erforderlich ist, und daß es eben so nothwendig als vortheilhaft seyn wird, den Zutritt der Luft während der Verkohlung und Calcination gänzlich zu verhindern.

Ich werde bald näher zeigen, wie sich dieses mit sicherem Erfolge bewerkstelligen läßt, ungeachtet des doppelten Umstandes, daß man von Zeit zu Zeit die Kohle probiren und durch einander rühren muß.

Als das zweckmäßigste Mittel, eine gleichförmige Verkohlung, Calcination und Verbindung der Stoffe zu erzielen, empfehle ich, dieselben in einem verschlossenen Raume unter fleißigem Umrühren zu verkohlen und zu glühen. Zu dieser Absicht habe ich dem Verkohlungsgefäße einen quirlförmigen Mechanismus gegeben, wodurch sich die Kohle durch einander rühren läßt, ohne das Gefäß öffnen zu dürfen.

Zweite Abtheilung.

Beschreibung des Verkohlungs- und Calcinirofens.

Das Gefäß, welches zum Verkohlen und Calciniren bestimmt ist, hat die wesentliche Einrichtung: 1) daß die Luft keinen Zutritt zum Innern desselben haben kann; 2) daß die stinkenden Dämpfe eingesperrt und benutzt sind; 3) daß das Umrühren durch einen Quirl bewirkt wird.

Die Entfernung des Gestanks der Dämpfe wird sowohl dem Fabrikanten und seinen Arbeitern, als der Nachbarschaft Wohlthat seyn, indem diese Dämpfe als ein durchdringend widriger Reitz das Empfindungsorgan sehr angreifen, und durch öftere Wiederholung ihrer Einwirkung auf den gesunden Organismus den Grund zu Nervenschwäche, zu krampfigen und anderen Nervenübeln legen können.

§. 299.

Diese Dämpfe lassen sich durch eine angemessene Einrichtung auf mehr als eine Art mit Vortheil benutzen.

1) Anwendung der Dämpfe als Brennmaterial.

Läßt man diese Dämpfe in einem Rohre versammelt fortströmen, so entzünden sie sich an dessen Ausgangsmündung, sobald sie mit einem brennenden Körper in Berührung kommen, mit einer lebhaften Flamme, welche keinen sichtbaren Dampf und einen wenig bemerkbaren Geruch hinterläßt, und nun ununterbrochen so lange fortbrennt, bis die thierische Substanz völlig verkohlt ist.

Brennt sie aber nicht ununterbrochen fort, so beweiset dieser Umstand, daß das Gefäß nicht dicht verschlossen ist und die Dämpfe zugleich anderswo entweichen können.

Leitet man diese Dämpfe zum Feuerherde hin, so wird ihre Flammenhitze zur Verkohlung des Horns ein Beträchtliches beitragen. Feuert man mit Kohlen, so werden diese durch die darüber hinstreichenden Dämpfe zu einer größeren Glut angefacht und länger im Glühen erhalten. Die Größe und regelmäßige Fortdauer ihrer Flamme dient zugleich zum Maßstabe einer regelmäßigen Verkohlung und Feuerung.

Diese Dämfpe lassen sich nach jedem beliebigen Orte hinleiten, wenn sich dieser auch in ziemlicher Entfernung vom Verkohlungsofen befände. So zeigt N. 1. der Tab. XIII. die Anwendung derselben zum Verkohlen des Horns u. a., indem sie durch das Rohr N. in den Feuerherd ausströmen. N. 7. zeigt die Benutzung derselben zu Heizung eines Siedekessels.

Außerdem lassen sich diese Dämpfe zugleich zur Erleuchtung eines wenig erhellten Arbeitsraums am Tage, oder wenn des Nachts darin gearbeitet wird, benutzen. Hierzu dient das Rohr O. N. 7.

2) Gewinnung der branstigen Flüssigkeiten, des thierischen Oels und der ammoniakalischen Flüssigkeit aus den Dämpfen.

Kühlt man die Dämpfe ab, so schlagen sie sich in Tropfen zusammen, und man erhält aus ihnen ein stinkendes Oel und einen branstig=ammoniakalischen (flüchtig- alkalischen oder urinösen) Geist. Zu dieser Absicht dient das Kühl- und Sammelfaß, (s. Tab. XIII. N. 6. N. und P.) Diese Flüssigkeiten sind von einerlei Beschaffenheit, man mag sie aus dem

dem Blute, den Knochen, dem Hirschhorn (Hirschhornspiritus) oder anderen Hörnern gewinnen. Daher wird der hier beschriebene Ofen auch mit Weglassung des Quirls für Hirschhornspiritus- und Salmiakfabrikanten mit Vortheil anwendbar seyn.

Dieses thierische Oel ist als ein mit Kohlenstoff beladenes ätherisches Oel zu betrachten, von welchem selbiges durch Destillation gereinigt werden kann. Sowohl das gereinigte als ungereinigte Oel unterscheidet sich vom Holzöl durch seinen ammoniakalischen Gehalt. Aber die Kohlensäure verhindert die chemische Verbindung der ätherischen Oele und ammoniakalischen Dämpfe zur ätherisch-ammoniakalischen Seife.

Das destillirte Oel, (das Dippelsche Oel) erhitzt sich an der Luft und wird dabei wieder schwarz. Diese Erscheinung läßt sich wohl von dem Phosphorstoff ableiten, welcher im Oele aufgelöset ist, und wegen seiner starken Ziehkraft zum Sauerstoffe eine Entzündung des Oels (Verkohlung) bewirkt.

Von der Reinigung der ammoniakalischen Flüssigkeit und Benutzung derselben werde ich unten reden.

§. 300.

Nachdem sich die gröberen und schwereren Oeldämpfe in Verbindung mit der ammoniakalischen Flüssigkeit niedergeschlagen haben, bleiben die feineren oder flüchtigeren Oeldämpfe, größtentheils von dem Ammoniakalischen und dem Wässerigen getrennt, in Verbindung mit den Gas- oder Luftarten zur Benutzung übrig.

Diese gereinigten Dämpfe kann man nun ohne weitere Vorkehrung sowohl zum Heizen des Verkohlungsofens als zum Erhellen des Arbeitsraums benutzen. Denn sie brennen mit hellgelber Flamme; ob ich gleich wahrgenommen habe, daß, wenn ich einen Raum 4 bis 6 Stunden lang mit mehreren Lichtern erleuchtete, die Flamme einen fremden etwas sengerigen Geruch hinterließ. Ihre Lichtflamme kann alsdann auch zum Maßstabe einer regelmäßigen Verkohlung und Feuerung dienen.

§. 301.

Wenn man jene Luftarten chemisch untersuchen will, so muß man sie vorher von allen übrigen mechanisch beigemischten Theilen zu reinigen suchen. Dieser Versuch läßt sich aber nur mit einer kleinen Vorrichtung, nicht im Großen anstellen. Man reinigt sie durch möglichst starke Abkühlung bei langsamer Feuerung. Man läßt sie aus einer Kühlflasche in die andere übertreten, die beständig mit eiskaltem Wasser umgeben sind. Nun läßt man sie in ein mit kalter Aetzlauge oder Kalkwasser gefülltes Gefäß treten. Beide werden davon kohlensauer, das Kalkwasser daher getrübt. Die übrig bleibende vom kohlensauren Gase gereinigte Luftart ist gekohltes brennbares Gas (oder Wasserstoffgas), welches sich von dem aus dem Holze erhaltenen durch nichts als durch einen eigenthümlichen Geruch unterscheidet.

§. 302.

Da sich aus den thierischen Substanzen weder etwas Oeliges noch Ammoniakalisches ausziehen oder durch feuchte Destillation abscheiden läßt, und da jene Flüssigkeiten erst durch gewaltsame Zerstörung ihrer Textur und Mischung zum Vorschein kommen; so können wir nicht annehmen, daß sie schon fertig gebildet in jenen Substanzen enthalten waren. Es folgt vielmehr aus diesen und vielen anderen Naturerscheinungen, daß nur ihre Grundstoffe in selbigen vorhanden lagen, die sich aus ihrer vorigen Verbindung trennen und unter einander in neuen Verhältnissen, d. i. zu neuen Produkten zusammentreten, und daß die obigen Luftarten im gebundenen Zustande in ihnen enthalten waren.

So entsteht aus der Verbindung

1) des Kohlenstoffs
mit

Wasser- und Wärmestoff	gekohltes Wasserstoffgas.
Sauer- und Wärmestoff	kohlensaures Gas.
Sauer- und Wasserstoff	branstiges Oel.

2) des Wasserstoffs
mit

Sauerstoff	Wasser.
Stickstoff	Ammoniak.

3) des Ammoniaks
mit

Kohlensäure	kohlensaures Ammoniak.
Kohlensäure und Wasser	gewässertes kohlensaures Ammoniak.

Hieraus folgt, daß die thierische Substanz vor der Verkohlung Kohlenstoff, Wasser-, Stick- und Sauerstoff in ihrer Grundmischung enthalten haben musse.

§. 303.

Je lebhafter und anhaltender man feuert, desto vollkommner werden die öligen und ammoniakalischen Theile und Gasarten von der rückständigen Kohle abgetrieben.

Sehr schwer ist es, die Kohle, selbst durch anhaltendes Glühen, von aller Kohlensäure, von allem kohlensauren Ammoniak, Wasser- und Stickstoffe zu befreien *). Daher hängt der Kohle von diesen Stoffen gewöhnlich mehr oder weniger noch an, indem sie sich mit dieser um so fester zu verbinden scheinen, je mehr ihre Menge abnimmt.

Wenn also auch die Kohle im heftigen Feuer weder brennbares noch kohlensaures Gas mehr liefert;

*) Aus der durchgeglüheten Kohle entbindet sich die Kohlensäure mit Aufbrausen, wenn siedendes Wasser darauf gegossen wird. Aetzender Kalk entbindet einen ammoniakalischen Geruch. Im Sublimirfeuer giebt sie noch kohlensaures Ammoniak. Die mäßig durchgeglühete Blutkohle hat einen ammoniakalischen Geruch.

so folgt daraus keinesweges, daß sie von diesen nichts mehr im chemisch gebundenen Zustande enthalte. Einige Erscheinungen zeigen vielmehr, daß aus der Kohle, wenn nach einem umgekehrten Proceß der Kohlenstoff derselben durch ein mit demselben verwandtes Mittel weggenommen oder zerstört wird, Wasser- und Stickstoff frei wird.

Eine solche ausgemerzte Kohle ist zur Bereitung der Farbekohle untauglich. Sie beträgt dem Gewichte nach ohngefähr $\frac{1}{4}$ des Gewichts der angewandten thierischen Substanz. Drei Theile ihres Gewichts haben sich also im Feuer verflüchtigt. Jedoch ist die Farbekohle manchmal auch so wenig gebrannt, daß sie selbst noch brenzliche Oeltheile enthält, die in die blaue Farbe mit übergehen.

§. 304.

Erklärung der Tab. XIII.

N. I. stellt einen Verkohlungs- und Calcinirkessel vor, welchen ich zu dem ersten Versuche für eine Blaufabrik anlegte. Der für die Form des Kessels passende Quirl ist mit Punkten angedeutet. Die Quirlstäbe sind aber nur auf einer Seite sichtbar vorgestellt.

A. Das Triebrad.

B. B. B. Die Quirlstäbe mit Schaufeln.

C. C. Die Welle des Triebrades.

Sie läuft unten in einer stählernen Pfanne, welche sich im Boden des Kessels befindet, oben in einem Loche des Querbalkens D. D.

E. Die Triebwelle mit ihrer Kurbel; sie läuft in einem eisernen Schafte. F. Das Rohr zum Ausladen der Kohle. G Eine Siedepfanne. Ihr Boden dient dem Kessel zugleich zur Decke, indem dieser mit einem eingreifenden Rande sich am Kesselrande im innern Umfange anschließt. Die obere Fläche des Kesselrandes liegt rings um genau horizontal, und ist etwas dicker gegossen als der Kessel selbst.

H. Das Rohr zum Eintragen der rohen Stoffe.

I. I. I Das Dampfrohr.

L. Der Dampfabkühler, welcher mit Wasser umgeben ist.

M. Der obere Theil des Fasses zum Ansammeln des Oels und urinösen Geistes.

N. Das Rohr, welches die gereinigteren Dämpfe zum Feuerherde hinleitet. Das Ofengewände ist durch Punkte bezeichnet.

Bemerkungen über N. I.

Die Hitze, welche bei Kesselfeuerungen nach aufwärts verloren geht, ist sehr beträchtlich. Sie ist zwar in einem Zuge um den oberen Theil des Kessels herumgeleitet, und erhitzt oberwärts noch den Boden der Siedepfanne; aber demungeachtet könnte man noch eine zweite Siedepfanne durch die abgehende Hitze erhitzen.

Auch wäre die Hitze der Dämpfe im Kessel schon allein hinreichend, die Flüssigkeit der Pfanne zu erhitzen.

Es bedarf keiner halben Stunde Zeit, um die Wassermenge, welche die Pfanne enthält, ins Sieden zu setzen.

Bei Siedekesseln wird ein ähnliches Aufstellen einer Siedepfanne auf dieselben ebenfalls eine wichtige Holzersparniß gewähren.

Die Hornspäne lassen sich nicht eher durch den Quirl durch einander drehen, als wenn sie erst etwas verkohlt sind; d. i. erst nachdem schon 2 Stunden gefeuert ist. Man sieht aber leicht ein, daß das Drehen in dieser Zeit zwecklos seyn würde.

Vermengt man das Horn mit der Pottasche im trocknen Zustande, oder wirft man sie oben auf; so mahlt sich die schwerere Pottasche aus den Hornspänen durch das Drehen herunter, und der größere Theil derselben senkt sich nach dem Boden des Kessels hin. Daher ist es durchaus nothwendig, die Pottasche vorher anzufeuchten, damit sie das Horn oder dessen Halbkohle durchzieht und sich daran festhängt. Ohne Befolgung dieser Regel wird der Quirl mehr Nachtheil als Vortheil stiften.

Der Quirl verhütet zugleich, daß die Masse an den Seitenwänden des Kessels während der Schmelzung derselben nicht anbäckt. Dieses Anbacken erfolgt aber bei der Erkaltung derselben noch leichter. Daher muß man, wenn das Feuer auch schon unterbrochen ist, das langsame Umdrehen von Zeit zu Zeit wiederholen, bis der Ofen nur noch wenig warm ist. Diesen Quirl in Bewegung zu setzen, ist eine Armkraft hinreichend. Jedoch könnte man auch den Quirl durch ein Räderwerk und Gewichte nach Art eines Bratenwenders in Bewegung setzen und dadurch jene Armkraft entbehrlich machen.

Die Zahneinschnitte des Triebrades müssen nach jedesmaligem Anfüllen des Kessels freigemacht werden, damit sich nichts zwischen diese und die Triebwelle einklemmt, welches ein Ueberschnappen derselben verursachen würde.

Es lassen sich gegen diesen Quirl zweierlei Bedenklichkeiten aufstellen. 1) Sollte sich nicht ein Theil des branstigen Oels in der Hitze pechartig verdicken und die Zähne verderben? Die Erfahrung hat mich überzeugt, daß dieses nicht geschieht, wie ich es nach einer erfahrungsmäßigen Theorie vorher vermuthete. Bei dem freien Abzuge der Dämpfe, welcher durch die Bewegung des Quirls noch mehr erleichtert wird, und der starken Hitze, welche sie verhindert, sich niederzuschlagen, konnte dieser Fall nicht leicht eintreten.

Eine 2te Bedenklichkeit ist: wird die Masse auch von oben nach unten, und umgekehrt, durch einander gerührt? Dieserhalb machte ich erst den Versuch mit einem von Holz modellirten Quirle, wo ich fand, daß das Oberste nach unten sich herab=, das Unterste nach oben sich heraufmahlt.

Die Erfahrung lehrt, daß die chemischen Verbindungen von Stoffen durch mechanische Bewegung, durch Schütteln oder Umrühren, das Abdampfen ebenfalls durch Umrühren befördert wird. Ich glaube es daher nicht erst beweisen oder versichern zu dürfen, daß dieser Quirl das Verkohlen oder Abdampfen der thierischen Substanz befördern, eine gleichförmigere Verkohlung, so wie eine gleichförmigere und innigere chemische Verbindung der Stoffe bewirken wird.

Erklärung der No. II.

Diese Zeichnung ist nach dem Erfahrungsgrundsatze entworfen: daß sich die Hitze vollständiger bei einer liegenden Walze, als bei einem Kessel benutzen läßt; indem jene Art von Gefäßen dem Feuer mehr Fläche überhaupt, besonders aber mehr Bodenfläche darbietet. Man sieht hier den Quirl in seiner Lage.

A. Die Kurbel, welche sich vorn über dem Ausladerohr befindet. Sie kann aber auch, wenn die hintere Ofenwand frei zu stehen kommt, hinten, d. i. der Einheizthür gegenüber, angebracht seyn.

Die Welle des Quirls ist vierkantig. Sie erhält aber durch 3 Hülsen, welche inwendig vierkantig, auswendig vollrund sind und über die Welle übergetrieben werden, 3 vollrunde Stellen, mit welchen sie an beiden Enden und in der Mitte in äußeren Hülsen aufruhet, und in welchen sie bei dem Drehen des Quirls umläuft. Diese runden Stellen sind mit ihren äußeren Hülsen verstählt und passen genau in einander.

Um die Welle durchzulassen, ist die vordere und hintere Platte des Gefäßes in ihrer Mitte mit einem runden Loche durchbrochen. Außen an diesem Loche befinden sich 3 durchbrochene Stifte, um den dreifach durchlöcherten Teller, auf welchem die Hülse sitzt, darüber zu stecken. (S. B. B. B. B.) Alsdann werden 3 Querstifte durch die durchbrochenen Stifte durchgesteckt, um die Hülsen auf den Platten zu befestigen. Ich habe diese Hülsen beweglich gelassen, damit man sie leicht abnehmen kann, wenn sie einmal abgenutzt sird. Die hintere Hülse ist auswenwendig verschlossen. Uebrigens ist sie der vorderen ganz gleich. Die mittlere Hülse aber wird an einem Stäbchen durch einen Querstift befestigt, welches durch die Decke des Gefäßes tritt und auf dieser durch eine Schraube befestigt wird. (S. C.) Mittelst dieses Stäbchens wird die Welle in der Mitte getragen.

D. D. D. D. Die Schaufeln. Jedes Paar verliert sich in einen Stiel, welcher in der Mitte mit einem viereckigen Loche versehen ist, um die Schaufelpaare auf die viereckige Welle aufzuschieben. Man fängt mit den zwei hinteren Paaren an, schiebt dann die mittlere Hülse auf, und nach dieser die vorderen zwei Schaufelpaare. Sodann steckt man das Stäbchen durch das Loch der Decke. Am unteren Ende desselben befindet sich eine Einkerbung und in dieser ein Loch, (s. N. III.) mittelst welcher selbiges in den Kerbausschnitt der Hülse eingreift. (S. E. F.) Ein durchgesteckter Querstift verbindet dieses Ende des Stäbchens mit der Hülse. Nun wird das obere Ende desselben von außen festgeschroben.

Hat man die hintere Hülse aufgeschoben und durch Querstifte verriegelt; so schiebt man die vordere Platte der Walze (s. N. IV.) über die Welle hinweg, und treibt ihren Rand mit dem Rande des Gefäßes durch vierkantige Stifte und Querstifte zusammen. Dann schiebt man die Hülse B. B. über die Welle hinweg, so wie über die

Stifte der vorderen Platte und befestigt sie auf dieser wie die hintere Hülse.

G. Das Ausladerohr inwendig von 6 Zoll Weite, auswendig von 6½ Zoll. Es hat zum Verschließen dieselbe Einrichtung, als das auf Tab. X. abgebildete Rohr. (S. N. 8. a. b. c.)

H. Das Rohr zum Eintragen. Dieses hat dieselbe Einrichtung zum Verschließen, als das vorher bezeichnete. (S. G.)

Das Ausladerohr könnte zwar auch zugleich zum Eintragen dienen; man könnte also dieses weglassen. Allein das Gefäß läßt sich bequemer und schneller durch H. füllen als durch G.

I. Ist ein angegossener Hut, aus welchem die Dampfröhre entsteht. (S. I. N. VI.)

L. Die Oese, deren Zweck unten angegeben ist.

Die in den punktirten Linien eingeschlossenen Pfeile zeigen den Feuerraum und die Richtung des Zuges an. Von dem Ausgang des Zuges x. würde ich anrathen, die abgehende Hitze um einen Kessel oder zu einem anderen Behufe in einem Zuge fortzuleiten und noch zu benutzen.

Das Gefäß ruhet auf der Ofenmauer mittelst der Handhaben von zwei eisernen Halbreifen. (S. N. V.)

Erklärung der No. VI.

Aufriß der vorderen Ansicht des Ofens.

B. Die vordere Hülse. (S. B. N. II. und IV.)

G. Das verschlossene Ausladerohr. (S. G. N. II. und IV.)

I. Der Hut. (S. I. N. II.)

L. Die Einheizöffnung.

M. M. Das Dampfrohr.

N. Der Dampfabkühler.

Dieser besteht aber hier bloß aus einem hölzernen Fasse, welches oben mit einer Blechdecke luftdicht verschlossen ist. Diese Decke ist mit einem Rande versehen, welcher abwärts über den Rand des Fasses übergreift, welcher außen mit Tuch oder Filz belegt ist. Dieser Blechrand wird auf den Rand des Fasses von außen festgenietet. Im äußeren Umkreise dieser Blechdecke ist ein stehender Ring aufgelöthet, in welchen ein hölzerner Kranz eingesetzt wird. Beide werden auf die vorige Art zusammen verbunden. Dadurch erhält man ein Faß mit einem doppelten Boden. In der unteren Abtheilung strömen die Dämpfe ein, kühlen sich durch den Blechboden ab, und in der oberen Abtheilung befindet sich das kalte Wasser.

Auf diesen Blechboden wird ein blechernes Rohr aufgesetzt, (s. O.), welches zum Erleuchten und genauen Beobachten der Beschaffenheit der Flamme, so wie der Dämpfe dient.

P. Die Tonne zum Ansammeln der Flüssigkeiten.

Q. Ein angeschobenes Rohr mit einem Hahn, welches nach vorne hin von Eisen ist. Es leitet die Dämpfe in den Feuerraum, um sie hier zu verbrennen.

Y. Die Lage der Probirbüchse in der Mitte des Ofens.

Da aber die Dämpfe sich in solcher Menge entbinden, daß, wenn sie auch durch Abkühlung zum Theil verdichtet werden, sie sich in jenem Raume nicht alle verzehren können; so muß man die überflüssige Menge derselben zu einem anderen Zwecke, z. B. zur Kesselfeuerung benutzen. S. N. VII.

M. Das Dampfrohr.

N. Der Dampfabkühler.

O. Das Leuchtrohr.

Q. Das Heizrohr für das Verkohlungsgefäß.

R. Das Heizrohr für den Kessel.

S. Der Kessel.

Die punktirten Linien zeigen den Feuerraum und den oberen Zug um den Kessel an.

Von der richtigen Wahrnehmung des Zeitpunkts, wann die Verkohlung und Calcination zu endigen ist.

Dieser Zeitpunkt läßt sich zwar ohngefähr nach der Dauer der Feuerung berechnen: diese ist aber ein zu unsicherer Maßstab, weil das Feuer niemals zu einer Zeit wie zur anderen gleich stark ist. Die Hitze könnte zwar nach dem Pyrometer regulirt werden; man darf sich aber nicht lediglich auf diesen verlassen.

Der sicherste Maßstab ist eine Probirbüchse von Eisen gegossen, welche wegen ihrer kleinen Form den Zeitpunkt der vollendeten Verkohlung und Glühung jedesmal etwas früher andeutet. (S. N. VIII.) Der vordere Theil ist dicker gegossen, als der hintere, und ist mit einem Deckel versehen. (S. a.)

b. Ein Stift, welcher in die Oese L. L. N. II. eingesteckt wird.

Zum Herausnehmen einer kleinen Probe der Kohle bedient man sich einer kleinen Löffelzange.

Der Dampf steigt unter dem bloß aufgelegten Deckel hervor und zieht durch einen 2 Zoll weiten Schornstein zwischen der Ofenmauer in den Ofen hinein. Dieser ist bei N. VI. durch Punkte (s. z.) angedeutet. Die äußere Oeffnung in der Ofenmauer verschließt ein irdener Vorsatz mit einem kleinen Luftloche, damit die äußere Luft den Dampf in den Ofen treibt.

Die Probirbüchse muß nach dem Oeffnen möglichst schnell wieder zugedeckt werden.

Ist die Masse zu einem gleichmäßigen Teige in einander gegangen, so endige man die Glühung.

§. 305.

Der Geruch des aus der Masse hervorsteigenden sichtbaren, zuletzt fast unsichtbaren Dampfs giebt auch eine ziemlich sichere Anzeige, wie weit die Glühung gediehen ist.

Riecht der Dampf noch sengerich-urinös; so ist die gehörige Glühung noch nicht vollendet. Riecht derselbe wie faule Eier, wenn man käufliche Pottasche, oder wie Pfirsichblüthen, wenn man reines Kali angewandt hat; so ist es die höchste Zeit, das Feuer zu unterbrechen. Am deutlichsten bemerkt man diese Gerüche, wenn man etwas von der Probekohle in kochendes Wasser wirft.

Man fange das Calciniren der Masse mit einem mäßigen Feuer an und verstärke es nur allmälig bis zum Rothglühen des Gefäßes, und erhalte es nun im gleichförmigen Glühen. Sieht man, daß die Flamme der Dämpfe im Ofen abnimmt; so schließe man die Röhre desselben ab und lasse sie bloß unter dem Kessel brennen, um sie hier genauer zu beobachten. Oder man öffne zu dem Behufe die Leuchtröhre. Sieht man die Flamme immer mehr sich verkleinern, ihre Basis dünn und durchsichtig brennen und den Dampfstral in ihrer Axe verschwinden; so ist es Zeit das Feuer zu unterbrechen. Man lasse es aber nie bis dahin kommen, wo die Flamme zu erlöschen drohet und ehe sie noch abwechselnd brennt und verschwindet. Die Masse ist zerstört, wenn der Dampf säuerlich zu riechen und dessen Flamme sich zu röthen anfängt.

Jetzt unterbreche man schnell das Feuer, krücke nemlich sogleich alle Kohlen vom Feuerherde heraus und lasse die kalte Luft durch die Ofenthür frei eintreten.

Um die Kohlen zum künftigen Gebrauche zu erhalten, löscht man sie entweder mit Wasser aus oder man erstickt sie in einem Kohlendämpfer, welcher wegen seines bequemen und nützlichen Gebrauchs bei mehreren Arten von Feuerung, als bisher, benutzt zu werden verdient. Ich würde demselben aber folgende Gestalt geben:

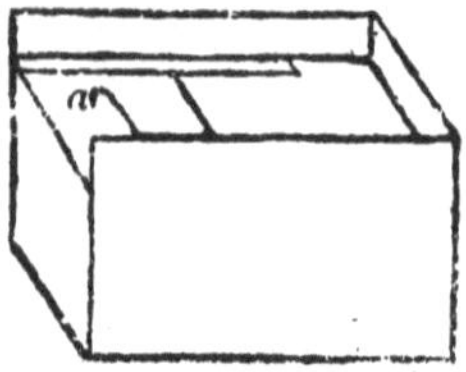

Die Decke dieses Kohlendämpfers ist mit einem Schieber a. versehen und mit einem aufrecht stehenden Rande umgeben, damit keine Kohlen nebenbei fallen.

Dieser ist auch bei dem Herausholen der Farbekohle zu empfehlen, um selbige vor der Luft zu verwahren, wenn sie nicht bald ausgelaugt werden kann.

Dritte Abtheilung.

Ueber die Blutlauge und ihre Bereitung.

Einige Fabrikanten setzen die Farbekohle einige Tage hindurch der Luft aus, indem sie dieselbe mit etwas kaltem Wasser begießen, ehe sie selbige auslaugen, weil der aus der frischen Kohle bereitete Auszug ein schlechtes Blau geben soll.

Bei der mit reinem Kali bereiteten Farbekohle habe ich dieses Verfahren niemals von Nutzen, sondern vielmehr von Nachtheil gefunden. (Auf welche Weise sich dieses Kali wohlfeil darstellen läßt, habe ich bereits oben angegeben.) Ich halte solches

solches aber bei der mit käuflicher Pottasche bereiteten Kohle wegen ihres Schwefelgehalts ebenfalls für nöthig, indem dieser an der Luft sich vom Kali trennt und sich theils verflüchtigt, theils in Schwefelsäure übergeht, welche mit einem Theil Kali vitriolisirten Weinstein bildet und eine verhältnißmäßige Menge zugesetzter Säure zur Sättigung des Kali entbehrlich macht. Bei dem Auslaugen dieser Kohle trennt sich der übrige Schwefel leichter und vollständiger vom Kali, und der Farbenniederschlag wird weniger von Schwefel verunreinigt. Darauf läßt sich auch der Vorschlag reduciren, die Lauge an der Luft einige Tage stehen zu lassen, ehe man sie verbrauchen soll.

§. 306.

Im glühenden Zustande hat die Kohle eine sehr starke Ziehkraft zum Sauerstoffe. Es ist daher zu widerrathen, sie glühend heiß aus dem Gefäße herauszunehmen, sondern man lasse sie an Ort und Stelle sich vorher abkühlen. Wirft man sie glühend heiß in kochendes Wasser; so wird selbiges in so heftige Wallung versetzt, daß es übersteigt, wenn das Eintragen nicht allmälig geschieht.

Uebergießt man die glühend heiße Kohle mit Wasser; so sprudelt dieses unter heftigem Zischen umher, und reißt einen Theil der Kohle mit fort. Durch dieses Ablöschen der Kohle mit Wasser wird das Farbewesen zum Theil zerstört und man erhält eine an Farbewesen arme Lauge.

§. 307.

Einige bereiten die Lauge durch Auskochen, andere durch Uebergießen (Infundiren) der Kohle mit heißem Wasser.

Um den besten Weg auszumitteln, untersuchte ich sowohl das Auslaugen, als das Auskochen.

Ich beobachtete dabei das gewöhnliche Verfahren: ich übergoß die Kohle auf dem Filtrirsacke mit wenigem siedend heißem Wasser und wiederholte dieses, wenn das erste Wasser beinahe abgelaufen war, so lange, bis die Kohle nicht mehr salzig schmeckte, das Wasser geschmacklos ablief und die Alaunlauge nicht mehr davon getrübt wurde. Diese völlig ausgelaugte Kohle wirft man nun gewöhnlich als unnütz weg. Diese Kohle ließ ich nun noch mit einer mäßigen Menge Wasser unter einigem Umrühren auskochen, wobei ich das zu heftige und zu lange anhaltende Rühren und Sieden vermied.

Die filtrirte Abkochung trübte die Alaunauflösung nicht mehr, und schmeckte nicht mehr salzig; ein Beweis, daß die Kohle kein freies Kali mehr enthalten hatte. Jedoch war die Abkochung nicht gänzlich geschmacklos, sondern sie hatte einen Geschmack wie ein schwacher Aufguß von bitteren Mandeln; und als ich Vitriollauge hineintröpfelte, färbte sie sich sogleich schön himmelblau und es schlug sich allmälig ein schwarzblauer Satz in Flocken nieder, welcher nach dem Austrocknen eine schwarzblaue sehr feste, aber matte Farbe (Pariserblau) gab.

§. 308.

Hieraus ersieht man, daß ein Theil blausaures Kali in der ausgelaugten Kohle zurückbleibt; daß die Geschmacklosigkeit der Kohle und die Probe mit Alaunlauge bloß dienen kann, zu wissen, ob noch freies Kali in der Kohle enthalten sey; und daß man sich durch diese täuschenden Proben bisher hat verleiten lassen, sich einen (nicht unbedeutenden) Verlust an Farbewesen oder Farbeausbeute zuzuziehen.

Man wird daher sehr wohl thun, wenn man die ausgelaugte Kohle, ehe man sie wegwirft, erst auskocht und diese Lauge zur ersten gießt. Ich muß es aber widerrathen, zu viel Wasser dazu zu verwenden, weil in einer sehr verdünnten Lauge das blausaure Kali weniger Eisenvitriol zersetzt, als in einer concentrirteren. Auch wird der Niederschlag alsdann zu sehr im Wasser vertheilt, hängt sich schwerer an einander und schlägt sich später zu Boden.

Es ist daher verwerflich, die Kohle, wie Einige vorschreiben, mit recht vielem Wasser auszukochen.

§. 309.

Wenn man die Kohle auskocht, so lasse man das Wasser nur einigemal schwach aufkochen. Denn wegen der Flüchtigkeit des Farbewesens im siedenden Wasser ist es schädlich, nach dem Rathe

Einiger das Wasser eine halbe oder ganze Stunde lang im Kochen zu erhalten.

Die einmal ausgekochte Kohle trage man nochmals in die Hälfte wenigeren kochenden Wassers ein, und man wird nochmals eine Farbelauge erhalten. Man probire ihre Stärke mit Vitriollauge. Findet man sie noch ziemlich stark; so koche man die Kohle von neuem mit einer um die Hälfte geringeren Wassermenge, als bei dem zweiten Auskochen, vollends aus.

Damit nichts von dem fein zertheilten Kohlenstaube durch das Filtrum geht, bediene man sich dazu eines dichten Tuchs.

§. 310.

Die blaue Farbe fällt um so schöner aus, je mehr man die Einwirkung des Sauerstoffs auf die Farbekohle, die Farbelauge und den Farbenniederschlag abzuhalten sucht.

Kaltes Wasser enthält atmosphärische Luft in seinen Zwischenräumen, (die bekanntlich Sauerstoff in ihrer Mischung enthält,) und aufgelößte Kohlensäure. Beide haben auf die Güte der Farbe einen nachtheiligen Einfluß. Durch das Kochen werden sie dem Wasser größerentheils entzogen. Daher nehme man zu jeder Arbeit heißes Wasser und verhüte das Erkalten. Man entferne die Feuchtigkeit des ausgesüßten Satzes schnell durch Pressen und starke Hitze.

Wir wissen, daß das Quellwasser die meiste mit Kohlensäure übersättigte Kalkerde aufgelöset enthält, welche die auflösende Wirkung des Wassers schwächt. Wir wissen ferner, daß sich die Kalkerde durch das Kochen zum Theil daraus niederschlägt, daß ein hartes Wasser (wie man zu sagen pflegt) weicher wird, wenn man es vorher abkocht, und daß es sich um so mehr verbessert, je stärker und länger man es im Kochen erhält.

So lösen sich mehrere Salze schneller und in größerer Menge in kochendem (aufwallendem) Wasser auf, als in siedend heißem. Wenn man Mehl in siedend heißem Wasser einquirlt; so vermischt sich jenes nicht ganz klar damit und behält den rohen Mehlgeschmack. Nimmt man aber kochendes Wasser; so verliert es denselben und wird klar. Ich kann daher Rumfords Urtheile: „daß das siedend heiße Wasser eben so wirksam sey, als das kochende,“ nicht beistimmen, ungeachtet der Erfahrungen, welche derselbe dafür anführt.

Welchen großen Vorzug ein weiches Wasser vor einem harten, das destillirte und Regenwasser vor dem Fluß- und Quellwasser, welchen Vorzug schon das meistens weichere Flußwasser vor dem Quellwasser besitzt, erfährt man täglich bei Auflösungen, dem Kochen der Speisen, besonders der Hülsenfrüchte, bei dem Bierbrauen, dem Waschen mit Seife u. a. Verrichtungen.

Durch das Kochen verliert aber das Wasser seine Härte oder seine Kalkerde nur geringen Theils; der größere Theil bleibt darin aufgelöset.

Leichter und vollständiger schlägt sich die kohlensaure Kalkerde aus dem Wasser nieder, wenn man ihr die überschüssige Kohlensäure, welche sie im Wasser aufgelöset erhält, durch luftleere (gebrannte) Kalkerde entzieht. Dieser Zusatz ist also zum Erweichen oder Verbessern des Wassers, welches man zum Auslaugen der Farbekohle anwenden will, sehr zu empfehlen, und wird die Stelle des destillirten Wassers ersetzen.

Wenn man in dem Wasser mehr Kalkerde auflöset, als zur Wegnahme der überschüssigen Kohlensäure erforderlich ist; so wird bei dem Auslaugen der Farbekohle dieses schwache Kalkwasser dem in ihr enthaltenen kohlensauren Ammoniak und Kali eine verhältnißmäßige Menge Kohlensäure entziehen und das Ammoniak, so wie einen Theil Kohlensäure, durch die Beihülfe der Hitze austreiben.

Dieser (wenn auch geringfügige) Theil von luftleerem Kali würde aber etwas Alaunerde nachher auflösen. Daher darf man das Kalkwasser nur in solcher Menge zusetzen, bis sich das Wasser nicht mehr davon trübt; und man thut daher besser, wenn man die Wegnahme des Ammoniaks der nachher zugesetzten Schwefelsäure des Alauns überläßt, welche das in anderer Rücksicht schädliche Ausstellen der Blutlauge an die Luft, um das Ammoniak zu verdunsten, überflüssig macht.

§. 311.

Die Farbekohle ist nur zum Theil im Wasser auflöslich. Der größere Theil bleibt daher unaufgelöset zurück. Diese übrig bleibende Kohle sieht nicht mehr dunkelschwarz, sondern wie Reißblei aus, weil sie einen Theil ihres Kohlenstoffs verloren hat. Sie wird gewöhnlich als unnütz weggeworfen.

§. 312.

Die Farbelauge besitzt einen Pfirsichblüthengeruch, wenn man reines Kali, einen Schwefellebergeruch, wenn man gewöhnliche Pottasche zur Bereitung der Farbekohle angewandt hat; einen ammoniakalischen, wenn die Kohle zu schwach gebrannt war. Hieraus ersieht man, daß sich etwas Blausäure vom Kali schon durch die bloße Hitze des Wassers trennt.

Vierte Abtheilung.

Ueber die Bereitung des Berlinerblaus mittelst der Blutlauge.

§. 313.

Die Blutlauge bestehet aus einer Auflösung von kohlensaurem und blausaurem Kali.

Die Bereitung des Berlinerblaus gründet sich nun darauf, die Blausäure wieder vom Kali zu trennen und dieselbe mit Eisenkalk zu verbinden. Die reine Grundfarbe des Berlinerblaus besteht daher aus blausaurem Eisenkalk.

Da aber das kohlensaure Kali in jener Mischung

die Zersetzung des blausauren erschweret, und die reine und vollkommne Verbindung des Eisenkalks mit der Blausäure verhindert; so muß jenes entweder vorher oder zugleich weggenommen werden.

§. 314.

Erstes Verfahren.

Man löset Alaun (schwefelsaure Thonerde) und Eisenvitriol (schwefelsauren Eisenkalk) zusammen in siedendem Wasser auf, seihet die Auflösung durch und gießt sie der heißen Blutlauge allmälig und unter Umrühren zu, so lange bis sich nichts mehr niederschlägt. Um sich davon zu vergewissern, seihet man etwas weniges von der Lauge durch und tröpfelt von jener Auflösung hinzu.

Der Alaun kann das blausaure Kali nicht zersetzen, sondern bewirkt blos die Zerlegung des kohlensauren, aus welchem er die Säure mit heftigem Aufbrausen austreibt. Die Schwefelsäure des Alauns geht zum Kali über, bildet damit vitriolisirten Weinstein und die Alaun- oder Thonerde schlägt sich in weißen Flocken nieder, welche zur Erhöhung und Belebung der blauen Farbe dient, ihr mehr Körper giebt oder ihre Masse vermehrt. Sie giebt der blauen Grundfarbe mehr Bindung; sie läßt sich daher bei dem Aussüßen besser zusammenhalten und es geht weniger Farbe mit dem Aussüßwasser durch das Seihtuch verloren. Aber der Alaun wird durch das kohlensaure Kali nicht vollständig zersetzt, sondern dieses entzieht ihm nur zum Theil seine überschüssige

Schwefelsäure, wodurch er in eben dem Maße schwerer auflöslich wird, und der vollständigen Zerlegung durch das Kali entgeht *). Da also die Schwefelsäure des Alauns nicht gänzlich auf die Sättigung des Kali verwandt wird; so kann die Menge des freien Kali nicht genau nach der Menge des zur Sättigung verwandten Alauns taxirt werden.

Die Schwefelsäure des Alauns und Eisenvitriols treibt aber nicht alle Kohlensäure aus dem Kali heraus, sondern treibt einen Theil derselben bloß in die Enge; und ein Theil der vom Kali getrennten Kohlensäure bleibt dem Wasser beigemischt. Daher ist es nöthig, um die Kohlensäure schneller zu entfernen, die Lauge heiß zu erhalten.

§. 315.

Das blausaure Kali läßt sich nur auf dem Wege der doppelten Wahlanziehung zersetzen. Bei dem Zusatze von Eisenvitriol zur Lauge verbindet sich dessen Schwefelsäure mit dem Kali zum vitriolisirten Weinstein, die Blausäure mit dem Eisenkalk zum Berlinerblau, welches, da es im Wasser unauflöslich ist, mit der Alaunerde zugleich zu Boden fällt.

Während dieses Processes wird aber auch ein Theil Eisenvitriol auf die Zerlegung des kohlensauren Kali verwandt, welches den Eisenkalk daraus schmuzig grün niederschlägt, welcher an der Luft allmälig wiedet gelb wird. Dieser gelbe Niederschlag

*) Dieser Umstand macht es nöthig, daß man die Alaunlauge der Blutlauge im kochenden Zustande zusetzt.

bringt aber in Verbindung mit dem blauen von neuem eine grüne Farbe hervor.

Die Salzsäure löset den ersteren auf und nun kommt die blaue Farbe des Niederschlags zum Vorschein. Dieses nennt man das Schönen des Berlinerblaus.

Da aber die Salzsäure an der Luft etwas Eisenocher wieder fallen läßt; so wird der Farbesatz an der Luft wieder grün, wenn man viel Säure zur Auflösung des gelben Eisenkalks hat anwenden müssen, und man das salzsaure Eisen nicht bald genug durch Aussüßen des Niederschlags wegnimmt.

§. 316.

Zweites Verfahren.

Nimmt man das kohlensaure Kali, welches die grüne Farbe verursacht, vorher durch Alaun weg, ehe man den Eisenvitriol zusetzt; so erhält die Lauge die Eigenschaft, den Eisenkalk aus der Vitriollauge sogleich zum schönen Blau niederzuschlagen. Dieses Gemisch sieht zwar, ehe sich die Farbe daraus zu Boden setzt, isabellgelb, oder wie ein Gemisch von Rahm und braunem Biere, oder schmuzig grünlich, oder schön grün aus. Der Schaum erscheint aber bald als blaue Blume, und der Uebergang in Blau fängt an der Oberfläche des Gemisches an.

Der noch heißen Lauge setze man die heiße Alaunauflösung allmälig und unter Umrühren zu. Die Hitze der Flüssigkeiten dient hier sowohl zur Erleichterung der Verbindung des Kali mit der

Schwefelsäure, als zur vollständigeren Austreibung der Kohlensäure aus dem Kali und dem Wasser. Ob alles freie Kali weggenommen ist, erprobt man an einer kleinen Portion der durchgeseiheten Lauge, indem man heiße Alaunauflösung dazu tröpfelt und zusieht, ob sie noch Trübung und Aufbrausen verursacht. Geschieht dieses, so setzt man der Lauge noch Alaun zu, und wiederholt das Probiren.

Bei diesem Verfahren erhält man nicht allein mehr, sondern auch eine bessere Farbe. Man erspart bei diesem nicht allein denjenigen Theil von Eisenvitriol, welcher durch das kohlensaure Kali bei dem ersteren Verfahren zersetzt wird, sondern auch den Aufwand von Salzsäure gänzlich.

Da aber hier alles kohlensaure Kali bloß durch den Alaun, dort aber theils durch diesen, theils durch den Eisenvitriol selbst weggenommen wird; so wird der Farbesatz bei dem zweiten Verfahren eine verhältnißmäßig größere Menge Alaunerde enthalten, als bei dem ersten, und seine Farbe wird um so heller ausfallen.

Dieses läßt sich leicht dadurch verbessern, daß man, ehe man den Alaun zusetzt, einen Theil kohlensaures Kali vorher durch bloße Schwefelsäure wegnimmt; oder, wenn man bemerkt, daß die Lauge, nachdem man schon die gehörige aus Erfahrung bekannte Menge von Alaun zur Sättigung derselben angewandt hat, immer noch nicht gesättigt ist, so nehme man jetzt bloße Schwefelsäure und sättige das Kali damit vollends. Auf solche Weise bekommt man jedesmal eine gleich dunkle Farbe. Man thut aber im Ganzen genommen besser, wenn man die Schwefelsäure vor, als nach dem Alaun anwendet. Denn die Schwefelsäure löset die Alaunerde des Niederschlags wieder auf, wodurch ein dunkleres Blau zum Vorschein kommen muß. Allein dadurch verschwendet man unnützer Weise den Alaun.

Man kann daher auch,

Drittes Verfahren,

die blaue Farbe ohne allen Alaun und ohne Alaunerde bereiten, indem man der Lauge so lange Schwefelsäure zusetzt, bis alles unnütze Kali weggenommen ist. Hier erhält man ein so dunkles Blau, daß es beinahe ins Schwarze fällt; wiewohl, natürlicher Weise, weniger Farbenmasse als mit Alaun.

Die brenzlichen Oeltheile, welche der Blutlauge oft noch beigemischt sind, werden durch die Schwefelsäure zum Theil zerstört. Denn es entbindet sich dabei ein schwefeligter Geruch (wie vom brennenden Schwefel) und die Schwefelsäure wird auf Kosten des brenzlichen Oels in schwefeligte Säure verwandelt. Diese Zerstörung des Oels ist eine schwache Verkohlung desselben.

Das ohne Alaun bereitete Blau nennt man Pariserblau.

Auf einem kürzeren und wohlfeileren Wege läßt sich selbiges, wie bereits oben angezeigt ist, dadurch verschaffen, daß man die Farbekohle erst auslaugt, wodurch man das kohlensaure Kali gänzlich entfernt, und dann dieselbe auskocht. Diese Abkochung liefert ohne allen Alaun- oder Säurezusatz sogleich ein dunkles Blau.

§. 317.

Ein anderes Mittel, die blaue Farbe ohne alle Beimischung von Alaunerde zu erhalten, und das Pariserblau auch ohne Schwefelsäure darzustellen, ist folgendes. Man sättige die Lauge vorher mit Alaun, seihe die Lauge von der niedergeschlagenen Alaunerde ab, und nun setze man der Lauge, welche jetzt bloß noch das blausaure Kali aufgelöset enthält, die gehörige Menge aufgelöseten Eisenvitriol zu. Der Niederschlag ist reiner blausaurer Eisenkalk.

Diese vorherige Abscheidung der Alaunerde gewährt den Vortheil, der blauen Grundfarbe die Alaunerde, mit der größten Sicherheit, nach jedem beliebigen Verhältnisse zuzumischen und solchermaßen die Farbe nach Erforderniß in verschiedenen Abstufungen zu erhöhen.

§. 318.

Diese Procedur halte ich auch aus dem Grunde für vortheilhaft, weil man durch vorherige Entfernung der Alaunerde von der Lauge die Berührungspunkte zwischen dem blausauren Kali und dem Eisenvitriol vermehrt, wodurch die Verbindung des

Eisenkalks mit der Blausäure erleichtert und letztere durch den Eisenkalk vollständig vom Kali getrennt wird. Die Alaunerde schlägt sich zwar zu Boden; sie tritt aber bei der Fällung des Eisenkalks durch die Lauge ins Mittel, weil das Zusetzen des aufgelöseten Eisenvitriols unter Umrühren geschehen muß.

§. 319.

Man kann die Blutlauge entweder zur Vitriollauge, oder umgekehrt, letztere zur ersteren gießen. Der letztere Weg ist der sicherste, weil man nicht bestimmt weiß, wie viel Vitriollauge jedesmal zur Sättigung der Blutlauge nöthig ist.

§. 320.

Der Eisenvitriol ist eine Auflösung von unvollkommenem Eisenkalke in Schwefelsäure.

Diese Säure gehet aber mit dem Eisenkalke keine feste, an der Luft beständige Verbindung ein, weil der unvollkommne Eisenkalk eine starke Neigung hat, aus der Luft mehr Sauerstoff aufzunehmen, und sich dadurch in einen vollkommnen Kalk verwandelt, welcher in der Schwefelsäure schwerer auflöslich ist. Daher wird der Eisenvitriol auf seiner Oberfläche zersetzt und allmälig mit einem gelben Eisenocher (vollkommnem Eisenkalk) belegt.

§. 321.

Der Eisenvitriol erleidet bei seiner Auflösung in gemeinem Wasser, besonders in heißem, eine starke Zersetzung, indem sich ein häufiger gelber Niederschlag bildet. Wenn der erste Niederschlag sich gesetzt hat, sieht man einen zweiten und oft einen dritten entstehen. Diese Zersetzung ist bei der einen Sorte von Vitriol stärker, als bei der anderen. Der hellgrüne zersetzt sich stärker als der dunkelgrüne. Von diesem sieht die Auflösung, nachdem sich dieselbe abgeklärt hat, grün, von dem hellgrünen aber wird sie allmälig gelb oder rothbraun. Ich bin geneigt, diesen Unterschied davon abzuleiten, daß der Eisenkalk in dem dunkelgrünen Vitriol vollkommner mit Schwefelsäure gesättigt ist, als in dem hellgrünen, und halte jenen für die bessere Sorte. Denn es läßt sich vermuthen, daß der Eisenkalk des hellgrünen, weil er sich in der Auflösung vollkommner verkalkt, eine lockerere Verbindung mit der Blausäure eingeht und sich in größerer Menge wieder davon trennt.

Es ist eine sehr bekannte Erfahrung, daß der Bleizucker und der Brechweinstein, wenn man sie in Brunnenwasser auflöset, zum Theil zersetzt werden; daher sich die Auflösung trübt und ein Niederschlag entsteht. Man leitet diese Zersetzung mit Grund von der kohlensauren Kalkerde ab, welche das Wasser aufgelöset enthält, indem sich jene Substanzen in destillirtem Wasser vollkommen auflösen, ohne jene Zersetzung zu erleiden. Eben dieses ist der Fall, wenn man den Eisenvitriol in destillirtem Wasser auflöset, in welchem er sich vollkommen und ohne Trübung auflöset. Bei der

Auflösung desselben in Brunnenwasser trennt sich die Schwefelsäure zum Theil vom Eisenkalke, und verbindet sich mit der Kalkerde zum Gypse, indem sie die Kohlensäure derselben austreibt; daher sieht man Luftbläschen in die Höhe steigen. Der unvollkommne Eisenkalk absorbirt während seiner Trennung Sauerstoff aus der Luft und fällt als vollkommner (gelber) Kalk zu Boden.

Filtrirt man die Auflösung, so entsteht eine neue Trübung und ein neuer Niederschlag. Es wäre daher unnütz, die Auflösung eher zu filtriren, als bis die Trübung derselben aufhört und dieselbe klar geworden ist. Sie sieht jetzt grünlich aus, wird aber an der Luft allmälig wieder gelb. In der letzteren ist der Eisenkalk mit der Schwefelsäure lockerer verbunden, als in der ersteren, oder läßt sich leichter von seiner Säure trennen. Ich habe sie daher als reagens, um einen sehr verhüllten oder in geringer Menge aufgelöseten mit dem Eisen verwandten Bestandtheil in einer Flüssigkeit zu entdecken, sicherer und wirksamer gefunden, als die frisch bereitete Auflösung.

So fand ich, daß sich die erstere mit der destillirten Holzsäure in jedem Verhältnisse vermischen ließ, ohne daß eine Trübung oder Farbenveränderung erfolgte. Als ich aber nur einige Tropfen von der letzteren unter diese Säure tröpfelte, entstand die Trübung augenblicklich und es

erfolgte

erfolgte ein schwarzer Niederschlag. Ich habe ferner bemerkt, daß jene frische Vitriollauge nicht vermögend ist, dem Kali der Blutlauge den letzten Antheil von Blausäure zu entziehen, und man zuletzt durch eine größere Menge Vitriollauge nur einen geringen Niederschlag erzwingt, so daß die Lauge häufig mit Vitriol übersetzt wird. Die Ursache mag wohl in der schon sehr geschwächten Lauge (oder in der sehr verdünnten Auflösung des blausauren Kali) zu suchen seyn. Wenn die frisch bereitete Vitriollauge erst nach einiger Pause einen geringen oder keinen Niederschlag mehr bewirkte; so sahe ich, daß die vor acht Tagen schon bereitete Vitriollauge schnell noch einen häufigen Niederschlag hervorbrachte.

Es erleidet keinen Zweifel, daß in der älteren Auflösung der Eisenkalk vollkommner oxydirt ist als in der frischen, in der gelben Auflösung vollkommner, als in der grünen; welcher Umstand auf die Beschaffenheit des Farbeprodukts nicht ohne Einfluß seyn kann, wenn man sich jener statt dieser bedient. Ich habe zwar darüber noch keine vergleichenden Versuche angestellt, glaube aber mit Grund annehmen zu dürfen, daß der vollkommnere Eisenkalk keine so feste Verbindung mit der Blausäure eingeht und für die Güte der Farbe von Nachtheil ist.

§. 322.

Die Zersetzung des Eisenvitriols im gemeinen Wasser giebt Gelegenheit zur vollkommneren Verkalkung der aufgelöseten Eisenerde; und durch den sich niederschlagenden Theil derselben erleidet man einen nicht unbedeutenden Verlust an diesem Salze.

Diese Zersetzung läßt sich keinesweges verhüten, wenn man den Eisenvitriol mit Alaun zugleich auflöset.

Da der Eisenvitriol in destillirtem Wasser keine Zersetzung erleidet; so irren diejenigen, welche diese bloß von der starken Ziehkraft seiner Eisenerde zum Sauerstoff der Luft ableiten. Daß aber diese mitwirkt, und Antheil an der Zersetzung hat, welche die Kalkerde des gemeinen Wassers veranlaßt, beweiset die Fortdauer dieser Zersetzung an der Luft.

Wenn man Kalkwasser unter gemeines Wasser tröpfelt; so trübt sich das letztere und es schlägt sich rohe Kalkerde nieder. Das Kalkwasser entzieht hierbei der letzteren denjenigen überschüssigen Theil der Kohlensäure, vermöge dessen sie im Wasser auflöslich ist. Ist das Kalkwasser frisch bereitet und setzt man dieses dem siedend heißen Wasser zu, bis dieses davon nicht mehr getrübt wird; so erhält man ein weiches Wasser, welches ziemlich rein von Kalkerde ist und die Stelle des destillirten Wassers gänzlich vertreten könnte, wenn sich die Kalkerde rein abscheiden ließe. Der Niederschlag derselben bleibt aber zum Theil im Wasser so fein zertheilt, daß er sich durch die Ruhe nicht gänzlich zu Boden schlägt und mit durch das Filtrum geht.*) Indeß

*) Durch das Verdunsten eines Theils des Wassers ließe sich dieser Niederschlag mehr in die Enge treiben.

ist diese Bemerkung von einem einzigen flüchtigen Versuche hergenommen, der mich nur überzeugte, daß sich hartes Wasser durch Kalkwasser verbessern läßt. Der Eisenvitriol erlitt darin eine bei weitem geringere Zersetzung.

§. 323.

Wenn man in das Wasser etwas Schwefelsäure tröpfelt; so löset sich der Eisenvitriol in diesem klar und ohne alle Trübung auf.

Sie verbindet sich mit der Kalkerde des gemeinen Wassers, welche dem Eisenvitriol Schwefelsäure entziehen würde, zum Gypse, welcher den Eisenvitriol nicht zersetzen kann. Sie macht denselben leichter und vollkommen im Wasser auflöslich*) und setzt dadurch die Auflösung desselben in den Stand, das blausaure Kali der Blutlauge wirksamer zu zersetzen; verhütet dadurch zum Theil die Trennung, welche nach der Sättigung der Lauge zwischen dem blausauren Eisenkalke von neuem vorgehet, an welcher die unvollkommne Auflösung des Eisenvitriols und der vollkommne Eisenkalk in derselben gewiß nicht wenig Antheil hat. Man gewinnt also durch die Auflösung des Vitriols in gesäuertem Wasser nicht allein mehr Farbe, sondern erspart auch dadurch denjenigen Theil des Vitriols,

*) Eben so verhält es sich mit der schwefelsauren Alaunerde, welche im Wasser sehr schwer sich auflöset und nur durch einen Ueberschuß von Säure im Wasser auflöslich wird und mit diesem den Alaun bildet.

welcher bei der Auflösung in gemeinem Wasser durch die Zersetzung verloren gehet.

Der Alaun ist eine mit Schwefelsäure übersättigte Alaunerde. Es ist aber bereits oben angeführt worden, daß das kohlensaure Kali der Blutlauge den Alaun nicht vollkommen zersetzen kann, sondern daß dasselbe dem Alaun zum Theil nur die überschüssige Säure entzieht (obgleich diese Zersetzung befördert wird, wenn man die Alaunlauge der Blutlauge im kochenden Zustande zusetzt). Es wird also der Lauge etwas vollkommen gesättigte Alaunerde beigemischt bleiben, welche dem Vitriol einen Theil seiner Schwefelsäure entziehet und einen Theil Eisenkalk trennt, welcher Gelegenheit erhält, sich vollkommner zu säuern. Ist aber die Vitriollauge mit Schwefelsäure präparirt; so ist sie vor der Wirkung des unvollkommnen Alauns gedeckt.

Wenn die Blutlauge gesättigt ist, so daß sie weder unzersetzten Vitriol enthält, noch eine Trübung in der Vitriollauge bewirkt; so enthält sie auch kein Farbewesen mehr. Aber schon in einigen Stunden sieht man Luftbläschen aus der Flüssigkeit hervorsteigen und sie wird wieder zur schwachen Blutlauge. Läßt man den Farbesatz in der Flüssigkeit verweilen; so bemerkt man eine fortwährende Zersetzung des blausauren Eisenkalks. Die Flüssigkeit bleibt bei weitem länger erhitzt als Wasser, da sie doch wegen der beträchtlichen Menge des vitriolisirten Weinsteins, welchen sie aufgelöset enthält, schneller erkalten sollte. Es läßt sich daher wohl nicht bezweifeln, daß die anhaltende Wärme der Flüssigkeit als die Folge ihrer inneren Erhitzung zu betrachten ist, welche die Zersetzung des blausauren Eisenkalks begleitet. Denn die Flüssigkeit dunstet einen ziemlich starken Pfirsichblüthengeruch aus, wie die Blutlauge; der von seiner Blausäure getrennte Eisenkalk bleibt zum Theil dem Farbesatz beigemengt, zum Theil steigt er nach oben und überzieht die Flüssigkeit mit einer gelben Haut (Eisenocher), die sich immer wieder erneuert, so oft man sie wegnimmt. Bei dem Aussüßen des Farbesatzes und Auspressen desselben drängt sich der als Eisenocher abgeschiedene Eisenkalk durch das Seihtuch hindurch. Die Theilchen der blauen Farbe hängen fester an einander und es geht daher weniger blaue Farbe mit hindurch. Dieser Eisenocher bleibt aber zum Theil auf der unteren Fläche des Seihtuchs hängen, verstopft dasselbe und verhindert das Aussüßen der Farbe. Daher man ihn oft wegnehmen muß.

Dieser Vorgang ist ein Beweis, daß der Eisenkalk des Vitriols keine feste oder vollkommne Verbindung mit der Blausäure eingehet.

Er befindet sich nemlich in der Farbe als unvollkommner (schwarzer) Eisenkalk. Bey dem Erkalten der darüber stehenden Flüssigkeit saugt derselbe Sauerstoff und Kohlensäure ein, und geht in einen vollkommnen (gelben) Kalk über. Dieser Beitritt des Sauerstoffs und der Kohlensäure hebt seinen chemischen Zusammenhang mit dem

Farbewesen auf, und trennt letzteres von dem Eisenkalke.

Die Veranlassung zur Entstehung eines häufigen Eisenniederschlags giebt aber auch mit unter, wenn man den Vitriol im Uebermaße zugesetzt hat. Und dieses ist gewöhnlich der Fall, weil sich der letzte Antheil des Farbewesens wegen seines sehr verdünnten Zustandes nur durch ein Uebermaß von Vitriol sättigen läßt. Da der letzte Farbenniederschlag also nur durch einen verschwenderischen Aufwand von Vitriol gewonnen wird; so kommt nicht viel dabei heraus, und man verliert wenig, wenn auch die Lauge nicht vollkommen mit Vitriol gesättigt wird, oder etwas Farbewesen verloren gehet.

Jedoch könnte es vielleicht die Kosten belohnt machen, wenn man die übrige Flüssigkeit gelinde abdampfte, um das blausaure Kali mehr in die Enge zu treiben.

Man kann den Farbesatz unter der Flüssigkeit 8 und mehrere Tage stehen lassen, ehe die gelbe Eisenhaut ganz verschwindet. Sie bildet sich jetzt zwar immer langsamer; aber ich glaube annehmen zu können, daß sie nicht eher gänzlich verschwindet, als bis die Farbe wieder gänzlich zerstört ist.

Man hat die Absicht, dem gelben Eisenkalk, welcher den Farbesatz verunreinigt, Zeit zu lassen, sich vom Farbesatze durch das ruhige Verweilen in der Flüssigkeit abzusondern, ohne zu bedenken, daß man dadurch erst sein Entstehen veranlaßt. Bringt man diesen Satz auf die Seihtücher; so sieht man, daß sich noch eine Menge Eisenkalk aus demselben ausscheidet.

Ich weiß zwar wohl, daß man zugleich die Absicht damit verbindet, die brenzlichen Oeltheile vom Farbesatze abzusöndern. Ihre Gegenwart beweiset aber eine unvollkommne Calcination, die nie eine gute Farbekohle liefern kann. Da aber, könnte man einwenden, diese nicht immer gleich gut ausfällt; so würde jenes Verfahren doch einen nützlichen Nothbehelf abgeben, um die öligen Theile zu entfernen. Allein die Erfahrung lehrt uns, daß sich die brenzlichen Oeltheile aus einer Flüssigkeit durch die Ruhe nur in geringer Menge absondern und großentheils der Flüssigkeit beigemischt bleiben. Ziemlich vollständig läßt sich diese Absicht erreichen, wenn man die Blutlauge vorher durch Kohlenpulver filtrirt, zu welchem Zwecke aber die Kohlen vollkommen ausgeglühet seyn müssen.

§. 324.

Diese angeführten Gründe lassen wohl kaum einen Zweifel übrig, daß man besser thut, wenn man die Flüssigkeit von dem Farbesatze sobald als möglich abseihet und denselben schnell aussüßt. Daß die Befolgung dieses Raths auf die Güte des Farbeprodukts keinen nachtheiligen Einfluß hat, kann ich aus Erfahrung versichern. Daß die Farbeausbeute größer seyn wird, folgt schon daraus, daß die Zersetzung der blauen Farbe in der Flüssigkeit möglichst vermieden wird.

Zum Niederschlagen der Blutlauge ist ein Faß am passendsten, welches nach unten konisch zuläuft. Der Farbesatz setzt sich allmälig aus der Flüssigkeit zu Boden. Man lasse diese in eben dem Maße ab, in welchem sie sich abklärt. Zu dem Ende ist das Faß mit mehreren in einer Entfernung von 4 Zollen über einander angebrachten Hähnen versehen. Man suche das Erkalten der Flüssigkeit während ihres Abklärens zu vermeiden, damit die Salze aufgelöset bleiben, die sich in der Kälte zum Theil aus der Flüssigkeit niederschlagen, und den Farbesatz mehr verunreinigen. Man wird sich mithin das Aussüßen desselben sehr erleichtern, wenn man das Gefäß bedeckt und die Flüssigkeit noch warm abläßt. Ist dieses ziemlich vollständig geschehen; so gieße man wieder heißes Wasser auf den Satz, rühre es durch einander und helle ihn nachher ab.

Das heiße Wasser löset die Salze schneller und in größerer Menge auf, als das kalte. Man verkürzt sich also dadurch die Arbeit des Aussüßens. Man kürzt das nachtheilige Verweilen des Satzes im Wasser ab und kann die zerstörende Feuchtigkeit rascher von ihm vollends entfernen. Das kalte Wasser bietet dem Eisenkalke Sauerstoff und Kohlensäure dar und ist auch aus diesem Grunde verderblich.

Man setzt das Aussüßen so lange fort, bis das Wasser geschmacklos abläuft.

Damit das Wasser von dem Satze abtröpfeln kann, bringt man ihn aus dem Fasse in einen großen Filtrirkorb, spült den im Fasse noch anhängenden Satz mit warmem Wasser heraus, und mischt ihn zu jenem. Hat sich das Wasser davon verlaufen, so bringt man ihn unter die Presse, theils um noch einen Theil Feuchtigkeit schnell zu entfernen, theils damit die Farbe mehr zusammenhält und dichter im Bruche ausfällt.

§. 325.

Die Farbe fällt um so dunkler und schöner aus, je schneller dieselbe ausgetrocknet wird. Die Farbe äußert nemlich auf den Sauerstoff der Luft eine um so stärkere Attraktion, je mehr sich ihre Feuchtigkeit verringert, indem sie jetzt mit der Luft in mehrere Berührung kommt, deren zerstörende Wirkung von dem letzten Antheil der Feuchtigkeit unterstützt wird. Diese besteht auch jetzt noch in der vollkommneren Verkalkung des schwarzen Eisenkalks in der blauen Farbe, welche sich am vollkommensten durch Abtrocknung derselben in verschlossenen Räumen eines dazu eingerichteten Trockenofens verhüten läßt.

Ein gutes Blau darf im Bruche weder schwarze noch weiße Pünktchen zeigen, sondern muß durchaus von gleich reiner und egaler Farbe seyn. Die ersteren rühren von Kohlenstoff her, der durch das Filtrirtuch mit hindurch gegangen ist. Die anderen beweisen, daß der Farbesatz nicht vollkommen ausgesüßt worden ist.

Ein schönes Blau muß dunkel seyn und doch zugleich viel Feuer haben.

Bei einem durchgängig richtigen Verfahren hängt die dunkle Farbe von der verhältnißmäßig geringeren Menge der Alaunerde und der größeren Menge von reiner Grundfarbe ab.

§. 326.

Dasjenige Kali, welches man zur Bereitung der Farbekohle angewandt hat, und welches in dem Auszuge derselben theils mit Kohlensäure theils mit Blausäure verbunden war, hat sich mit Schwefelsäure zum vitriolisirten Weinstein verbunden, welcher in der vom Farbesatze abgelassenen Flüssigkeit und im Aussüßwasser aufgelöset zurückbleibt.

Da aber, wenn man Schwefelsäure angewandt hat, welche einen Theil der Alaunerde wieder auflöset und wieder zum Alaun verbindet, und wenn das Eingießen der Alaunlauge zur Blutlauge zu rasch und ohne Umrühren geschah, sich leicht etwas Alaun mit der Alaunerde unzersetzt niederschlägt; da ferner die Lauge sehr leicht mit Alaun übersetzt werden kann; so enthalten jene Flüssigkeiten außer dem vitriolisirten Weinstein gewöhnlich mehr oder weniger Alaun aufgelöset.

§. 327.

Wegen des wohlfeilen Preises des vitriolisirten Weinsteins, welcher auch bei vielen andern Arbeiten als Abgang gewonnen wird, hält man es nicht für die Mühe lohnend, selbiges aus jenen Flüssigkeiten durch Abdampfen und Krystallisiren zu gewinnen.

Gesetzt, man braucht zu jedem Brande 50 Pf. calcinirte Pottasche, welche ohngefähr 35 Pf. reines Kali enthalten; so erfordern diese nach Bergmann 14 Pf. Schwefelsäure (ohne Krystallenwasser), und geben zusammen $67\frac{1}{3}$ Pf. vitriolisirten Weinstein.

Dieser erfordert bei mäßiger Wärme (bei 50 Fahrenh.) 5 Theile Wasser zur Auflösung. Jene 67 Pf. erfordern also 335 Pf. warmes Wasser zur Auflösung, oder $167\frac{1}{2}$ Berl. Maß, oder, den Wassereimer zu 10 Maß angenommen, 16 Wassereimer und 7 Maß.

Da sich in Blaufabriken die von anderen Feuerungen abgehende Hitze leicht zum Verdampfen von Flüssigkeiten benutzen läßt; so möchte es sich wohl der Mühe lohnen, das Aussüßwasser zu verdampfen und das Salz durch Krystallisiren daraus zu gewinnen.

Viertes Kapitel.

Verkohlungsöfen zur Beleuchtung.

§. 328.

Der oben auf Tab. X. entworfene Verkohlungsofen zur Zimmerheizung läßt sich mit folgenden Abänderungen zugleich zum Erleuchten einrichten und benutzen.

Anstatt die Dämpfe in den Feuerherd zurückzuführen, läßt man das dazu bestimmte Rohr N. 9. weg, läßt ein anderes Rohr auf der Deckplatte gerade da aufsetzen, wo sich in der Zeichnung N. 6. das mit Punkten angedeutete vertikale Rohr befindet, und giebt diesem Rohre, indem man selbiges durch die Durchsicht N. 5. nach der Kaminwand hinführt, die Richtung, welche durch die punktirten Linien x. N. 6. angedeutet ist. An dem Stücke, welches schräg aufwärts durch die Kaminwand durchgeführt ist, setzt man von außen ein anderes abwärts steigendes Stück an, welches sich etwas seitwärts herüberwirft, um den Ofenhals frei zu lassen. Mit diesem verbindet man nun die Vorrichtung, welche Tab. II. zur Abkühlung der Dämpfe abgebildet ist. Es hängt von eines Jeden Belieben ab, das Luftreservoir beizubehalten oder wegzulassen.

§. 329.

Ich habe hier nur noch einige Bemerkungen über die Leuchtröhren und Leuchtstücke nachzuholen.

Man kann das Gas in einer ziemlich beträchtlichen Entfernung vom Ofen erst ausströmen lassen und daselbst anzünden. Man kann selbiges aus dem untersten bis in das 4te und 5te Stockwerk hinauf leiten und nach allen beliebigen Richtungen vertheilen. Jedoch muß man dabei, um das Verunreinigen der Röhren zu verhüten, das horizontale Legen derselben vermeiden. Am besten thut man, wenn man die Röhren steigend fortleitet. Die Kniee suche ich, damit sich nichts hier anlegt, zu vermitteln, indem ich ihnen folgende Gestalt gebe:

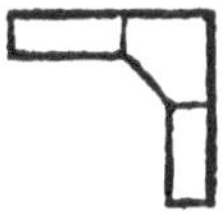

Verzinntes Eisenblech ist zu diesen Röhren das passendste Material.

Die über einander geschobenen Stellen verklebt man mit Streifen von Kälber- oder Schweinsblase, nachdem man sie vorher mit einem Kitte von Gyps und Blut bestrichen hat.

Ich lasse die Hauptröhre sich in mehrere Zweige von kleinerem Durchmesser vertheilen und das Gas eines jeden Zweiges aus mehreren Mündungen ausströmen. Der gemeinschaftliche Durchmesser der Mündungen braucht mit dem Durchmesser der Hauptröhre nicht in genauem Verhältnisse zu stehen, und die Lichter brennen ruhiger, wenn ersterer etwas größer genommen ist als letzterer. Der gemeinschaftliche Durchmesser von 16 einzölligen Röhren ist ohngefähr gleich dem Durchmesser von einer vierzölligen Röhre; der von 10 einzölligen dem von einer dreizölligen; der von 4 einzölligen und $\frac{1}{2}$zölligen dem von einer zweizölligen; der von 16 viertelzölligen dem von einer einzölligen; der von 5 viertelzölligen dem von einer halbzölligen; der von 12 achtelzölligen dem von einer halbzölligen. So lasse ich aus einer halbzölligen Röhre, welche mit $\frac{3}{4}$ Zoll Weite anfängt, 20 kurze Leuchtröhren zu einer Gruppe von Lichtern entstehen, die $\frac{1}{6}$ Zoll Weite haben, um eben so viele Lichter von hinlänglicher Größe zu unterhalten.

Die Mündungsstücke müssen aber von Messing seyn, weil das weiße Blech bald verbrennen und das Zinnloth abschmelzen würde.

Den Mündungsstücken kann man mannigfaltige zierliche Gestalten geben. Läßt man sie beweglich; so kann man sie alle Tage verändern. So z. B. können die Lichter einen Altar, eine Urne als eine Gallerie umgeben. Man kann sie zur Verzierung einer Büste oder Statue anwenden; das Haupt einer Büste oder Statue mit einem Nimbus von Lichtern umgeben; sie als Kron-, Wand- oder Spiegelleuchter, als kerzen- oder altarförmige Tischleuchter brennen lassen. In einem meiner Zimmer sind zwei halbe Monde auf einem Kochofen angebracht, von welchen jeder mit 10 Lichtflammen leuchtet. In einem andern Zimmer befinden sich über der Thür zwei Lilien, deren hohlgeformte Staubfäden sich in Flammen endigen. Zwei Laternen erleuchten die Hausflur, zwei andere die Straße, eine den Saal, zwei Tischleuchter und ein Kronleuchter von 4 Lichtern das vordere Zimmer der oberen Etage, ein Kronleuchter mit 20 Lichtern das hintere.

§. 330.

Zum häuslichen Gebrauche lasse ich nur einige Lichter brennen, und benutze zugleich den Hauptstrom des Gases zum Heizen eines Ofens.

Eine sehr bedeutende Lichtersparniß wird ein solcher Leuchtofen gewähren, wenn man ihn zu Theaterbeleuchtungen benutzte.

Bei einer Anlage dieser Art ist es aber hauptsächlich nöthig, die Lichter vor einem stoßweise wirkenden Luftzuge und vor Erschütterung zu verwahren, indem man die Röhren da, wo sie der Erschütterung ausgesetzt sind, in Baumwolle oder Werg einfüttert.

Eine ausgedehnte, aus vielen Röhren zusammengesetzte Leuchtanstalt, wie diese, läßt sich aber vielleicht niemals sogleich in ihrer gänzlichen Vollkommenheit darstellen. Denn eine ungünstige Lokalität zieht der Anstalt leicht Unvollkommenheiten zu, die Nachbesserungen erfordern und es nöthig machen, die Beleuchtungsstücke abzuprobiren. Das Anzünden der Lichter bei einer ausgedehnten Leuchtanstalt muß nach einer gewissen Ordnung geschehen, über welche sich keine allgemeine Regel bestimmen läßt. Wegen der (vorausgesetzten) verschiedenen Construktion der Leuchtstücke, der verschiedenen Entfernung derselben und ihrer Stellung muß man sich davon erst durch einige Versuche überzeugen.

§. 331.

Keine durch gewöhnliche Lichter veranstaltete Beleuchtung kann dem Geschmacke und Vergnügen so dienstbar seyn als die durch Verkohlungslichter veranstaltete.

Sie kann zur Erleuchtung der Façade eines Gebäudes sowohl als zur Gartenbeleuchtung dienen; sie läßt sich zu einem Leuchtthurm eben so wohl als zu einem Feuer speienden Berge benutzen.

Fünftes Kapitel.

Ueber die Menge und Beschaffenheit des Flammenstoffs, der Kohle und der Flüssigkeiten, nach Verschiedenheit der brennbaren Körper.

§. 332.

Obgleich mehrere brennbare Körper bereits einer chemischen Untersuchung unterworfen sind; so weichen doch diese Versuche sehr von einander ab. Diese Abweichungen haben wohl größtentheils in dem verschiedenen Einfluß des Bodens, des Klima, des Alters der Gewächse ihren Grund. Diese Abweichungen bemerkt man nicht allein bei den Untersuchungen der Brennmaterialien des Gewächsreichs, sondern auch der Fossilien. Ich habe mich mit dieser Untersuchung erst seit 4 Jahren beschäftiget, sie aber auch nur als Nebenbeschäftigung betreiben können. Meine Versuche beschränken sich daher nur auf einige brennbare Körper. Sie sind aber zum Theil auf einem Wege angestellt, welcher sie von ihren Vorgängern unterscheidet.

Ich

Ich habe bei diesen Versuchen nemlich in Betreff des brennbaren Gases vorzüglich auf die Dauer und Beschaffenheit seiner Flamme, und auf die Größe der Wirkung derselben, bei ihrer Anwendung zum Heizen und Beleuchten Rücksicht genommen.

§. 333.

Die Brennmaterialien liefern das brennbare Gas in verschiedener Menge. Die Rinden liefern beträchtlich mehr, als der Splint des Holzes, und lassen sich sehr leicht verkohlen. Im offnen Feuer geben sie bekanntlich mehr Flamme, als der Splint, und sind leichter entzündlich. Knippel und Reißholz haben zwar nach Verhältniß mehr Rinde, als das Scheidholz; die junge Rinde ist aber ärmer an Harzstoff als die ältere und liefert weniger brennbares Gas.

Das Holz läßt sich zwar um so schneller verkohlen, je mehr man selbiges verkleinert. Ich habe aber gesehen, daß die Verkohlung rasch genug vor sich ging, wenn das Holz auch in gewöhnlichen Stücken wie in anderen Oefen angewandt war.

Das Holz ist um so leichter zu entzünden und zu verkohlen, je harzreicher es ist. Die weichen Holzarten sind viel leichter zu verkohlen, als die festen. Das Stammholz ist das dichteste Holz des Baums. Es enthält daher in gleichem Umfange mehr brennbare Masse, als die Zweige.

Das Birkenholz und die harzreichen Nadelhölzer, das Kiefern- (von pinus picea), Fichten- (von pinus sylvestris) und Tannenholz (von pinus abies), geben das meiste theerartige Oel und brennbare Gas.

Das trockne Laub enthält mehr chemisch gebundenes Wasser und liefert mehr Säure, als das Holz, aber der daraus erhaltene Essig hat mehr Wässerigkeit. Das Laub ist im Ganzen harzreicher, als das Holz desselben Baumes. Es hinterläßt eine im Hauswesen wenig brauchbare Kohle. Das Laub ist das Düngungsmittel der Wälder und kann denselben nie ohne Nachtheil der Holzkultur entzogen werden, ob es gleich in mehreren Gegenden noch erlaubt ist.

§. 334.

Je stärker man das Holz verkohlt, desto weniger Kohle bleibt zurück, desto mehr erhält man an Essig, Oel und brennbarem Gase.

Birkenholz.

1ter Versuch:		23 Pf.	hinterließen			6 Pf.	Kohle.
2 -	-	26½ -	-	-	-	6¼ -	-
3 -	-	19 -	-	-	-	5 -	-
4 -	-	24 -	-	-	-	5½ -	-
5 -	-	24 -	-	-	-	6½ -	-
6 - *)	-	24 -	-	-	-	5¾ -	-
7 -	-	24 -	-	-	-	3¾ -	-

*) Zufälliger Weise war der Unterkiefer eines Schweins unter das Holz gerathen. Er war gänzlich ver-

Die Flamme des Gases von diesem Holze brannte im Durchschnitt genommen $2\frac{1}{2}$ bis $3\frac{1}{4}$ Stunde in solcher Größe, daß das Wasser dabei in 25 Minuten ins Sieden kam und bis nach dem Erlöschen der Flamme fortsiedete. Die Erleuchtung von diesem Gase dauerte eben so lange.

Die rohen Dämpfe und das gemischte Gas von der sehr ausgetrockneten Birkenrinde hatten keinen üblen Geruch. $20\frac{1}{2}$ Pf. dieser Rinde gaben, bis sie auf 8 Pf. verkohlt waren, $2\frac{3}{4}$ Stunde lang Flamme.

Sechs Pfund der gewonnenen Birkenkohle unterhielten die Siedehitze in eben demselben Ofen $4\frac{1}{2}$ Stunde.

Eine gleiche Wirkung hatten $13\frac{1}{2}$ Pf. Birkenholz auf gewöhnliche Art verbrannt.

Die Kohle allein, und die Flamme von 24 Pf. Birkenholz, ebenfalls allein angewandt, erhielten die Siedehitze, wenn man beiderlei Wirkungen zusammenaddirt, $7\frac{1}{2}$ Stunde lang; welche dem Effekte von $22\frac{1}{2}$ Pf. Birkenholz gleich sind.

Daß hier die Kohle und der Flammenstoff im

kohlt, zerreiblich und glänzend. Der Schmelz der Zähne war im Bruche gänzlich weiß geblieben und man konnte deutlich erkennen, wie derselbe die innere (verkohlte) Knochensubstanz der 4 Wurzeln eines Backzahns mit einer steinharten Rinde überzog, welche durch die Substanz der Krone mit hindurch gingen, so daß dieselbe nur als eine Fortsetzung der Zahnwurzeln und der Schmelz der Krone nur als ein Zusammenstoßen des inneren und äußeren Schmelzes der Wurzeln erschien.

getrennten Zustande kaum die Wirkung hervorbrachte, als ihr rohes Material, ist wohl dem Umstande zuzuschreiben, daß der Kochofen, in welchem diese Versuche angestellt wurden, zum Holzfeuer, nicht aber zum Kohlenfeuer eingerichtet war. Denn die Kochplatte liegt 1 Fuß über dem Feuerherde, da zu Kohlenfeuer eine Höhe von 6 Zoll die passende ist. Die Kohlen geben eine beträchtlich stärkere Unterhitze, als das Holz, so daß man im Aschenkasten das Wasser eben so gut ins Sieden setzen kann, als im dem Kochkasten, welches bei dem Holze nicht der Fall ist.

Bei meiner Einrichtung wird das Feuer nicht absichtlich zum Verkohlen unterhalten; es dient zur Heizung eines Wohnzimmers und die Verkohlung geschieht nebenbei. Bloß alsdann, wenn ich zur Befriedigung der Neu- oder Wißbegierde Anderer, oder zu meinem Vergnügen, am Abend eine Erleuchtung von 50 bis 80 Lichtern hervorbringen wollte, wurde noch Brennmaterial auf die Verkohlung verwandt. 40 bis 48 Pf. Birkenholz erforderten im Ganzen genommen 18 bis 20 Pf. Birkenholz zur Unterhaltung des äußeren Feuers.

Die gewonnene Kohle betrug dem Maße nach die Hälfte weniger, als das dazu verwandte Holz. Sie gab keine so starke Hitze, als die Kohle von Tannenholz.

Im Durchschnitt genommen gewann ich aus 24 Pf. Birkenholz an Kohle 6 Pf., an Oel $2\frac{1}{2}$ bis 3 Pf., an Essig 10 Pf.

Hieraus folgt, daß das gemischte brennbare Gas, welches hier zur Unterhaltung eines Flammenfeuers verwandt worden war, 5 bis $5\frac{1}{2}$ Pf. betragen haben mußte.

Den Werth des Holzessigs habe ich oben bestimmt. Nach diesem will ich den Preis desselben das Pf. zu 3 pf. anschlagen, das Oel das Pf. zu 1 gl.; so hat man an Oel $2\frac{1}{2}$ bis 3 gl., an Essig $2\frac{1}{2}$ gl. S. 5 gl. gewonnen. Jene darauf verwandte Holzmenge kostete mir 2 gl., bleiben 3 gl. Gewinn. Verkaufte ich die gewonnene Kohle nach dem Preise gewöhnlicher Kohlen, so erhielt ich dafür 4 gl.; alsdann war der Gewinn 5 gl. Rechne ich auf die Flüssigkeiten gar nichts, und mache bloß die Kohlen zu Gelde; so machen sie nicht allein das dazu verwandte Holz bezahlt, sondern man gewinnt eben so viel, als das Holz kostete. Verkohle ich z. B. den Winter hindurch für 20 Rthlr. Holz; so gewinne ich für 40 Rthlr. Kohlen. Also macht sich schon die Heizung durch die bloßen Kohlen doppelt bezahlt.

Tannenholz.

Ganz trocknes.	Halb trocknes.
Die rohen und abgekühlten Dämpfe hatten gar keinen Geruch.	. . . . einen branstig-säuerlichen Geruch.
Sie brannten 15 Minuten nach dem Feueran-	Sie brannten erst nach einer Stunde mit bläuli-

machen sogleich mit hellweißer Flamme.	cher, allmälig erst sich weißender Flamme.
Sie waren sehr leicht entzündlich, ließen sich kurz nach dem Erlöschen von einem glimmenden Papier wieder anzünden. Sie brannten Anfangs sehr bald fort, ohne wieder zu erlöschen.	Sie ließen sich schwerer entzünden, und das Anzünden mußte mehreremale wiederholt werden.
Die Lichter brannten durchaus rein.	Die Lichter hatten in der Spitze einen Schatten.
Sie gaben eine ungewöhnliche Helligkeit.	Die Helligkeit war nicht so stark und glänzend, als von gewöhnlichen Lichtern.
Die Hitze der Flamme hatte mehr Intensität, als wenn ein gewöhnliches Feuer mit Tannenholz unterhalten wird.	Die Hitze war schwächer, als vom Holzfeuer.

Das Tannenholz ist leichter zu verkohlen (zu entzünden) als das Birken-, Büchen- und Eichenholz. Von 24 Pf. blieb der Feuerraum eines Kochofens (von 1 Fuß Höhe und 2 Fuß Länge und Breite) 2 Stunden hindurch fast ganz mit Flamme erfüllt, und zu gleicher Zeit brannten 70 bis 80 Lichter. Nach dieser Zeit war die Flamme nur noch hinlänglich, 30 Lichter 1 Stunde lang zu erhalten, von welchen nach dieser Zeit nur noch einige $\frac{1}{4}$ Stunde fortbrannten.

Die tannenen Kohlen sind voluminöser als andere. Denn 4 Theile Holz geben dem Maße nach 3 Theile Kohlen. 20 Pf. hinterließen 4 Pf. Kohlen. Sie treiben sich in der Hitze sehr auf und splittern oder reißen mehr als andere. Andere Kohlen sinken zuletzt mehr zusammen. Daher sind die tannenen Kohlen die besten zum Verkaufe.

Von Tannenholz gewinnt man weniger Oel und Essig, als von Birkenholz.

Fichten- und Kiefernholz giebt mehr Oel und brennbares Gas, als das Tannenholz.

Büchenholz.

Dieses läßt sich schwer verkohlen. Von 24 Pf. dauerte die Flamme (von der Größe, daß die Siedehitze dabei unterhalten wurde) nur $1\frac{1}{2}$, höchstens 2 Stunden.

Die Flamme von Birkenholz dauerte also wenigstens 1 Stunde länger. Aber die Büchenkohle unterhielt die Siedehitze eine gute Stunde länger, als die Birkenkohle.

Hieraus folgt, daß bei gewöhnlichen Feuerungen das Birkenholz zum Feueranzünden, zum raschen Feuern passender ist, als Büchenholz, dieses besser ist zum Nachlegen, zu einem ausgedehnten Flammenfeuer oder zum Reverberirfeuer Birkenholz, zu einer gedrungenen Hitze Büchenholz.

Das Eichenholz fand ich zum Verkohlen

im Häuslichen eben so wenig passend, als das Büchenholz, weil es sich zu langsam und zu schwer verkohlt, und wenig brennbares Gas liefert.

Pflaumenkerne.

Sie werden in unserer Gegend selten zum Oelschlagen angewandt und gewöhnlich weggeworfen. Ich hatte mir vor einigen Jahren einige 40 Scheffel zusammentragen lassen und einen großen Theil derselben in meinem Ofen verkohlt. Mit der Flamme heizte ich einen Stuben-Kochofen, und die Kernkohle benutzte ich wieder zum Heizen oder Verkohlen. Ich ersparte dadurch in dem einen Winter 2 Fuder Holz. Einigemal habe ich auch damit erleuchtet.

Die Dämpfe haben einen sengerichen Geruch, brennen mit heller lebhafter reiner Flamme, welche mehr Condensität zeigt, als die Holzflamme, und eine stärkere Hitze giebt.

Die Kohle ist feuerbeständiger, als die Holzkohle, und brennt sparsamer. Ich fand sie reichhaltig an Kohlenstoff. Sie hinterließ in der Asche phosphorsaure und kohlensaure Kalkerde, eine beträchtliche Menge Kieselerde und Gewächsalkali. In der Lauge setzte sich ein Theil der Kieselerde gallertartig zu Boden.

Im Sublimirfeuer erhielt ich aus der Kohle ein weißes Salz, welches theils in Körnern, theils spießig angeflogen war. Dem Geschmacke nach war es nicht Ammoniak, sondern Salmiak. Es war aber zu wenig, um es zu analysiren.

Die wässerige Flüssigkeit war ein Gemisch von Holzessig, kohlensaurem und essigsaurem Ammoniak. Ich erhielt außerdem mehr Oel, als aus dem Holze, welches auf dem Wasser größtentheils sich schwimmend erhielt.

Torf.

Die Mischung der Torfarten weicht sehr von einander ab. Die mehresten Torfarten sind schwefelhaltig. Einige geben eine bedeutende Menge brennbares Gas, andere gar nichts. So erhielt ich aus einer Torfart aus dem Bernburg-Schaumburgischen nichts als hepatisches Gas mit kohlensaurem, welches jede Flamme erstickte, und nur zuweilen loderte ein kleines Flämmchen hervor, erlosch aber eben so schnell wieder.

Eine solche an Schwefel reiche Torfart ließe sich allenfalls in Badeanstalten zu Schwefelbädern benutzen. Man darf nur die feuchten schwefeligt-ammoniakalischen und öligen Dämpfe durch Abkühlung völlig niederschlagen und alsdann das hepatische Gas (wiewohl in Verbindung mit kohlensaurem) von dem kalten Wasser verschlucken lassen. Das brennbare Gas, welches übrig bleibt, weil es nicht vom Wasser verschluckt wird, läßt man entweichen oder verbrennen.

Anmerkung.

Die schwefelhaltigen Fossilien, den Torf, die Steinkohle und Braunkohle, macht man durch das sogenannte Abschwefeln zum Gebrauche geschickter. Man hat hier vorzüglich die Absicht, den Schwefel abzutreiben, welcher für die Schmelzhütten, die Schmiede so verderblich ist.

Vielleicht aber ließen sich der Torf, die Steinkohlen u. a. auf eine leichtere und weniger kostspielige Art abschwefeln, wenn man sie eine Zeit lang der Luft und dem Regen aussetzt, oder sie zuweilen begießt, um sie stets feucht zu erhalten. Der Schwefel würde sich säuern und mit Thonerde Alaun, mit den Mergel- oder Kalktheilen Gyps bilden, welche im Feuer ihre Säure nicht fahren lassen.

Der Torf erfüllte während des Verkohlens mein ganzes Haus mit solchem faulen Eiergestank, daß ich die Verkohlung nicht beendigen konnte. Der verkohlte Torf brannte aber fast ohne Rauch und mit einer sehr lebhaften hellglänzenden Flamme, ohne Geruch zu hinterlassen.

Steinkohlen.

Die schwefeligten Theile derselben sintern mit den Eisentheilen bei dem Verbrennen zum Eisenkies zusammen.

30 Pf. geben ohngefähr 4 Pf. Oel und eine ammoniakalische Flüssigkeit, wie der Torf. Jedoch erhielt Lampadius bei seinen chemischen Analysen keine ammoniakalische, sondern eine säuerliche Flüssigkeit.

Chemische Zerlegung verschiedener Steinkohlengattungen v. Lampadius; s. in Scherers allgemeinem Journale d. Chem. 3ten Jahrgangs 2tes Heft. 1800.

Einige unvollständige Untersuchungen über Steinkohlen finden sich in Crells chem. Annalen, 1798. B. 1. S. 54. u. f. — von Kirwan, Gren in Gilberts Annalen B. 11. S. 466. u. 483. u. f. — von D. Richter in seiner Abh. über die neueren Gegenst. der Chemie, St. 9. 1798. S. 202. und St. 10. 1800. S. 265.

Anhang.

Anwendbarkeit eines Verkohlungsofens, um sich auf eine vortheilhafte Art zu verschaffen:

A. das kohlensaure Gas.

Wenn man Kreide mit Schwefelsäure übergießt, so entwickelt sich aus jener ein Gas, welches man kohlensaures Gas zu nennen pflegt.

Auf eine weniger kostspielige Art erhält man dieses Gas durch das Brennen des rohen Kalksteins im verschlossenen Raume, wie in dem oben auf Tab. X. bezeichneten Verkohlungsgefäße.

Läßt man die Luft vorher durch das kalte Wasser der Kühlwanne sich verdichten, und leitet man sie nun in ein zweites mit kaltem Wasser angefülltes Gefäß; so wird selbige von diesem verschluckt. Auf diesem Wege lassen sich das Selterwasser u. a. Sauerbrunnen am wohlfeilsten im Großen bereiten.

Bei dem Gebrauche der Pottasche, der Hefen, des Sauerteigs, ist es bloß das kohlensaure Gas, welches im gährungsfähigen Teige, in gährungsfähigen Flüssigkeiten den Gährungsproceß anfacht. Könnte daher nicht der schädliche Gebrauch der Honigkuchenbecker, ihren Teig durch Pottasche in Gährung zu setzen, durch das Ankneten des Teiges mit kohlengesäuertem Wasser zum Theil oder gänzlich ersetzt werden? Könnte nicht dieses Wasser die Stelle der Hefen, des Sauerteigs, in der Bäckerei und Brauerei vertreten?

Jene Methode, das kohlensaure Gas zu entwickeln, würde ich auch zu einer anderen Absicht anwendbar finden, nemlich um auf eine vortheilhaftere Art das kohlensaure Ammoniak zu gewinnen.

B. Das Ammoniakgas.

Das konkrete oder kohlensaure Ammoniak.

Das kohlensaure Ammoniak oder das flüchtige Alkali (sal volatile salis ammoniaci) gewinnt man gewöhnlich und am reinsten auf dem Wege der doppelten Wahlverwandtschaft aus einer Mischung des Salmiaks mit Kreide, aus welcher man dasselbe durch Sublimirfeuer austreibt. Die Salzsäure verbindet sich nehmlich mit der Kalkerde und das Ammoniak wird mit Kohlensäure geschwängert, welches sich in der Hitze in die Höhe treiben läßt.

Auf eine vortheilhaftere Art würde man dieses Salz gewinnen, wenn man selbiges aus Ammoniakgas und kohlensaurem Gas zusammensetzte.

Ich bringe zu dieser Absicht folgendes Verfahren in Vorschlag:

Bei der Verkohlung der Knochen u. a. thierischen Substanzen erzeugt sich Ammoniak, welches mit Kohlensäure geschwängert und mit brenzlichen Oeltheilen verunreinigt, theils in konkreter, theils in flüssiger Gestalt, aufgefangen werden kann.

Die Abscheidung dieses Ammoniaks vom Wässerigen und die Reinigung desselben ist aber mit Mühe, Schwierigkeit und beträchtlichem Verluste an ammoniakalischen Theilen verbunden. Daher wähle ich folgenden Weg. Jene branstig-ammoniakalische Flüssigkeit wird in ein besonderes Gefäß eingeschlossen und auf dieses ein anderes Gefäß aufgepaßt, welches mit zerstoßenem ätzenden Kalke angefüllt ist, aus welchem derselbe in einem ununterbrochenen Strale in die ammoniakalische Flüssigkeit herabfällt, aus welcher das Ammoniak durch Beihülfe einer gelinden Wärme in Gasgestalt ausgetrieben wird. Das Verkohlungsgefäß ist in 2 besondere Räume geschieden; in dem einen befinden sich Knochen, in dem andern Kalksteine. So wie die Verkohlung der Knochen in Gang gesetzt ist, schlägt sich die ammoniakalische Flüssigkeit und das brenzliche Oel nieder, und das von selbigen völlig getrennte brennbare Gas wird durch ein Rohr fortgeleitet, und dessen Flamme zum Austreiben des Ammoniakgases verwandt. Während dieses Processes wird auch die Kohlensäure aus dem Kalke ausgetrieben und durch ein Rohr, nachdem sich dieselbe durch Abkühlung verdichtet hat, in einen luftdichten mit Wasser umgebenen Behälter geleitet, in welchen auf der entgegengesetzten Seite das Ammoniakgas durch ein anderes eingemündetes Rohr einströmt. So wie sich beide Luftströme berühren, verlieren beide ihren gasförmigen Zustand, indem sie unter Entwickelung der Wärme in einen konkreten übergehen, oder indem (wenn ich so sagen darf) ihr Radikal zu einem krystallinischen Gefüge zusammenfriert, welches wir gemeinhin flüchtiges Alkali nennen.

Die Verkohlung der Knochen, das Brennen des Kalks, das Entbinden des Ammoniak- und kohlensauren Gases geschieht also gleichzeitig, gleichmäßig und ununterbrochen.

Die aufgefangene ammoniakalische Flüssigkeit und der gebrannte Kalk dienen nun wieder, um den Proceß zu erneuern.

Ob ich gleich über diese kurz entworfene Verfahrungsart keine eigenen Versuche anzustellen Gelegenheit gehabt habe; so glaube ich doch wenigstens, daß sie eine nähere Prüfung verdient.

Nachschrift.

Nach dieser offnen und treuen Darstellung der Resultate meiner zeitherigen Bemühungen wird man die Tendenz derselben nicht verkennen: die mit der Verkohlung verbundenen Vortheile sowohl für das Hauswesen als für mehrere Zweige der Industrie in Anwendung zu bringen, deren Verdienstlichkeit ich billig denkenden und Wahrheit liebenden Sachkennern zur Entscheidung überlasse.

Verläumder, Obscuranten und andere Uebelgesinnte können zwar Anfangs die günstige Aufnahme und Benutzung nützlicher Vorschläge verzögern, werden aber niemals den Werth und die Wahrheit derselben beflecken.

Sandersleben im Anhalt-Dessauischen.
Beendigt im Monat August, 1804.

Der Verfasser.

Druckfehler und Verbesserungen.

Seite	7.	Zeile	14.	statt Körper l. Körpern
—	43.	—	13.	st. eringeren l. geringeren
—	66.	—	1.	v. u. st. selbiger l. selbige
—	101.	—	1.	st. λαμπιον, l. λαμπὰς
—	104.	—	3.	v. u. st. nicht wahrnähme, l. nicht mit Augen wahrnähme,
—	112.	—	5.	v. u. st. Tab. II. I. l. Tab. II. J.
—	177.	—	16.	st. blähet sie sich l. blähet sie sich auf
—	195.	—	10.	st. schwcher l. schwacher
—	245.	—	14.	st. im Aufsteigen l. in aufsteigender und st. in diesen l. in jenen
—	280.	—	4.	st. welcher l. welchem
—	289.	—	8.	v. u. st. auf richtigere Grundsätzen begründet l. auf richtige Grundsätze gegründet
—	291.	—	5.	v. u. st. in der die l. in der
—	305.	—	4.	st. Hauptoberfläche l. Hautoberfläche